重现：
宋代交食推算方法的计算机模拟

CHONGXIAN:SONGDAI JIAOSHI TUISUAN FANGFA DE JISUANJI MONI

滕艳辉 著

西安交通大学出版社
XI'AN JIAOTONG UNIVERSITY PRESS

图书在版编目(CIP)数据

重现:宋代交食推算方法的计算机模拟 / 滕艳辉著.—西安:
西安交通大学出版社,2022.12
ISBN 978-7-5693-2830-1

Ⅰ.①重… Ⅱ.①滕… Ⅲ.①交食—天文计算—计算
机模拟—研究—中国—宋代 Ⅳ.①P125.8-39

中国版本图书馆 CIP 数据核字(2022)第 193145 号

书　　名	重现:宋代交食推算方法的计算机模拟
著　　者	滕艳辉
责任编辑	郭鹏飞
责任校对	魏　萍
出版发行	西安交通大学出版社
	(西安市兴庆南路 1 号　邮政编码 710048)
网　　址	http://www.xjtupress.com
电　　话	(029)82668357　82667874(市场营销中心)
	(029)82668315(总编办)
传　　真	(029)82668280
印　　刷	西安五星印刷有限公司
开　　本	787 mm×1092 mm　1/16　**印张** 12.5　**字数** 273 千字
版次印次	2022 年 12 月第 1 版　　2023 年 6 月第 1 次印刷
书　　号	ISBN 978-7-5693-2830-1
定　　价	78.00 元

如发现印装质量问题,请与本社市场营销中心联系。
订购热线:(029)82665248　(029)82667874
投稿热线:(029)82668803
读者信箱:med_xjup@163.com

前　　言

前人无论在历法研究细节还是研究思想及方法上,都为现代人模拟复原古代历法奠定了坚实的基础。本书的主旨,是在目前已有研究工作的基础上,详细考察宋代历法推算术文的细节,使用计算机对宋代历法推算交食的方法给出模拟复原,并编写程序代码,再现宋代历法交食推算过程。本书的内容主要分为如下六章。

第一章　中国古代的日月交食理论。本章首先介绍日食和月食现象的原理、种类和判断方法,然后梳理中国古代交食推算方法的演变过程,以及国内外学者对中国古代交食方法和理论的研究现状,最后详细讨论了宋代历法的沿革史。

第二章　宋代交食推算计算机模拟的实施方案。本章首先讨论了古代历法计算机模拟的原理与方法,并给出模拟的总体思路和实施方案;然后对天文常数、日躔表和月离表进行数字化,给出计算机模拟所需要的数据;最后给出宋代交食推算方法的主体程序设计,包括主界面设计、模块和类的定义以及主程序具体的代码编写。

第三章　《崇天历》交食计算方法的模拟。本章详细讨论了《崇天历》交食推算方法的细节,根据其推算术文,给出历法推算交食每一步的数学公式,并根据数学公式编写计算机程序代码,形成完整的《崇天历》交食推算的程序软件。本章按照定朔计算、每日昼夜长度和视差计算、日食计算和月食计算等分别给出公式和代码,并给出使用《崇天历》具体计算一次日食的算例。

第四章　《纪元历》交食计算方法的模拟。与第三章类似,本章详细讨论了《纪元历》交食推算方法的细节,根据其推算术文,给出历法推算交食每一步的数学公式,并根据数学公式编写计算机程序代码,形成完整的《纪元历》交食推算的程序软件。本章按照每日昼夜长度和视差计算、日食计算和月食计算等分别给出公式和代码,并给出使用《纪元历》具体计算一次日食的算例。

第五章　南宋历法的日食计算方法及其模拟复原。本章首先从历法中交食算法的推算术文和交食推算记录两方面论证了南宋历法可能的交食计算方法,然后分析了《统天历》的朔闰及交食算法,并给出其冬至和定朔计算的一个算例,同时补充其交食推算的程序代码,最后分别给出《乾道历》和《开禧历》日食推算的过程和具体算例。

第六章　宋代历法中的置闰算法及模拟。本章从理论上详细研究了宋代基于平气定朔置闰算法的原理,并分别给出《崇天历》和《纪元历》的定朔和置闰安排方案,给出两部历法安排朔闰的具体程序设计和代码编写,完成宋代朔闰方法的模拟复原。

本书严格按照历法给出的推算方法进行计算机模拟,使得计算机推算的过程和结果与古代历法家使用筹算或笔算所得的结果相同,以重现古代的历法技术。本书给出历法推算日食的具体算例,方便历法研究者按照算例重新复算某部历法的日食计算过程和结果,同时,将程序源代码完全呈现,也有利于相关研究人员改变某些程序或参数,重构相应的历法,以对宋代历法及其计算精度进行更深入的研究。

作者
2022 年 8 月

目　　录

第一章　中国古代的日月交食理论

日食和月食统称为交食,它们都是极其特殊的天文现象,在古代各个文明认识宇宙和发展文化中发挥了重要的作用。古埃及、巴比伦和古希腊等都发展出了计算日食和月食的理论和方法,古代中国也早在夏商周三代时就有日月食的记录,并在后世的历法中给出了日食和月食的推算方法,可见古人对日月食这种异常天象的重视。现代天文学已经发展出一套成熟的计算方法,能够非常精确地预报日食,但对古代天文学家而言,日食计算却是一件非常困难的事情。中国古代天文学家经过不断地观测天象和构造算法,给出了一系列日月食计算方案。这些方案以文字的形式记载在历代颁行的历法中。但是,由于年代久远和文献的遗失,现代历法研究者在理解中国古代交食算法理论和复原古代交食推算过程及其结果方面还存在一定的困难。本书的主旨,就是详细展示中国古代日食和月食推算的完整细节,使用计算机模拟古代交食推算的过程,复原交食推算的结果。

第一节　日月食现象及其计算方法

一、日月食发生的条件和种类

日食,又叫作日蚀。当月球运动到太阳和地球中间,如果三者正好处在一条直线时,月球就会挡住太阳射向地球的光,地面上的观察者就会发现太阳的一部分或全部被黑影挡住而变暗,这时的天文现象就是日食。月食,又称月蚀,是当月球运行进入地球的阴影时,原本可被太阳光直射的部分或全部不能被阳光照亮,使得位于地球的观测者无法看到普通的月相的天文现象。

一个交点月内,月亮可以运行到太阳和地球中间,地球也可以运行到月亮和太阳中间,但三者并不是总能在一条线上,因此,并非每个交点月内都会发生日食或月食。发生日食或月食需要满足两个条件:第一个是太阳和月亮要同黄经;第二个是太阳和月亮都在黄白道交点附近。日食总是发生在朔日(农历初一),月食必定发生在满月的晚上(农历十五、十六或十七)。然而,也不是所有朔望日必定发生日月食,因为月球运行的轨道(白道)和地球运行的轨道(黄道)并不在一个平面上。白道平面和黄道平面有 $5°9'$ 的夹角。大多数朔望时,月球不在黄道面内,而是或偏北或偏南。只有太阳和月球都移到黄白交点附近,并且太阳(或月亮)到交点的距离(角度)足够近,交食才有可能发生。

对于日食,太阳光被月球遮蔽形成的影子,在地球上可分成本影、伪本影(月球距地球较远时形成的)和半影。如图 1-1 所示,区域 AOC 为本影,这个区域太阳光完全照不到;区域 $BAOE$ 和 $DCOF$ 为半影,仅仅有部分太阳光能射入这个区域;本影的延长区域

EOF为伪本影。位于影子里的观测者便会看到太阳被月球遮住，即日食。

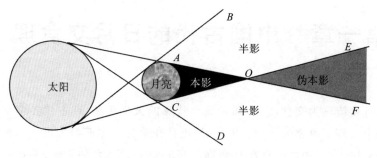

图 1-1　月球的影子

月球本影的长度，取决于太阳和月亮之间的距离。由于日地月之间的距离时刻都在变化，所以当这个距离较大时，月影较长；当这个距离较小时，月影较短。月球的近地点和远地点到地球表面的距离分别约为356 700 km和407 000 km，月球本影的长度在367 000 km和379 660 km之间变化[1]。

发生日食时，观测者可能在半影范围内或本影范围内，也可能在伪本影范围内。在半影范围内，太阳的一部分被月球遮住，这称为日偏食；在本影范围内，太阳全部被月球遮住，这称为日全食；在伪本影内，月球不能完全遮住太阳，在太阳边缘剩下一圈光环，这称为日环食。此外，还有一种极少见的情形，伪本影区域先扫过地面，然后本影区域扫过地面，从而使地球上一部分地区看到环食，另一部分地区看到全食，这称为全环食。日全食、日环食和全环食合称为中心食。中心食发生时，必附带着发生偏食。日食持续时间都很短，在地球上能够看到日食的地区也有限。这是因为月球的本影比较小而短，本影在地球上扫过的范围不广，时间不长。

当然，如果将图 1-1 中的月球替换为地球，即地球遮挡了太阳光，那么地球在背着太阳的方向有一条阴影，月球在绕地球运动过程中有时会进入地影，这就形成了月食。由此可见，日食和月食发生的原理是相同的。由于地球的直径是月球的 4 倍，所以当太阳、月球和地球成一条直线，而且月球在中间时，太阳光可以透过月球四周到达地球，形成日环食，而相反地球在中间时射到月球的光完全被地球挡住了，无法到达月球，就无法形成月环食。即使在月球轨道上，地球的本影直径仍为月球的 2.5 倍，地球本影长度大约是月地平均距离的 3.5 倍，月球直径远小于地球直径，因此绝不可能形成月环食[2-3]。月食还有半影月食，是指月球只掠过地球的半影区，造成月面亮度极轻微减弱，很难用肉眼看出差别。

二、日月食的判断及计算概要

通常可以根据朔、望时刻月亮的黄纬或者与黄白道交点的黄经差，判断可能发生日食、月食的情况。而任意时刻月亮的黄纬和月亮与黄白交点的黄经差是可以彼此互求的。

如图 1-2 所示，在地心坐标系中，E 点为地球，K 表示黄极，Q 与 Q' 表示黄白道交点。$SMKS'M'$ 表示过点 M 的黄经圈。当月亮、太阳分别位于点 M、S（或点 M'、S'），是为"朔"；当月亮、太阳分别位于点 M、S'（或点 M'、S），是为"望"。

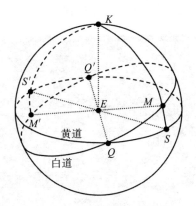

图 1-2 月亮的黄经与黄纬

设 $\beta=MS$ 表示月亮 M 的黄纬，$\lambda=SQ$ 表示月亮 M 与黄白道交点 Q 的黄经差，$I=\angle MSQ$ 表示黄白大距。于是，在 $\triangle MSQ$ 中，有

$$\tan\beta=\sin\lambda\times\tan I \tag{1-1}$$

因此，只要知道了月亮的黄纬 β，就可以根据式（1-1），归算出黄经差 λ；同时，已知黄经差 λ，也可以反推出黄纬 β。当然，由于太阳和月亮的视直径在不断变化，黄白交角也在随时间变化，因此，日食的界限也在变化。这样，结合太阳和月亮的视半径、太阳视差和月亮视差，可以推算出日食发生的种类与月亮黄纬 β、黄经差 λ 的关系为[4]391-393

$\beta>94'50''$，或 $\lambda>18°36'$ 时，不可能有日偏食

$\beta<84'33''$，或 $\lambda<15°18'$ 时，一定发生日偏食

$\beta>61'37''$，或 $\lambda>11°54'$ 时，不可能有中心食

$\beta<53'58''$，或 $\lambda<9°42'$ 时，一定发生中心食

以上的 β 和 λ 的数值就是日食的各种食限。

对于月食，由于蒙气差的影响，太阳视半径、月亮与太阳的地平视差增大 2%，由此得到月食种类与黄纬、黄经差的关系[4]391-393：

$\beta>63'50''$，或 $\lambda>12°24'$ 时，不可能有月偏食

$\beta<53'24''$，或 $\lambda<9°36'$ 时，一定发生月偏食

$\beta>32'14''$，或 $\lambda>6°12'$ 时，不可能有月全食

$\beta<21'50''$，或 $\lambda<3°54'$ 时，一定发生月全食

一次完整的全食，其交食过程包括初亏、食既、食甚、生光和复圆五个阶段。而对于偏食，则只有初亏、食甚和复圆三个阶段。

由于月面自西向东绕地球运转，所以日食总是从太阳圆面的西边缘开始，而月食则正好相反。当月亮的东边缘与太阳圆面（或与地影的圆面）相外切的瞬间，称为初亏。当月面的西边缘与日面（或地影）的西边缘相内切时，称为食既，食既也就是全（环）食开始的时刻。当月面中心和日面（或地影）中心相距最近时，就达到食甚。当月面的东边缘和

日面(或地影)的东边缘相内切的瞬间,称为生光,它是日全食结束的时刻。当月面的西边缘与日面(或地影)的东边缘相切的刹那,称为复圆,整个交食过程结束。图 1-3 所示是 2019 年 12 月 26 日发生的日环食交食的全过程。

图 1-3　日环食交食过程

日面或月面的被食程度,通常用食分来表示。对于偏食,食分指的是食甚时刻日面(或月面)视直径的被食部分与日面(或月面)视直径的比值;对于日全(环)食,食分等于食甚时刻月面与日面视直径的比值,而月全食食分等于食甚时刻地影与月面视直径的比值。显然,环食和偏食的食分小于 1,全食的食分大于或等于 1。日全食的持续时间很短。在赤道上的观测点看,最长的全食时间为 7 分 40 秒,而一般情况下,日全食仅仅持续 2 至 3 分钟。但是,一次日全食从初亏到复圆的全部时间最长可持续 4 小时之久,而月全食则有可能超过 6 小时。

通常而言,计算月食不需要考虑月亮视差,而计算日食则需要考虑月亮视差,因此日食计算要比月食计算复杂。日食的食甚时刻,食分大小,食限以及日食的起讫时刻、持续时间都会受到视差影响。现代天文学中,计算日食,必须求出任一时刻的影轴、影的半径和轮廓,以及日食限。这些问题可归结为计算适合日食各种条件的观测地的白塞尔坐标系。在白塞尔坐标系下,还需要计算任何时刻月影锥轴的方向,月亮中心的坐标,观测地的坐标,从月影锥轴到观测地的距离,月影锥的方程式与截面积,等等。精密的日食计算还要利用白塞尔根数表。月食的计算也要在白塞尔坐标系下,计算影轴、影长、距离和截面积等,然后利用迭代计算,得到精确的月食食甚和食分。《中国天文年历》给出完整的推算日月食的过程[5]。读者欲了解更详细的推算细节,可参考相关文献[6]。

实际上,现代天体力学的计算是基于现代天文常数系统的,天文常数系统是用于编算天文年历和计算天体位置的一组与地球有关的常数,包括地球的大小、形状和重力场,地球的轨道要素、岁差常数、章动常数和光行差常数,以及太阳、月球和行星的质量等数值。因此,给定一个时间,根据常数系统及天体力学的相关理论,可以确定天体的位置,从而可以计算任意复杂的天文现象,包括日食和月食[7]。

第二节 中国古代的交食计算

一、中国古代交食推算的基本思路及演进过程

中国传统历法具有明显的政治色彩,很多制历者会想尽办法来提高历法的推算精度。他们经常创造新的算法,提高基本常数的精度,于是历法推算精度便一部强于一部。但也正是由于追求更高的精度,历算家们往往更关注数学模型的变换和创新,忽视了天文和几何模型的开发。于是,在现有的史料中,我们至今仍找不到中国古人建立系统几何模型的证据。自汉《三统历》至元《授时历》,中国古代历法推算的基本内容并无多大变化,主要包括推算气朔、发敛、日躔、月离、晷漏、交会和五星等内容。但在内容的安排和算法结构等方面却有着翻天覆地的变化。历法的内容体系不断完善,算法结构更加合理和简练,术文更清楚明了,逻辑更为合理。

中国传统数理天文学数值算法的特点是,想要得到一个复杂问题的结果,先将这个复杂问题进行简化,只考虑影响问题结果的最主要因素,这样可以建立一个在形式上十分简单的数值算法模型。然后再加入一个或几个次要因素对所建立的模型进行修正,可以得到另一个模型。这个模型对于问题的计算结果就较前一个模型更为精确。为了达到更为精确的结果,可以再次加入一些影响因素,对模型进行修正,如此进行下去,直到所得模型满足结果精度的需要为止。在处理大范围或是周期性问题时,往往先对特殊值点和极值点进行精确测量和计算,对其他部分则使用插值算法得到结果。对于不同精度需求,插值点的选取可以增加,插值间距也可以改变,插值算法可以有多种,从线性内插法到二次、三次内插法,甚至是四次、五次内插法。

历法中某些具体问题的发展更呈现出多样性的特点。在早期的历法中,气朔和五星的计算是历法的主体部分。但随着认识水平的提高,由平朔推算转为用定朔注历,并计算了太阳、月亮和五星的不均匀性运动以及视差对日食推算的影响,日食的计算也成为历法推步的主要对象。古人云:"历法之验,验在交食。"一部历法的好坏,要通过日月食的推算来验证它是否精确。中国传统历法除五星部分外,其余部分一般都与日月交食推算有关。

推算日食食甚时刻的思路:先计算合朔时刻,再加入交点退行及日月修正等因素,得到真食甚时刻;然后计算真食甚到视食甚的时间,称为时差;最后在真食甚上加入时差就得到所求食甚。推算食限和食分的思路:先计算月亮离开交点的大致位置,称入交泛日;再计算食甚时刻月亮到交点的距离,称入交定日;在此基础上计算食差,即与视食甚时月亮到视黄白交点的距离有关的改变量,将其加入入交定日中,可以作为判断日食的食限;最后用线性方法求得食分。要求得昼夜长度,中国古人采用一种称为"消息定数"的变量。这个量在二分时为特定的量,对二分时的"消息定数"进行修正,可以得到一年中其他时刻的数值,将其加在二分二至昼夜长度上,就可以得到任意一天的昼夜长度。

由于人们看到日食发生的时间是在白天,因此,日食更加受到重视。在东汉的李梵、

苏统等人发现月亮运动的不均匀性规律之后的很长一段时间,月行迟疾的计算并没有运用到月食的预报上来,而仅仅在日食的推算中使用。南北朝末期,张子信发现太阳运动不均匀性规律和月亮视差现象之后,日行盈缩也是首先被运用在日食的计算中。隋唐时期的历法也设计出相应的算法来消除视差对日食的影响。唐代徐昂制定《宣明历》时,首次提出"日食三差"的修正方案,更是专门针对日食的推算而设计的。此时,中国传统历法中的日食食限与食分算法已经大体定型。在元代郭守敬《授时历》之前,中国历法中的日食三限与月食五限算法均为以食分或去交分为自变量的数值函数,其构造无须借助日月食的几何模型。但是《授时历》中日食三限与月食五限算法,却给出了一类基于几何模型的新的函数。

关于月食推算,除少数历法(如《纪元历》)外,大多数历法都直接以定望时刻作为月食的食甚时刻,而其食分的推算方法与日食食分推算方法相同,但没有进行视差的修正。隋唐至宋代初期,很多历法在计算月食食分的时候,还考虑了月亮视差、季节变换和月亮速度等因素对食限与食分的影响。

二、中国古代交食理论的研究现状

中国传统历法不但记载了推注历书的法则,还包括计算日月运动、朔望交食、行星运动和晷影漏刻的方法。实际上,中国传统历法就是中国古代的数理天文学,这也是中国传统历法与西方古代历法的不同之处。因此,中国传统历法具有很高的研究和应用价值。天文学史工作者在中国古代日月食原理与计算方法、日月食测验及其精度、古代日食记录的考证及其应用等方面得到了丰硕的成果。此外,在交食与政治、社会的关系方面,也有人做过相关研究[8-10]。

中国古代历法的造术原理秘而不宣,因此我们现在能见到的保存下来的历法只是一行行术文及数据、表格。那么对每一部历法的术文的解读与释证就成为历法研究者面对的首要问题。这方面的工作将会告诉人们中国古代历法中有什么,这些东西是什么。这种研究方式从清代就已经开始了。这些学者往往通读多部历法,他们的工作为现代学者研究传统历法提供了第一手的研究资料[11-14]。

20世纪以后,学者们开始用现代天文学的思路和方法去探寻古代天文学中的内容。学者们更想知道每部历法的推算过程是否具有天文学意义,历法中的术语和算法相当于现代天文学中的什么概念和什么算法[15-20]。这样的研究,使得中国传统数理天文学有了现代天文学背景,对评价中国传统历法在世界天文学史上的地位具有积极作用。

20世纪70年代以后,对隋唐以后历法中术文的解读和数值算法的分析,达到前所未有的程度。王应伟等在精解古历的过程中,对日月食的原理与计算方法做了细致的研究[21-22]。刘金沂集中研究了隋唐历法中日食理论的困难问题,并清理出了一些天文模型,如入交定日的几何模型等[23-24]。薄树人对宋代《纪元历》的算法术文进行重新解读,并给出具体算例,成为现在研究《纪元历》的重要参考资料[25]。陈美东指出《崇玄历》以后的中国历法算法的公式化特征,给出了中国传统日食理论中某些算法的数值模型及公式化的表示。与现代天文学相比,陈美东给出了传统历法中很多算法的天文学意义,结合现代观测结果,对某些天文常数和表格的精度进行了综合评价和分析,并在此基础上对《二十四史》的《天文志》和《律历志》进行全面校证[26-28]。而在中国传统日月理论中的视差理论方面,首先取得突破的是曲安京。他重构了日食食差算法的理论模型,证明了历法中的食差算法是关于太阳黄经和时角的二元函数,与理论模型是一致的,且表现出了很高的精度[29-30]。唐泉和曲安京不但给出了中国传统日食时差和食分算法的理论模型,而且与古希腊和印度的视差理论作了比较研究[31-32]。李鉴澄[33]对交食周期的研究,李勇[34-36]、景冰[37]对元明日食的系统研究,胡铁珠[38]对《大衍历》的解读,宁晓玉[39]对清代日食的研究都有很重要的成果。此外,陈久金等[40-43]也对《回回历》的交食算法作了详细研究。

1980 年后,随着电子计算机的兴起和微型计算机的普及,对历法中复杂算法的模拟和复原有了先进高效的工具。只需将历法中的算法编写为计算机可执行的程序,就可以快速得到与手算或筹算相同的结果。李勇、张培瑜[36]和胡铁珠[38]分别对《授时历》和《大衍历》的交食精度进行了分析。近年来,李亮[44]对《大统历》《回回历》和《大统历通轨》的交食精度给出对比分析和评价。马莉萍[45]对日月交食时太阳的宿度精度进行了分析。滕艳辉[46-47]则重点研究了宋代历法定朔和日食的计算精度。

因日月食这种天象的发生频率既不像合朔满月那样频繁,又不像哈雷彗星那样罕见,因而一直被古人所重视,它的记录较为丰富;同时,由于日月食发生时,距离地球近,较能被人们察觉,观测的精度相对较高。这样,日月食记录成为现代用来研究地球自转参数的重要资料。Fotheringham[48]首先利用古代日食记录进行现代研究。Curott[49]及 Newton[50]等人又将利用古代交食记录研究地球自转问题的理论和方法发展成熟。此后,学者们发现中国的天象记录更为精确[51],于是开始利用中国古代交食记录研究地球自转参数。Stephenson 等[52-53]整理应用了巴比伦的交食资料,给出公元前 700 年以来地球自转长期变化的定量描述,其结果被广泛引用。韩延本等[54]和彭彦均等[55]分析应用了中国古代中心食记录,得到了可供参考的地球自转变化参数。

由于利用古代日食得到地球自转参数,需要真实可靠的日食记录,这促进了人们对中国古代日食记录的整理与考证。朱文鑫[56]所著《历代日食考》对中国古代日食记录作了详尽整理,但其考证结果在很大程度上需要改进。刘次沅[57-58]对史载的日食记录进行了统计分析和考证,并对某些记录进行复算验证。Stephenson 等[59-60]研究了中国公元前 206 年到公元 1368 年的历代文献所记载的日食记录的来源,分析了这些日食的真实性。斋藤国治等[61]用现代天文方法检验了五代以前的中国日食记录。张培瑜等[62-64]研究了夏商周三代的日食记录。Pankenier[65]、陈遵妫[66]、李勇[67]和邢钢[68]等分别专门对汉代日食记录及可靠性进行了详细研究。马莉萍等[69]考察了明代日食的地方记录。石云里[70]和李亮[71]等分析了崇祯改历时期交食记录的可靠性。

由于语言文字以及历法算法体系等多方面的原因,在国外,以日本学者对中国古代交食理论的研究较多,也比较深入。最为重要的是数内清系统研究了隋唐时期的数理天文学,从而为中国传统日食理论的研究开辟了一条新路[72]。大桥由纪夫等[73-74]研究了日食算法,平山清次[75]对中国的日食记录进行了考证,渡边敏夫[76]还编制了日本、朝鲜、中国日食月食宝典。

三、中国古代交食理论的研究方法

1. 重建模型

中国古代历法中的算法是否具有明确的天文学意义，它是一种合理的算法系统还是一些经验公式的集合？其计算精度为什么能达到那种程度，这种算法是否可能在现代科技中派上用场？对这些问题的回答，就需要从中国古代传统数值算法本身去解释，更需要将古代历法中的算法与现代天文学中的计算方法进行比较，寻找二者在原理和形式上的一致性。例如，通过比较，我们知道历法中"时差"算法是求日月食发生的视食甚时刻与真食甚时刻的时间差，即视差对日食时间的影响值。但是这个算法是否合理，它的设计有什么天文学根据，对于这样一个算法古人是如何得到的，它的精度又如何？对这些问题的回答，单靠对历法的解读和释证是不够的，还需要进行更深入的研究。

现代天文学中，求解日月五星的位置、各种时刻的天象以及发生天象的时刻，是基于最基本的月亮根数、太阳系内各种天体的任意时刻的根数表及各种天文星历表。这样，只需输入具体的儒略日时期，就可以确定天体的位置。在计算各项数值时，可以使用选代法，通过多次迭代即可得到精确的结果。而各种天文引数及星历又是根据现代天体力学和球面天文学的知识求解的。就其形式而言，均是一些方程和大量函数的集合。有些现代天文学中的问题，如多体问题，至今仍然没有一个很好的解决方案。中国传统数理天文学的数值方法仅仅是多项式函数的集合，其形式无非是加减乘除四则运算以及取余取整的简单操作，甚至连开方运算都很少涉及。单从形式上看，中国传统数理天文学与现代天文学的算法是完全不同的，很难确定两者之间的关系。因此，要证明历法中的这些算法是合理的，是一件极其艰难的事。很多研究在论及这些算法时，只能暂时评述它们只是一些经验公式而没有什么现代天文学意义的结论。例如，薄树人在《纪元历》中解读太阳视赤纬算法时就称"在现代天文学中，如果知道了某个时刻的太阳黄经，那么用球面三角法就可以推算太阳该时的赤纬。《纪元历》本段讲的是同一个问题，只是用的方法是经验近似方法而已[25]409"。

1945 年，日本学者薮内清在其博士论文《隋唐历法史的研究》中，给出了一种研究古代历法中算法合理性的新思路和方法[4]16-17。他选择重新构造一种算法模型。这个模型具有现代天文学背景和现代数学基础，并且在形式上和推算思路上又与古代算法模型具有可比性。这是一个既不同于现代天文学又异于中国传统数理天文学的新模型，但它与二者又有着必然的联系，我们将其称为历法中算法的重建模型。在建立这个模型的过程中，尽可能考虑主要因素，除去次要因素对结果的影响，使所建立的模型在形式上与历法中的算法接近，具有可比性。同时，由于使用了现代天文学和数学工具，重建模型是具有现代天文学背景的，即使除去了一些次要因素的作用，它仍是合理的和有效的。这样，如果历法中的算法与重建模型是一致的或相近的，那么历法中的算法模型就是合理和有效的，而不仅仅是一些经验公式的组合。历法中的算法是古人通过某种推导和计算得到的，只不过这种推导和计算过程由于保密，我们现在不得而知了。我们或许可以推测古人可能就是依照重建模型的思路和过程构建历法中的算法的。三种模型之间的关系如

图 1-4 所示。薮内清的研究为中国传统数理天文学的研究提供了一个新的方向,并得到一些科学史家的认同。曲安京正是在薮内清工作的基础上,成功构建了中国古代日食食差算法的重建模型[29]。

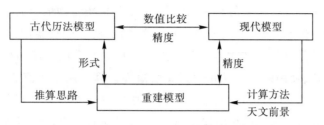

图 1-4　重建模型、历法模型与现代模型的关系

　　然而,重建模型毕竟是一个"不精确"的模型,它或是除去了次要因素的影响而建立的,或是现代天文模型的简化模型,它的精确程度是不清楚的。依重建模型来估算历法中算法的精度,所得结果是值得商榷的。因为需要确定重建模型、历法模型的精度,即重建模型、历法模型的计算值与现代理论值之间的误差。如果重建模型的精度远高于历法模型的精度,或者重建模型和历法模型的精度都很高,即三者的差异小到一定的程度,在这种情况下,重建模型不但可以很好地解释历法模型的合理性和正确性,还可以完全被用来替代现代模型去评价历法模型的计算精度。如果重建模型与现代模型的差异远大于它与历法模型的差异,虽然不能使用重建模型代替现代模型评价历法推算精度,但能给评价历法模型的合理性提供有力的证据。可是,如果三种模型的计算结果差异十分显著或是重建模型要远低于历法模型的精度,那所重建的模型就是没有意义的。因此,重建模型不是随便拿来就可以使用的,它也是必须经过校验的。在以往的研究中,学者们都默认重建模型的精度是足够高的[77]。

　　2. 历法模拟复原与推算精度研究

　　历法到底好不好,它在世界天文学史上的地位如何,最直接的评价方法还是看它的推算精度如何。按照中国传统实用科学技术的特点,不管其算法是否合理,过程是否简洁,中间的计算是否完备,只要它最终能对所要求的气朔、加时、交会、五星以及昼暮夜刻做出精确的计算和预报,就可以说这个历法是优秀的。

　　对历法精度的分析有两种可行的方法:一是模型法;二是数值法。模型法的基本思路是,将古代历法中的公式模型与现代天文学中的相应模型,或是依古代历法中的思路所建立的重建模型相比较,通过代入中间或是边界数值,得出历法在某个时间点或时间段内实际天象的最大误差、最小误差以及平均误差等参考值,得到历法的推算水平。如果更进一步,通过模型变换,可以得出一个新的历法推算误差函数,然后分析这个误差模型的特征,进行数值分析。模型法可以对某种天象的推算进行理论误差分析,并能找出精度的发展趋势,从而能从整体上把握历法中算法的精度,对评价历法的优劣更具有客观意义。然而,在实际操作中,为了简化算法,往往忽略其中一部分因素,这使得这种方法的实用性打折。同时,模型法需要研究者对历法中的数值模型有深刻的理解,并具有较强的现代天文学和数学水平,以及数值分析的技巧,对一般的历法研究者而言难度很大。

精度分析的主要方法还是数值法。历法研究者只需按照历法推算各种天象的术文，重新复原古人的计算结果，然后与当时的实际天象进行比较，就可以得到历法推算的每次天象的真实水平。实际天象的来源有两个，一个是历史记载的当时观测的实际天象记录，但这些记录存在当时人们的观测误差和可靠性问题，一般只能作为参照，不能直接使用。另一个来源就是现代天文学的计算结果。现代天文学已经能够精确计算古代的真实天象，是可以直接使用的。用现在的天文引数去计算一两千年前的天象，需要加入地球自转参数的影响。虽然目前不同学者给出的地球自转参数的数值会有所差异，但是，这种差异往往相较古今天象结果的误差，是在更小的数量级上，并不影响对精度的分析。

数值法分为三个步骤：第一是复原古代的历法；第二是得到真实的天象结果；第三是逐一对比分析误差，得到精度。第一步的工作古人实际早已做过。宋代刘羲叟和清代汪曰桢等人的工作就属于此类，只是他们仅对朔闰推算结果进行了复原。而随着现代电子计算机的使用，历法的交食、五星计算的模拟复原工作正逐步展开。

对于数值法的第二步，早已有成型的计算方法和可直接应用的计算结果。Oppolzer[78]编制了最早的《日月食典》，该食典至今仍是学者们预推未来和查考过去日月食所参考的经典之作。张培瑜[79]的《三千五百年历日天象》中，计算了三千多年来的合朔满月时刻、二分八节的时刻以及中国历史 13 个都城的可见日食的食甚时刻和食分；刘次沅等[80]的《中国历史日食典》对中国四千年来的日食时刻和食分依照不同的方法分别给出详细的计算结果，对某些重要日食给出了日食图。渡边敏夫[76]和 Stephenson[81]等也分别编制了较为出名的日食典。Espenak[82]发表在 NASA 网站上的各种日食图表，包括公元前 2000 年至公元 4000 年里全世界发生的全部日食，应该是目前历史日食最权威的计算结果。如果想得到更为精确的现代计算结果或历法计算的某些中间数据，这些工具书还是不够的，根据现有的计算方法重新计算所求数值是必要的。当然，最基本的月亮量表和其他天体的星历表可以从专门的天文机构获得。此外，一些专业商用的天文学软件也能起到一些帮助，如 Skymap、Stellarium，一些需要的数据可以直接从这些软件中获得。

数值法的第三步也是最重要的一步。这一步需要借助数理统计的方法，不但要分析对比误差最值、均值和方差等统计量，还要对误差的形态及趋势等进行综合评价、分析和预测，从而找到影响古代历法推算精度的各种因素，并指出哪些因素是主要的，哪些是次要的。这方面的研究也需要一定的数学技巧，要得到一个满意可信的结果亦实非易事。

第三节　宋代的历法沿革

宋代的科技文化、社会经济都发展到了中国古代的最高峰，中国传统历法也在这一时期趋于完善和定型。宋代历法代表了中国传统历法的精髓。本书将对宋代交食推步方法进行详细研究，给出其推步算法的模拟和复原。

宋代自 960 年至 1279 年持续 320 年，共历 18 帝。其间历法共 16 改[83]2441-2442，改历

相当频繁。多数宋代历法都完整地保存了下来,但也有几部由于战争等原因而遗失了。宋史称:

> 今其遗法具在方册,惟《奉元》《会天》二法不存。旧史以《乾元》《仪天》附《应天》,今亦以《乾道》《淳熙》《会元》附《统元》,《开禧》《成天》附《统天》[83]2442。

接下来,我们将对宋代各历法的改革及制定情况给以详细说明和分析。

一、宋初历法及回族天文学者的工作

1. 王处讷与《应天历》

北宋建立之初,用的是后周王朴所著的《钦天历》。建隆二年(961年)五月,《钦天历》推验稍疏,于是,太祖诏司天少监王处讷等制定新历。新历于建隆四年(963年)而成,赐号《应天历》,颁行天下。

宋史王处讷传中也是类似记载的:"至建隆二年,以《钦天历》谬误,诏处讷别造新历。经三年而成,为六卷,太祖自制序,命为《应天历》。"[84]13498 其中还称:

> 王处讷,河南洛阳人。……因留意星历、占候之学,……广顺中,迁司天少监。世宗以旧历差舛,俾处讷详定。历成未上,会枢密使王朴作《钦天历》以献,颇为精密,处讷私谓朴曰:"此历且可用,不久即差矣。"因指以示朴,朴深然之[84]13697。

由此可知,王处讷自幼就习天文数术,在后周的天文机构中任职,并曾私造历法。他指出王朴《钦天历》的不足之处,并得到验证。宋史记载王处讷有《太一青龙甲寅经》一卷和《周广顺明元历》一卷。这些,足见他必是一位精通天文的学者和历算家。因此,他的历算水平必然会受到太祖的重视,让他担任制历工作。宋史为王处讷立传,也表明他的水平和影响是不可忽视的。

宋朝建立之初,在其周围还存在一些割据政权,其中较为强大的是南唐帝国。建隆二年(961年)南唐中主李璟死于南昌,其子李煜在得到宋太祖的允许后在金陵继位。南唐此前已经臣服于后周,但宋建立后,改元建隆,南唐国内并未使用此年号。于是宋于建隆三年(962年)开始在南唐颁布历法以实现对南唐进行宗主统治的象征。《续资治通鉴》卷三也载:"(建隆三年十一月)壬午,始颁历于江南[85]"。此时颁行的历书应该是按照《钦天历》进行推步的,但此前,太祖已经要求改历,并且在次年(建隆四年)二月历成。由于历法代表皇权,宋代要制造自己的历法是必然的,王处讷为合适人选。新历制成,以后在南唐等属国颁行的正朔是由《应天历》推步得来的,就更具有权力象征。

2.《乾元历》和《至道历》

《应天历》行至太平兴国时,"有上言《应天历》气候渐差,诏处讷等重加详定。六年,表上新历。[83]2447"正当此时,吴昭素、徐莹、董昭吉等也都分别制成了新历,并献于太宗,王处讷的新历未能施行。宋史载:

诏以昭素、莹、昭吉所献新历，遣内臣沈元应集本监官属、学生参校测验，考其疏密。……象宗等言："昭素历法考验无差，可以施之永久。"遂赐号为《乾元历》[83]2448。

宋史对《乾元历》由来的记载较为详细。历法是由吴昭素编制而成，进行了严格测验，并由皇帝亲自做序，然后颁行。虽然《宋史》将《乾元历》术文与《应天历》《仪天历》二历同时列出，但其推算方法与二历有很多不同，而更接近于后面的《崇天历》。较为明显的是，《应天历》在"推定朔望星值"的术文后说明"二历法同"，指《乾元历》《仪天历》二历与《应天历》相同，但通过分析，知《乾元历》并不能计算星期。在现存任何文献中都找不到《乾元历》与伊斯兰天文学的关系，宋史所载《乾元历》的制历过程相对详细，这也表明，它确实是宋朝人自己独立编制的一部历法。过去由于三历术文同时列出，被误认为《乾元历》中也包含有伊斯兰天文学的内容。

宋至道元年(995年)，司天监承王睿进呈了两部历法，历法史上分别称为《至道历》和《王睿历》，《宋会要辑稿》中记载：

至道(九)[元]年九月，司天监丞王睿献新历。……其一，日法一万五百九十，演得积年一千六百五十一万五千九百余岁；其一，日法一千七百，演得积年三百九十八万一千一百余岁[86]。

由于历法在校验时过于粗劣，没有被朝廷采纳颁行。宋史中记载：

至道元年，昭晏又上言："承诏考验司天监丞王睿(雍熙)[淳化]四年所上历，以十八事按验，所得者六，所失者十二[83]2543。"

但是，《宋会要》和《宋史》的记载存在时间上的不合，可能是《王睿历》早在淳化四年(993年)制成，但校验此历不能使用是在至道元年。这两部历法的术文现已失传，后人曾对它们的一些基本常数及历元进行过分析和修补[87]。

3.《仪天历》的行用

宋真宗时，《乾元历》被《仪天历》代替。宋史称：

命判司天监史序等考验前法，研核旧文，取其枢要，编为新历。至咸平四年三月，历成来上，赐号《仪天历》[83]2448。

与《应天历》差不多，宋史对《仪天历》的改历过程记载较为粗略，对制历者也仅是说了"史序等"。根据陈久金等人的分析，《仪天历》与《应天历》的编制有伊斯兰天文者的参与。这时，在《应天历》制定过程中扮演重要角色的马依泽已经过世，参与制历的可能是他的儿子。关于《仪天历》的主要制定者史序，宋史也为其作传，称：

史序字正伦，京兆人。善推步历算，太平兴国中，补司天学生。……修《仪天历》上之，又尝纂天文历书为十二卷以献，改殿中丞，赐金紫，俄权监事。……

序慎密勤职,在监三十年,未尝有过,众颇称之[84]13503。

由此看来,史序也是一个精通历法的学者,并且长期担任司天少监。在《应天历》的术文之前,宋史给出为何要将三历放在一起叙述的原因:

> 凡天道运行,皆有常度,历象之术,古今所同。盖变法以从天,随时而推数,故法有疏密,数有繁简,虽条例稍殊,而纲目一也[83]2448。

这里的意思是说,天体的运行是有规律的,从古至今历法推算的方法是类似的。虽然不同历法存在常数的不同,但其推算方法是一致的。

二、从《崇天历》到《纪元历》

1.《乾兴历》和《崇天历》

乾兴初年,"议改历,命司天役人张奎运算",但是张奎的历法未能得到颁行。宋史没有记载《乾兴历》术文,仅对其上元积年有简略的说明:"其术以八千为日法,一千九百五十八为斗分,四千二百九十九为朔,距乾兴元年壬戌,岁三千九百万六千六百五十八为积年。"[83]2567-2568鲁实先与曲安京等通过考查《乾兴历》的上元积年,得到其回归年和朔望月等基本常数[87-88]。

张奎造历的同时,"又推择学者楚衍与历官宋行古集天章阁,诏内侍金克隆监造历"。[83]2568天圣元年(1023年)八月,历成,仁宗赐号《崇天历》,由晏殊作序,颁行天下。《崇天历》实为宋代行用时间最长的历法。它在推算交食和五星的算法上有所创新,成为其后大多数历法的范本。

宋史中,对《崇天历》的制定者之一的宋行古并未详加记述,对另外一个制定者楚衍则立有传记。其文称:

> 楚衍,开封胙城人。少通四声字母,里人柳曜师事衍,里中以先生目之。……天圣初,造新历,众推衍明历数,授灵台郎,与掌历官宋行古等九人制崇天历[84]13517-13518。

可见楚衍亦是精通历学的大家,做过司天监,并有善于数术的女儿。《崇天历》虽然得到了长期使用,但在推算日食方面效果并不佳。乾道四年(1168年),礼部员外郎李焘对此有过说明:

> 仁宗用《崇天历》,天圣至皇祐四年十一月日食,二历不效,诏以唐八历及宋四历参定,皆以《景福》为密,遂欲改作。……又谓:"古圣人历象之意,止于敬授人时,虽则预考交会,不必吻合辰刻,或有迟速,未必独是历差。"遁从义叟言,复用《崇天历》[83]2877。

正是由于刘羲叟在宋代的影响,才使得《崇天历》又多行用了十三年。在《崇天历》术文之前,同样记载了司天数改历的原因,此处的记载相对更符合实际:

> 夫天体之运,星辰之动,未始有穷,而度以一法,是以久则差,差则敝而不可
> 用,历之所以数改造也。物铢铢而较之,至石必差,况于无形之数哉[83]2567?

也就是说,天体运行是无穷且无形的,不能用一种法度去衡量,所以改历是必然的。

2.《明天历》的行用和奉元改历

英宗即位,命令殿中丞、判司天监周琮及王炳、丞王栋、周应祥、周安世、马杰、杨得言作新历,三年而成。周琮于是上言指责《崇天历》的不足。与此同时,司天中官正舒易简与监生石道、李遘等也各自献上历法。英宗就诏范镇、孙思恭等人对各家历法校验比对,结果周琮的历法为密,赐名《明天历》,由翰林学士王珪作序,颁行天下。英宗继位在嘉祐八年(1063年),《明天历》历成在治平二年(1065年)。宋史中关于李焘对此的叙述称:

> 治平二年,始改用《明天历》,历官周琮皆迁官。后三年,验熙宁(三)[元]年
> 七月月食不效,通诏复用《崇天历》,夺琮等所迁官[83]2877。

由于《明天历》推测熙宁元年(1068年)月食不效,被废止不用。自熙宁元年八月起,宋朝复用《崇天历》,一直到熙宁八年(1075年)。其间,宋神宗已经下诏改制新历,熙宁八年,沈括上由卫朴所造的《奉元历》。因此时正值王安石变法时期,熙宁改历也是变法的一部分。董煜宁指出,《奉元历》是在沈括的强烈建议下施用的,但由于旧历官对卫朴新历的重重阻挠以及王安石对沈括支持态度的改变,使候簿校验工作无法完成,历法并没有经过严格的校验[89]。这样,《奉元历》在行用的第二年就预测月食失效,《宋史》载熙宁九年(1076年)正月月食,《奉元历》:"遽不效,诏问修历推恩者姓名,括具奏辩,得不废[83]2877"。可知是沈括通过辩驳,才确保《奉元历》不被废止。当然,当时也有人认为沈括是强词夺理,"识者谓括强辩,不许其深于历也[83]2877"。

《奉元历》的原文早已失传,宋史载:"绍兴九年,史官重修神宗正史,求《奉元历》不获,诏陈得一,裴伯寿赴阙补修之[83]2870。"但是补修过的历法我们现在仍没能见到,清代李锐对《奉元历》又进行了修补,得到了气朔等基本天文常数和算法,并给出他修补的根据和过程。但他并没有进一步对交食及五星算法给出复原,修补后的术文见《李氏遗书》[13]。

宋哲宗元祐七年(1092年),《奉元历》被皇居卿的《观天历》所代替[21]640。但《宋史》又记载:"卫朴《奉元历经》一卷,《观天历经》一卷,绍圣、元符颁行[84]5276-5277。"《观天历》几乎是《崇天历》的翻版,仅基本常数不同,两者的术文几乎相同。《观天历》行至徽宗崇宁二年(1103年),姚舜辅上《占天历》。

3. 姚舜辅与《纪元历》

姚舜辅,籍贯、生卒年均不详,宋徽宗年间历算家,担任过宋司天监历官,著有《占天历》和《纪元历》。但宋史并未为姚舜辅立传,只记载他有《蚀神隐耀历》三卷和《纪元历经》一卷。陈久金在《中国古代天文学家》中也仅对姚舜辅作了简要的介绍,但对他的贡献进行了较为详细和系统的总结,指出姚舜辅为我国著名的历法大家,具有深厚的天文学基础和数学才能,在中国历法史上多有创造,做出了巨大贡献[90]。

崇宁二年(1103年),姚舜辅将私造的历法献上,得到颁行,即《占天历》。但《宋史》中并未记载宋代行用过此历,也未载有《占天历》术文。在《玉海》中却有记载:

> 徽宗时,有司以《观天》推崇宁二年十一月朔为丙子,颁历之后始悟其朔当进而失进,遂进《占天历》,改十一月朔为丁丑而再颁历焉[91]。

李锐曾对《占天历》的基本天文常数以及气朔推步的术文进行了修补,但对该历的其他部分则没能进行深入分析和复原[13]。由于《占天历》是未经校验的民间历法,受到天官们的指责,仅仅行用了三年。在崇宁五年(1106年),姚舜辅又进献了一部历法,这是他经过多年观测,精心编制的一部新历。于是徽宗赐号《纪元历》,颁行天下。《纪元历》是北宋行用的最后一部历法。在宋史中也是最后一部记载了全部术文的历法。南宋的历法家在制定新历时,大多依据《纪元历》,在检验新历精度时,也参照《纪元历》作为比较的标准。辽代和金代的《大明历》,据《金史·历志》的说法,是"或日因宋纪元历而增损之也[92]"。赵知微的《重修大明历》也以纪元为法。朱文鑫《历法通志》说:"其步气朔、卦候、日躔、晷漏、月离、交会及五星,皆与《纪元历》相似[56]。"《授时历》中很多天文观测方法和计算方法也都来自《纪元历》,或者是从《纪元历》得到启发而加以发展的。

《纪元历》一直行用至靖康二年(1127年)底,北宋灭亡。南宋初年,在战乱中,《纪元历》也遗失了,一直到绍兴二年(1132年),才由高宗重金购得。此间,南宋使用的是什么历法,现存史料中未有相应记载。宋史载:

> 星翁离散,《纪元历》亡,绍兴二年,高宗重购得之,六月甲午,语辅臣曰:"历官推步不精,今历差一日,近得《纪元历》,自明年当改正,协时月正日,盖非细事[83]2868。"

于是,在绍兴三年(1133年),南宋又开始行用《纪元历》,一直到绍兴五年(1135年)。由于推算当年正月日食不效,高宗下令改历,陈得一上《统元历》。但在《统元历》行用期间,有很多时候,历官们实际用《纪元历》来推算,而冠以《统元历》名。

> 《统元历》颁行虽久,有司不善用之,暗用《纪元》法推步而以《统元》为名。乾道二年,日官以《纪元历》推三年丁亥岁十一月甲子朔,将颁行,裴伯寿诣礼部陈《统元历》法当进作乙丑朔,于是依《统元历》法正之[83]2870。

其间,究竟有多少次的推算是暗用的《纪元历》,我们不好考证。宋史载"礼部谓:'《统元历》法用之十有五年,《纪元历》法经六十年,……[83]2870'"《中国天文学史大系》也采用此说法,认为在《统元历》行用十五年后,实际均用《纪元历》推算[90]。当然,也有一种可能,即历官用《统元历》《纪元历》互相参校,但最终注历时,只采取一种历法结果。

三、南宋的历法改革

1.《统元历》《乾道历》《淳熙历》和《会元历》

绍兴五年(1135年)六月,高宗赐陈得一新历为《统元历》,颁行天下,宋史载:"二月丙子，诏秘书少监朱震，即秘书省监视得一改造新历。八月历成，震请赐名《统元》，从之[83]2869。"

宋孝宗时，刘孝荣上言批责《统元历》"交食先天六刻，火星差天二度。尝自著历，期以半年可成，愿改造新历[83]2870。"于是令周执羔提领改历，乾道三年（1167 年），将刘孝荣所作《七曜细行历》献上。但是，刘孝荣的历法在当年的日月食推算中就出现偏差："预定是年四月戊辰朔日食一分，日官言食二分，伯寿并非之，既而精明不食。孝荣又定八月庚戌望月食六分半，候之，止及五分[83]2871。"侍御史单时认为新历虽然有差，但仍在可接受的范围内，要求以来年二月的月食来定历法的疏密。然而，乾道四年二月的月食，新历的计算仍不尽人意。可见，交食的计算确实是刘孝荣历法的弱点。单时又上言要求以五星的测验检验新旧历法的疏密，于是，孝宗又诏礼部员外郎李泰一同测验。经过一系列的实测，最终认为还是新历较为精密。这样，"朝廷始知三历异同，遁诏太史局以新旧历参照行之[83]2875。"孝宗下诏改用新历，赐名《乾道历》，在己丑岁（1169 年）颁行。

在《乾道历》行用期间，它的推算水平一直受到质疑和指责。阮兴祖、裴伯寿等均指出新历差谬。尤其是裴伯寿上言分别对《乾道历》的各部分进行分析指责，指出《乾道历》先制历后测验，与常理不合；由交食而定气朔，其交会差得太多，气朔自然不精；晷漏影长月离迟疾均与前面历法和实测不符；并指出其日法采为三万，是来自民间小历《万分历》，基本常数就不能是整数，有余秒，使计算的结果不精确。这些指责应该是合理的[83]2878-2880。裴伯寿也献上新历，但由于当时主管天官是荆大声、刘孝荣等人，于是"乃饰辞避事，测验弗精[83]2881。"在制《乾道历》的时候，荆大声也参与其中，并别演一法，列于《乾道历》后面。乾道五年，历算官盖尧臣、皇甫继明、宋允恭等上书说，现在已经制造出了《乾道新历》，但存在一处小问题，搜访能历之人补治新历，半年也没能找到，于是采用荆大声别演的一法。刘孝荣和荆大声虽都是《乾道历》的制定者，但此时意见已不合。乾道六年（1170 年），历学进士贾复自言能修历，进《历法九议》。改历测验之事一直在进行，新历却始终没能得到颁行。但在乾道、淳熙年间，有时是用新历来推算的，如史载"淳熙元年，礼部言：'今岁颁赐历书，权用《乾道新历》推算，明年复欲权用《乾道历》。'诏从之[83]2883。"

一直到淳熙三年（1176 年），"判太史局李继宗等奏：'令集在局通算历人重造新历，今撰成新历七卷，《推算备草》二卷，校之《纪元》、《统元》、《乾道》诸历，新历为密，愿赐历名。'于是诏名《淳熙历》，四年颁行，令礼部、秘书省参详以闻[83]2883。"同样，《淳熙历》在行用的当年就推算五星有所偏差，但经过十来年的历法改革，始终不能得到较为精密的历法，孝宗认为历法自古没有不发生差错的，何况现在造历之术很多都失传了，朝廷的历法又只能向民间求得，就不能对现行历法多加责怪了。于是下诏先暂行《淳熙历》一年。淳熙五年，金国使节来访，"妄称其国历九月庚寅晦为己丑晦[83]2884。"由于接待的官员进行了强有力的辩解，才使得宋在外交上不处于被动。但在宋史丘崈传中却又有如下记载：

　　　被命接伴金国贺生辰使。金历九月晦，与《统天历》不合，崈接使者以恩意，
　　乃徐告以南北历法异同，合从会庆节正日随班上寿。金使初难之，卒屈服。孝

宗喜谓密曰:"使人听命成礼而还,卿之力也[84]12110。"

此记载较为详细叙述了议历之事,但孝宗时并没有行用过《统天历》,当是《淳熙历》,因此宋史丘密传中记载有误。正是由于此事,朝廷就更重视历法了,于是命令进行详细检测多次,最终得出宋国的历法要密于金国历法的结论,这才稍为平息。淳熙十二年(1185年),杨忠辅指出《淳熙历》将推算月食不验,并给出理由,但当时由于阴天,没能得到检验。十三年,朝廷下令在民间召集知历之人,平民皇甫继明上言指《淳熙历》疏,要求改历。十四年,石万上言指责《淳熙历》,并献《五星再聚历》,但此历即刻又遭到众人非议。后来,皇甫继明与石万等再次将修改后的历法进上,经过详细的检验分析,还是不能断定谁的历法为好。一直到宋光宗绍熙元年(1190年)八月,"诏太史局更造新历颁之。二年正月,进《立成》二卷、《绍熙二年七曜细行历》一卷,赐名《会元》,诏嶷序之[83]2890。"经过十几年的淳熙改历总算告一段落。

《会元历》的推算仍然不佳。绍熙四年,布衣王孝礼就指出南宋的历法在编制过程中没有进行测景校验,就不能知道它们差在哪里。朝廷虽然也认为是这样,但没时间进行改作。庆元四年(1198年),《会元历》占候多差,于是诏杨忠辅编制新历。

2.《统天历》与《开禧历》

南宋前期行用的四部历法,由于制历前没有进行测景验气,所用天文常数均是在前面历法基础上进行损益而成,因而其推算精度始终不尽如人意,改历的要求一直不断。此前,最后一次大规模实际测景验气是《纪元历》制历前在浚仪观象台的观测。然而,浚仪在开封附近,与南宋帝都临安的经度相差六度左右,纬度上相差五度多。因此,用浚仪所测的基本数据来制定施行在南宋境内的历法,肯定会产生较大误差。

宋宁宗庆元五年(1199年),杨忠辅制成新的历法,宰臣京镗将其献上,赐名"统天",随即颁行。朝廷自庆元三年,测验气景,已经进行了大规模的实际观测,这使得《统天历》的某些天文常数达到了历史的最好水平。杨忠辅首创"岁实消长法",并放弃了传统的上元积年,这些都是值得写入世界天文学史的伟大创建。《统天历》的优良做法也被后来的《授时历》所采用,可见它的影响也是深远的。

《统天历》的消长算法是先进的,但对消长数值的选取却偏大,杨忠辅对交食,五星等算法并未对前历做任何改动,加之他急于将历法进上,并未进行严格的检验,使得《统天历》在推算水平上并未高过前面的历法。"庆元五年七月辛卯朔,《统天历》推日食,云阴不见。六年六月乙酉朔,推日食不验[83]2891。"尤其是在嘉泰二年(1202年),"嘉泰二年五月甲辰朔,日有食之,诏太史与草泽聚验于朝,太阳午初一刻起亏,未初刻复满。《统天历》先天一辰有半,遂罢杨忠辅,诏草泽通晓历者应聘修治[83]2891。"很多人对杨忠辅"违反"古代制历规则的做法提出质疑,并要求改历。开禧三年(1207年),大理评事鲍澣之上言指责《统天历》"乃民间之小历,而非朝廷颁正朔、授民时之书也[83]2892"。鲍澣之于是进上自己的私成新历。秘书监曾渐言认为改历是很重要的事,应当找有精通历算的专家来负责,在造历前一定要精密观测校验,用以服众。现在《统天历》差,一定要改,建议将刘孝荣、王孝礼、李孝节、陈伯祥与鲍澣之等人的历法进行比较,选择最密于天道的历法暂时颁行,然后利用沈括的方法进行测验并记录,前后参校,制成新历,可以永久使用。"于是诏渐充提领官,澣之充参定官,草泽精算造者、尝献历者与造《统天历》者皆延之,于是《开禧》新历议论始定[83]2894。"嘉定三年(1210年),邹淮言历书差忒,当改造,《宋史》较详细地记载了本次改历过程。

> 诏溪充提领官,澣之充参定官,邹淮演撰,王孝礼、刘孝荣提督推算,官生十有四人,日法用三万五千四百。四年春,历成,未及颁行,溪等去国,历亦随寝。韩侂胄当国,或谓非所急,无复敢言历差者,于是《开禧历》附《统天历》行于世四十五年[83]2894-2895。

由此可知,《开禧历》的推算水平并不比《统天历》高,但由于制新历的负责人不在了,而当权的历官又没把改历认真对待,于是新历一直没能制出来。《开禧历》就是在这种情况下继续行用的,而且用了四十多年,是南宋行用时间最长的历法。它行用期间也多次出现失误,如在淳祐四年(1244年),"兼崇政殿说书韩祥请召山林布衣造新历。从之。五年,降算造成永祥一官,以元算日食未初三刻,今未正四刻,元算亏八分,今止六分故也[83]2896"。

3. 宝祐《会天历》及其他宋末历法

淳祐十年(1250年),颁行淳祐十一年的历书时,成永祥等依《开禧历》新历推算,相师尧等依《淳祐历》新历推算,结果《淳祐历》差了六刻。殿中侍御史陈言:"且许时演撰新历,将以革旧历之失。"[83]2896《淳祐历》是李德卿所作,但无论是交食分数还是节气,《开禧历》旧历差少而新历差多。淳祐十二年(1252年),谭玉进上自己的历书,并指出李德卿《淳祐历》日法采自《崇天历》,仅是将之三除而得;其积年大于一亿,也不合古法。秘书省指出两人历法在推算节气交食上的不同,要求商榷之后取众之长,然后再颁行。同年,历成,八月丁丑,诏行《会天历》,于宝祐元年(1253年)颁行天下[83]2896-2897。

《会天历》的术文现已失传,《宋史》中没有记载《会天历》的任何内容。在清代阮元编辑的丛书《宛委别藏》中,收录了一卷《宝祐四年会天历》[93]。据此卷的提要,此卷是在宝祐三年十月,由历官谭玉等依据《会天历》术文推算得来的,并由荆执礼等撰写而成。

历书卷首页详细记载了宝祐四年二十四节气的具体时刻(见图1-5),然后按照月份详细记载了每一日的情况。历书不但记载了每一天的干支以及节气信息,还记载了每一天占卜吉凶情况。历书给出大量的宜忌事件,并附有占卜术语,与现代中国民间使用的黄历有很大的相似之处。历书中还载有没日和灭日的位置、二十八宿的方位、七十二候和六十四卦的分布,以及每天人神的方位等。更值得一提的是,每隔两三天就会记载昼夜的长度,精确到刻。总之,这部历书的记载应该说是很详细的了。图1-6是历书中八月份历日的详细情况。通过这部历书,可以了解南宋时期中国传统历书中所记载的东西。在表1-1中,我们给出《会天历》在宝祐四年所有气朔没灭的情况。

《会天历》行用至宋度宗咸淳六年(1270年),推算失闰。浙西安抚司准备差遣臧元震上言指出:"则当以前十一月大为闰十月小,以闰十一月小为十一月大,则丙寅日冬至即可为十一月初一,以闰十一月初一之丁卯为十一月初二,庶几递趱下一日置闰,十一月

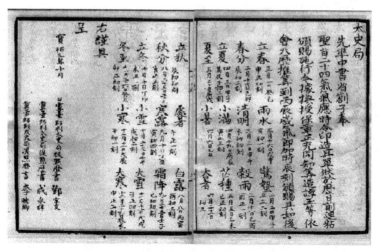

图 1-5　《宝祐四年会天历》的卷首页

图 1-6　《会天历》八月份历谱

二十九日丁未始为大尽[83]2898-2899。"于是朝廷下诏让其与太史局辩正,结果太史局词穷。这样,度宗下诏改历,新历于同年造成,以冯梦得作序,赐名"成天历",于咸淳七年颁行天下。关于《成天历》的作者,宋史亦未给出,《元史·历志》中记载:"《成天历》咸淳七年辛未陈鼎造,行四年[94]",知其作者为陈鼎。《成天历》行用四年后,南宋都城临安就被元军攻陷,《成天历》即停止使用。

宋史载:"德祐之后,陆秀夫等拥立益王,走海上,命礼部侍郎邓光荐与蜀人杨某等作历,赐名《本天历》,今亡[83]2900。"可见,南宋的最后抗元队伍中也行用过历法,但现在已经失传。由于《本天历》在战乱中而成,加之当时的抵抗队伍中知历之人不多了,这部历法基本上是前面历法的翻版,其研究的意义和价值并不高。

表 1-1   宝祐四年《会天历》全年气朔没灭

月份	日期及气朔						累积日数
正月大	1 立春	15 望	16 雨水	23 下弦	24 没		30
二月小	2 惊蛰	7 上弦	14 望	22 下弦			59
三月大	3 清明	4 灭	8 上弦	15 望	18 谷雨	23 下弦	89
四月小	3 立夏	5 没	7 上弦	15 望	19 小满	23 下弦	118
五月小	5 芒种	7 上弦	8 灭	15 望	20 夏至	23 下弦	147
六月大	6 小暑	8 上弦	16 望,没	22 大暑	23 下弦		177
七月小	7 立秋	8 上弦	11 灭	15 望	22 处暑	23 下弦	206
八月小	7 白露,上弦	16 望	23 秋分,下弦	27 没			235
九月大	9 上弦	10 寒露	16 望	17 灭	23 下弦	25 霜降	265
十月大	9 上弦	10 立冬	16 望	23 下弦	25 小雪		295
十一月大	8 上弦,没	11 大雪	15 望	21 灭	22 下弦	26 冬至	325
十二月小	8 上弦	11 小寒	15 望	22 下弦	26 大寒	29 腊	354

历法的精度与特征是历法改革中的重要因素,但最终决定历法改与不改和用与不用的还是人本身。如《崇天历》行用时出现推算交食失误,但由于刘羲叟的坚持,最终没能进行改历;又如嘉定三年(1210 年),已经确定要改历了,但领导人戴溪离去,新历就没有颁行,使得《开禧历》又行用了四十多年。历法的改革是受多方面因素制约的,每一部历法的改革与行用都是各方面因素综合作用的结果。前部历法精度不高往往是历官或是造历者要求改历的直接因素,有时也是他们为了废除现有历法而找的借口。虽然最终决定哪部历法得到颁行的是君主,但是君主只能根据历法校验精度的结果作决定,而确定精度的校验过程是具有可操作性的,这里不能排除有作弊的可能。由此看来,古代历法是为政治服务的,它的颁行和使用也是由政治因素决定的[95]。关于宋代官方所行用的各

部历法的简表如表 1-2 所示。

表 1-2　宋代历法基本信息表

历法名称	制历年代	作者	观测地点及经度	制造年份/年	行用年份/年
《应天历》	北宋建隆	王处讷	阳城 113.1°E	962	964—982
《乾元历》	北宋太平兴国	吴昭素	阳城 113.1°E	981	983—1000
《仪天历》	北宋咸平	史序	阳城 113.1°E	1001	1001—1023
《崇天历》	北宋天圣	楚衍、宋行古	阳城 113.1°E	1024	1024—1064
《明天历》	北宋治平	周琮	阳城 113.1°E	1064	1065—1067
《奉元历》	北宋奉元	卫朴	阳城 113.1°E	1074	1075—1093
《观天历》	北宋元祐	皇居卿	阳城 113.1°E	1092	1094—1102
《占天历》	北宋崇宁	姚舜辅	阳城 113.1°E	1103	1103—1105
《纪元历》	北宋崇宁	姚舜辅	俊仪 114.35°E	1106	1106—1127
《统元历》	南宋绍兴	陈得一	俊仪 114.35°E	1135	1136—1167
《乾道历》	南宋乾道	刘孝荣	俊仪 114.35°E	1167	1168—1176
《淳熙历》	南宋淳熙	刘孝荣	俊仪 114.35°E	1176	1177—1190
《会元历》	南宋绍熙	刘孝荣	俊仪 114.35°E	1191	1191—1198
《统天历》	南宋绍熙	杨忠辅	临安 120.2°E	1199	1199—1207
《开禧历》	南宋开禧	鲍瀚之	临安 120.2°E	1207	1208—1251
《淳祐历》	南宋淳祐	李德卿	临安 120.2°E	1250	1252
《会天历》	南宋宝祐	谭玉	临安 120.2°E	1253	1253—1270
《成天历》	南宋咸淳	陈鼎	临安 120.2°E	1271	1271—1276
《本天历》	南宋德祐	邓光荐	临安 120.2°E	1277	1277—1279

参考文献

[1]　齐克尔.日全食[M].傅承启译.上海:上海科技教育出版社,2002:33.

[2]　谭进."月环食"初探[J].天文爱好者,1996(6):14-15.

[3]　蔡云端.有月环食吗?[J].物理教师,1993(2):8.

[4]　曲安京.中国数理天文学[M].北京:科学出版社,2008.

[5]　中科院紫金山天文台.1983年中国天文年历[M].北京:科学出版社,1982:527-528.

[6]　唐汉良,余宗宽.日月食及其计算概要[M].北京:江苏人民出版社,1959.

[7]　[苏]库里柯夫.新天文常数系统[M].吴守贤译.北京:科学出版社,1979.

[8]　关增建.日食观念与传统礼制[J].自然辩证法通讯,1995,17(2):47-55.

[9]　赵贞.唐五代日食的发生及对政治的影响[J].西北师范大学报(社会科学版),

2005,42(5):64-67.

[10] 石云里,邢钢.中国汉代的日月食计算及其对星占观的影响[J].自然辩证法通讯,2006,28(2):79-85.

[11] (清)陈澧.三统术详说[M]//中西算学丛书初编.石印本.上海:鸿宝书局,1896(清光绪二十二年).

[12] (清)江永.推步法解[M]//丛书集成初编.上海:商务印书馆,1936.

[13] (清)李锐.李氏遗书天文部分[M]//中国科学技术典籍通汇(天文卷):第2册.郑州:河南教育出版社,1994:704-818.

[14] (清)钱大昕.三统术衍(附三统术钤)[M]//潜研堂全书.木刻本.长沙龙氏家塾,1884(清光绪十年).

[15] 高平子.论圭表测景[J].宇宙,1937,8(1):2-18.

[16] 李俨.印度历算与中国历算之关系[J].学艺,1934,13(9):57-74;13(10):51-64.

[17] 刘朝阳.中国古代天文历法史研究的矛盾形式和今后出路[J].天文学报,1953,1(1):30-82.

[18] 钱宝琮.授时历略论[J].天文学报,1956,4(2):193-209.

[19] 严敦杰.中国古代的黄赤道差计算法[J]//科学史集刊.北京:科学出版社,1958,1:47-58.

[20] 朱文鑫.中国历法源流[J].中国天文学会会刊,1927:69-83.

[21] 王应伟,中国古历通解[M].沈阳:辽宁教育出版社,1998.

[22] 张培瑜,陈美东,薄树人,等.中国古代历法[M].北京:中国科学技术出版社,2008.

[23] 刘金沂.隋唐历法中入交定日术的几何解释[J].自然科学史研究,1983,2(4):316-321.

[24] 刘金沂.麟德历交食计算法[J].自然科学史研究,1984,3(3):251-260.

[25] 薄树人.薄树人文集[M].合肥:中国科学技术大学出版社,2003.

[26] 陈美东.中国古代的月食食限及食分计算法[J].自然科学史研究,1991,10(4):297-314.

[27] 陈美东.中国古代月亮极黄纬计算法[J].自然科学史研究,1988,7(1):16-23.

[28] 陈美东.古历新探[M].沈阳:辽宁教育出版社,1995.

[29] 曲安京.中国古代日食食差算法的原理[J].自然科学史研究,2002,21(2):97-114.

[30] 曲安京.中国古代日食食限与食分算法[J].中国科技史杂志,2008,29(4):347-357.

[31] 唐泉,曲安京.中国古代的视差理论:以日食食差算法为中心的考察[J].自然科学史研究,2007,26(2):125-154.

[32] 唐泉.日食与视差[M].北京:科学出版社,2008.

[33] 李鉴澄.中国历代日月交食周期的研究[J].自然科学史研究,1994,13(2):
114 -122.

[34] 李勇,张培瑜.中国元明时期交食推步的比较研究[J].南京大学学报(自然科学
版),1996,32(3):387 - 394.

[35] 李勇.《授时历》交食推步研究[J].南京大学学报(自然科学版),1996,32(1):
16 -24.

[36] 李勇,张培瑜.中国13世纪历法的交食推算精度[J].南京大学学报(自然科学
版),1999,35(4):421 - 424.

[37] 景冰.《授时历》的研究.自然科学史研究[J].1995,14(4):349 - 358.

[38] 胡铁珠.《大衍历》交食计算精度[J].自然科学史研究,2001,20(4):312 - 319.

[39] 宁晓玉.明清之际确定日月食方位的几种方法[J].自然科学史研究,2004,23
(1):25 - 37.

[40] 陈久金.回历日月位置的计算及其运动的几何模型[J].自然科学史研究,1989,8
(3):219 - 229.

[41] 陈久金.回历日月食原理[J].自然科学史研究,1990,9(2):119 - 131.

[42] 陈久金.回回天文学史研究[M].南宁:广西科学技术出版社,1996.

[43] 李亮,吕凌峰,石云里.《回回历法》交食精度之分析[J].自然科学史研究,2011,30
(3):306 - 317.

[44] 李亮.明代历法的计算机模拟分析与综合研究[D/OL].合肥:中国科学技术大
学,2011.

[45] 马莉萍.中国古代日食的宿度记录[J].自然科学史研究,2008,27(1):39 - 58.

[46] 滕艳辉.宋代朔闰与交食研究[D/OL].西安:西北大学,2012.

[47] 滕艳辉.宋代历法定朔算法及精度分析[D/OL].西安:西北大学,2009.

[48] FOTHERINGHAM J K, LITT D. A Solution of Ancient Eclipse of Sun[J].
MNRAS,1920,81:104 - 126.

[49] CUROTT D R. Earth Deceleration from Ancient Solar Eclipses[J]. Asston J
May,1966,4:264 - 269.

[50] NEWTON R R. Anceint Astronomical Observations and the Accelerations of the
Earth and Moon[M]. Baltimore and London:Jojns Hopkins press,1970.

[51] 吴守贤.在研究地月系加速中应用中国古代日食记录的某些问题[J].陕西天文
台台刊,1980(2):23 - 31.

[52] STEPHENSON F R, MORRISON L V. Long-term fluctuations in the Earth's
rotation:700 BC to AD 1990[J]. Phil. Trans. R. Soc. Lond,1995,A351:165 - 202.

[53] STEPHENSON F R. Historical Eclipses and Earth's Rotation[M]. Cambridge:
Cambridge University Press,1997.

[54] 韩延本,李致森,林柏森,等.利用中国古代中心食记录得到的地球自转速率变化
参数[J].Chinese Journal of Astronomy and Astrophysics,1984,4(2):107 - 114.

［55］ PANG K D, YAU K, CHOU H H, et al. Computer analysis of some ancient Chinese sunrise eclipse records to determine the Earth's rotation rate[J]. Vistas in Astronomy,1988,31:833 – 847.

［56］ 朱文鑫. 历代日食考[M]. 上海:商务印书馆,1934.

［57］ LIU C Y. The regular records of solar eclipse in ancient China and a computer readable table[J]. Archive for History of Exact Sciences,2005,59(2):157 – 168.

［58］ 刘次沅. 诸史天象记录考证[M]. 北京:中华书局,2015.

［59］ STEPHENSON F R. How reliable are archaic records of large solar eclipses? [J]. Journal for the History of Astronomy,2008,39(02):229 – 250.

［60］ STEPHENSON F R,MORRISON L V,HOHENKERK C Y. The provenance of early Chinese records of large solar eclipses and the determination of the Earth's rotation[J]. Journal for the History of Astronomy,2018,49(04):425 – 471.

［61］ 斋藤国治,小泽贤二. 中国古代天文记录验证[M]. 东京:雄山阁,1992.

［62］ 张培瑜. 甲骨文日月食与商王武丁的年代[J]. 文物,1999(3):56 – 63.

［63］ 刘次沅,李建科,周晓陆. "天再旦"研究[J]. 中国科学(A 辑),1999,29(12): 1141 –1147.

［64］ KHALISI E. The Solar Eclipse of the Xia Dynasty:A Review[R]. Habilitation at University of Heidelberg,2020.

［65］ PANKENIER D W. On the reliability of Han dynasty solar eclipse records[J]. Journal of Astronomical History and Heritage,2012,15(3):200 – 212.

［66］ 陈遵妫. 中国天文学史:第 3 册[M]. 上海:上海人民出版社,1984.

［67］ 李勇. 两汉《五行志》中的日食记录研究[J]. 天文学报,2015,56(5):491 – 505.

［68］ 邢钢,石云里. 汉代日食记录的可靠性分析:兼用日食对汉代历法的精度进行校验[J]. 中国科技史杂志,2005,26(2):107 – 121.

［69］ 马莉萍,刘次沅. 明代日食的地方记录[J]. 天文学报,2019,60(4):16 – 27.

［70］ SHI Y L. Eclipse observations made by jesuit astronomers in China:a reconsideration[J]. Journal for History of Astronomy,2000,31(2):135 – 147.

［71］ 李亮,吕凌峰,石云里. 被"遗漏"的交食:传教士对崇祯改历时期交食记录的选择性删除[J]. 中国科技史杂志,2014,35(3):303 – 315.

［72］ 薮内清. 隋唐历法史研究[M]. 东京:三省堂版,1944;临川书店增订版,1989.

［73］ 大桥由紀夫. 中国にぉける日月食予測法の成立過程[J]. 一橋論叢,1999,122 (2):67 – 86.

［74］ 横塚啟之. <授時暦>の日食計算にぉける<時差>について[J]. 科学史研究, 1999,38(210):99 – 103.

［75］ 平山清次. 書経の日食[J]. 天文月報,1928,21(1):3 – 7;21(2):23 – 26.

［76］ 渡边敏夫. 日本、朝鲜、中国日食月食宝典[M]. 东京:雄山阁,1979.

［77］ 滕艳辉. 古代日食视差理论研究的新进展:评唐泉著《日食与视差》[J]. 咸阳师范

学院学报,2012,27(6):74-80.

[78] OPPOLZER T R. Canon der Finsternisse[M]. Vienna:Imperial Academy of Science,1887.

[79] 张培瑜. 三千五百年历日天象[M]. 郑州:河南教育出版社,1990.

[80] 刘次沅,马莉萍. 中国历史日食典[M]. 北京:世界图书出版公司,2006.

[81] STEPHENSON F R, HOULDEN M A. Atlas of Historical Eclipse Maps:East Asia 1500BC—AD1900[M]. Cambridge:Cambridge University Press,1986.

[82] ESPENAK F. Six Millennium Catalog of Solar Eclipses:-1999 to +3000[EB/OL].[2014-4-11]. https://eclipse.gsfc.nasa.gov/SEcat5/SEcatalog.html.

[83] (元)脱脱,贺惟一,阿鲁图,等. 宋史:律历志[M]//历代天文律历等志汇编:第8册. 北京:中华书局,1976.

[84] (元)脱脱,贺惟一,阿鲁图,等. 宋史[M],北京:中华书局,1976.

[85] (宋)李焘. 续资治通鉴长编[M],北京:中华书局,1979:76.

[86] (清)徐松辑. 宋会要辑稿[M]. 北京:中华书局,1957:2130.

[87] 曲安京. 王睿、至道、乾兴、乙未四历历元通考[J]. 自然科学史研究,1994,13(3):222-235.

[88] 鲁实先. 宋《乾兴历》积年日法朔余考[J]. 东方杂志,1944,40(24):37-39.

[89] 董煜宇. 从《奉元历》改革看北宋天文管理的绩效[J]. 自然科学史研究,2008,27(2):203-212.

[90] 陈久金. 中国古代天文学家[M]. 北京:中国科学技术出版社,2008:358-364.

[91] (宋)王应麟. 玉海[M]. 南京:江苏古籍出版社,1986:198.

[92] 脱脱,沙剌班,欧阳玄,等. 金史:历志[M]//历代天文律历等志汇编:第9册. 北京:中华书局,1976:3207.

[93] (宋)荆执礼. 宝祐四年会天历[M]//(清)阮元. 宛委别藏. 南京:江苏古籍出版社,1986:1-54.

[94] (明)宋濂,王祎. 元史·历志[M]//历代天文律历等志汇编(9). 北京:中华书局,1976:3366.

[95] 滕艳辉,袁学义. 宋代历法沿革[J]. 咸阳师范学院学报,2012,27(4):78-86.

第二章　宋代交食推算计算机模拟的实施方案

第一节　古代历法计算机模拟的原理与方法

虽然大批天文史家和历史学家在古代历法解读与算法原理方面做了大量工作，但要想更全面、更直观地理解中国古代历法，对历法的推算过程进行模拟，对推算的结果进行复原是十分必要的。1980年后，随着微型电子计算机的普及，历法研究者开始使用计算机对古代历法进行模拟和复原。本节将讨论古代历法计算机模拟的可行性及实施思路和方案。

一、传统历法的算法特征

中国传统历法不仅仅是给出历日计算，颁行历书，更重要的作用是推算太阳运动、月亮运动、日月交食、五星运动，以及各种天象的发生时间和在天空的位置。传统历法由天文常数和算法推步术文构成，其本质是中国数理天文学。它的每一个推算过程就是一个数值算法。每个具体算法有确定的名称和明确的目的，并且都能在有限步内完成，得到确定的结果。推算过程中参与运算的各参数要么是历法给出的天文常数，要么是在前面算法中已经计算出来的结果。

古代历法中的算法一般描述成"求……：置……，为……"，如历法记载"求朔望定日：各以入气、入转朏朒定数朏减朒加经朔、弦、望小余，满若不足，进退大余，命甲子，算外，各得定日及余[1]2589。"这段术文是《崇天历》计算定朔定望时刻的术文，所需要的参数是经朔、望小余和入气、入转朏朒定数，而这几个值在此算法之前已经求得，于是该算法就可转化为公式，并容易得到结果。因此，中国传统历法中的算法具有确定性、有穷性和可解性，与现代计算机科学中的算法性质相同。历法推算中同样使用顺序、分支和循环等基本算法结构，使用计算机来模拟古代历法中的算法是可行的。

中国传统历法使用了庞大的上元积年数，这使得历法推算的工作量非常大。古代历法推算的主要工具是筹算和笔算，这样的工作既耗时又耗力，且不能避免推算中出现的错误。如果推算过程出现错误，那么出现错误的地方就非常不易查找，查找所耗的时间精力不亚于重新推算。而具有机械性、高效性和稳定性的电子计算机却很适合做这样的工作。

自汉代至明代，中国一共行用了100多部官方历法。有30多部传统历法的术文完整地保存至今。用计算机模拟这些历法也就相当于在复原古人的计算过程和计算结果。

还有 30 部左右历法的术文大部分被保留下来,但缺少某些片段,通过对比其他完整历法,或是根据某些史料记载,如果能够修补,使之成为完整的历法,其算法和结果也是可以模拟的。例如,《大衍历》之后的《五纪历》和《正元历》的术文都没有被记载下来,但基本常数和表格是完整的,并且史书中记载,这些历法的算法与《大衍历》相同。按照《大衍历》的算法对这些历法进行模拟是可以的。其余几十部历法,有些仅是记载了少量的天文常数,有的甚至完全失传了。目前,我们还没有办法对这些历法进行模拟复原。

二、古代历法计算模拟的思路和方法

实现历法计算机模拟的整体思路:首先全面整理古代历法,对其中的术文进行校勘和梳理,并将其中文本形式的常数和表格进行数字化;然后建立各算法之间的相互关系,确定输入输出参数,建立数据流图,在此基础上,将历法中用文字描述的算法完全公式化;最后是选择程序开发工具,编写具体程序代码和设计软件交互的界面 UI,并通过程序调试和软件测试,打包发布可用的古代历法计算机模拟的软件[2-3]。

古代历法算法的计算机模拟是一个相对较小的软件,我们仅采用软件工程的思想进行总体设计和详细设计,没有必要完全按照工程化的步骤进行。我们拟采用面向对象的程序设计,总体设计包括基本数据类、数据操作、历法推步类和可视化图形界面设计等。

传统历法有百部之多,行用长达 2000 年,不同时代和发展阶段的历法,其具体算法肯定会有所不同。在设计软件时,我们尽量为同一种推算设计通用的算法,使多部历法共用一个计算机算法。当然,如果不同历法间的同一推算方法完全不同,我们就为这部历法单独设计相应算法,与通用算法放在具体的推步类中。

建立每一个推步类时,都要先解读每一个子算法,得到算法的输入和输出变量信息;建立整个历法推步的框架,找到各子算法在这个框架中的位置,以及各子算法之间的相互联系;根据各算法的关系建立数据流图,完成整体设计。

传统历法术文叙述极其简洁,历法制定时往往省略或隐含了某些分支选择的条件、结果单位的换算和日常使用的简单算法等。历法的使用者是人,这些问题在笔算或是筹算等人工操作时,是很容易被发现并处理的。但我们让机器代替人进行推算,如果直接根据术文去编写代码,不仅不能做到正确模拟,甚至不能得到可执行的程序。我们必须根据上下文等补齐或明确这些条件,计算机才能识别。例如,根据古人的时间概念,所有关于日期计算的结果,整数部分大于 60 时,为了使结果能在一个干支序列内,就要在已经算得的结果上减去 60。

由于隋代以后的历法使用了更加庞大的上元积年数,在用计算机模拟的过程中,如果处理不当,就会产生很大的误差。例如,同一个算法在不同历法中,其运算顺序可能不同,可能是先乘再除,也可能是先除再乘;还有些历法对计算结果小数部分取整,而有些则四舍五入。这些微小的不同处理方式,可能会被天文常数放大,造成模拟的误差增大。因此,代码编写中涉及各种运算和对计算结果的处理时,我们完全依照当时使用的历法推算实际的习惯操作,使之与用筹算或笔算得到的结果相一致。

本书拟使用 Visual Basic 2019 作为古代历法算法计算机模拟的程序设计语言,编写程序代码,编制出可视化的应用程序。关于 Visual Basic 2019 的使用说明,可以参考相关书籍[4-5]。虽然 VB 编辑器和编译器的调试和编译功能可以提示我们某些程序编写上的错误,但运行中发生的错误是需要合理设计测试案例进行检测的。问题是,古代历法家所提供的使用某部历法推算的全过程已经完全失传了,使用这些现成的结果检测程序是不现实的。我们将视线转向现存的有关用历法进行推算的结果记录上面。

古代文献中有利用某些天象测验历法优劣的记载。这些记录就是当时人们使用某种历法进行实际推算的结果,我们正确复原的历法也一定能得到这样的结果。我们找到这些记录,并进行整理,确定这些记录是在什么时间使用什么历法推算什么天象,然后使用已经编好的某部历法的程序计算特定时刻的相应天象。当程序计算的结果与史载记录的结果相同时,就能说明我们对历法的解释和所编写的程序是正确的。当程序计算值与史载记录不相符时,我们要检查前面的工作是哪一个环节出了问题。如果仅是程序错误,我们要修改程序代码,重新调试和编译;如果是术文或常数解读错误,则要重复整个整体设计和详细设计的过程,直到准确无误[2]。

第二节　宋代交食推算方法计算机模拟的数据准备

一、天文常数的数字化

中国古代数理天文学的基本天文常数是回归年和朔望月,其他常数都是导出常数,均可由基本常数推算出来[6]。为了方便在具体算法中调用这些天文常数,我们事先将其整理好并存储。我们把每一部历法的所有天文常数和基本信息都存储在一个文本文件中。文件名命名方式为"历法名＋常数"。由于传统历法所用到的常数和信息有限,不会占用太多存储空间。为了程序调用文件的方便,文件中每个常数存一行,并逐行存储。由于计算交食需要用到历法推算气朔、日躔、月离、晷漏和交会五部分,故每部分存储时预留 20 行用以最多存储 20 个常数,即关于气朔部分的常数最多 20 个,存在第 1 行到第 20 行,日躔部分的常数最多 20 个,存在第 21 行到第 40 行,依次类推。每一行的行号占用 3 个字符(包括标点和空格),其后是常数名称,再后面是常数数值。

宋代历法很多天文常数的基本形式为整数加分数的形式,这给存储带来不便,同时某些常数之间具有明显的互推关系,因此,并非历法给出的所有常数都要存储。这样,某些常数如果能转化为小数表示,则使用小数存储,不能转化为小数的则存储其分子部分(因为宋代大多历法中以分数表示的常数都采用了相同的分母)。图 2-1 是《崇天历》天文常数存储的文件。表 2-1 则是《崇天历》常数存储文件所有内容及每

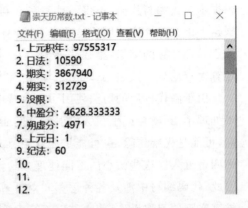

图 2-1　《崇天历》天文常数存储文件

行的对应关系。为了更好地展示各部历法的天文常数，我们不再将每部历法的存储文件展示出来，而是给出各部历法交食推算所用的天文常数表格。

表 2-1　《崇天历》常数存储结构及内容

行号	名称	数值	行号	名称	数值	行号	名称	数值
1	上元积年	97555317	25	岁差	125.02	63	交数	1796
2	日法	10590	41	转分	291803.0594	64	终度	363.76
3	期实	3867940	42	平行	13.36875	65	阳历限	4200
4	朔实	312729	43	七日初	9441	66	阴历限	7000
5	没限		44	七日末	1179	67	月食限	8400
6	中盈分	4628.3333	45	十四初	8232	68	食既限	3200
7	朔虚分	4971	46	十四末	2358	81	二至限	182.62
8	上元日	1	47	二一初	7052	82	冬初限	62
9	纪法	60	48	二一末	3538	83	夏初限	120.62
21	乘法	32	49	二八初	5873	84	冬至影长	127.15
22	除法	487	50	黄白大距	6.015	85	夏至影长	14.78
23	周天分	3868065.02	61	交分	288177.4277	86	昏明分	264.75
24	黄赤大距	23.9	62	交率	141	87	象限	91.32

　　表 2-2 是宋代各部历法气朔部分的天文常数表，表 2-3 是宋代各部历法日躔和月离部分的天文常数表，表 2-4 是宋代各部历法交会和晷漏部分的天文常数表。

表 2-2　宋代历法气朔常数表[1]

历法名称	上元积年	上元日名	行用初年	日法	期实	朔实	岁余小余	中盈分	朔虚分	没限
《成天历》	4824596	1	963	7420	2710101	219117	1801	3241.75	3483	—
《崇天历》	30542997	1	981	10590	3867940	312729	2590	4628.3333	4971	—
《淳熙历》	715497	1	1001	5640	2059974	166552.56	1374	2464.5	2647.44	—
《观天历》	97555317	1	1024	12030	4393880	355253	2930	5256.667	5647	9402
《会元历》	710697	1	1065	38700	14134932	1142834	9432	16911	18166	—
《纪元历》	5943717	1	1075	7290	2662626	215278	1776	3185.5	3422	5697.25
《开禧历》	28612361	16	1106	16900	6172608	499067	4108	7384	7933	—
《明天历》	94250457	1	1136	39000	14244500	1151693	9500	17041.67	18307	30479.17
《乾道历》	91644657	1	1168	30000	10957308	885917.76	7308	13109	14082.24	—
《乾元历》	52420797	1	1177	2940	1073820	86820	720	1285	1380	2297.5
《统天历》	25493577	1	1191	12000	4382910	354368	2910	5242.5	5632	—
《统元历》	2637	1	1198	6930	2531138	204647	1688	3028.3	3253	—
《仪天历》	7846977	1	1208	10100	3688970	298259	2470	4414.167	4741	7892.917
《应天历》	71756877	1	1271	10002	3653175	295365	2445	4371.25	4695	7816.375

　　注：表内数值为"—"时表示历法中不设此项。

表 2-3 宋代历法日躔和月离常数表

历法名称	周天分	乘法	除法	转周分	月平行	七日初数	七日末数	十四初数	十四末数	二一初数	二一末数	二八初数
《成天历》	2710210.61	325	4946	204455.1641	13.3687	6593	827	5768	1652	4942	2478	4115
《崇天历》	3868065.02	32	487	291803.0594	13.36875	9441	1179	8232	2358	7052	3538	5873
《淳熙历》	0	119	1812	155407.974	13.36875	5012	628	4384	1256	3756	1884	3128
《观天历》	4394034.006	182.6217789	93.71089	331482.0389	13.36875	10690	1340	9351	2679	8011	4019	6672
《会元历》	0	119	1812	1066361.731	13.36875	34389	4311	30092	8618	25774	12926	21461
《纪元历》	213018017	119	1811	200873.099	13.368775	6478	812	5666	1624	4854	2436	4043
《开禧历》	6172859.01	206	3135	465672.5396	13.3687	15017	1883	12936	3964	11255	5645	9372
《明天历》	22792004470	182.6218	91.3109	29882242.25	13.368775	184.1854	2142887	0	0	0	0	0
《乾道历》	10957717.05	87	1324	826637.7395	13.36875	26658	3342	23309	6691	19980	10020	16636
《乾元历》	1073853.755	120	1826	81010.602	13.36875	2612	328	2285	655	1958	982	1632
《统天历》	4383090	380	5783	330655	13.3687	10664	1336	9328	2672	7992	4008	6655
《统元历》	2531226.87	55	837	190953.2563	13.36875	6158	772	5387	1543	4615	2315	3843
《仪天历》	3689088.99	0	0	278301.0165	13.36875	0	0	0	0	0	0	0
《应天历》	3653293.2	0	0	275600	13.37	8888	1114	7774	2228	0	0	0

表 2-4 宋代历法交会和暑漏常数表

历法名称	交终分	交率	交数	交终度	日食阳限	日食阴限	月食限	二至限	冬初限	夏初限	昏明分
《成天历》	201914.7051	0	0	363.7946	3470	4280	6940	182.6214	62.08	120.54	185.5
《崇天历》	288177.4277	141	1796	363.76	4200	7000	8400	182.62	62	120.62	264.75
《淳熙历》	153476.9543	61	777	363.794	2630	3240	5460	182.62	62	120.62	141
《观天历》	327361.9944	183	2331	363.76	4900	7900	0	182.62	45.62	137	300.75
《会元历》	1053113.214	507	0	363.7944	18000	22500	36000				
《纪元历》	198377.088	324	4127	363.7944	3400	4300	6800	182.62	62	120.62	967.5
《开禧历》	459886.4825	0	0	363.7944	8000	9436	15780	182.6218	62.2	120.42	182.25
《明天历》	2279200447	9901159	6240000	0	1464		1338	182.6215	62.09	120.53	422.5
《乾道历》	816366.6034	80	1019	363.794	14400	18000	29100	182.62	45.62	137	975
《乾元历》	80003.9455	142	1802	0	940	2130	3408	182.6218	62	120.62	750
《统天历》	326547	19	242	363.7924	5600	7100	11200	0	0	0	0
《统元历》	188580.6457	42	535	363.76	2745	4585	5490	182.6288	62.06	120.56	300
《仪天历》	0	0	0	0	0	0	0	182.62	62	120.62	173.25
《应天历》	3639009.1	0	0	0	0	0	0	0	0	0	0

由于每部历法对同一个天文常数的称呼不尽相同,上述几个表格的名称都是基于《纪元历》的,其余历法的名称与《纪元历》的对照说明在表 2-5 中给出[3]。表中,[ ]内表示与其他历法对应常数的概念,不完全相同,但描述相似的天文概念。"—"表示历法不设立此项常数。

表 2－5　宋代历法常数名称对照表

纪元	应天	仪天	统元	统天	乾元	乾道	明天	开禧	会元	观天	淳熙	崇天	成天
日法	元法	宗法	元法	策法	元率	元法	元法	日法	统率	统法	元法	积法	日法
期实	岁盈	岁周	岁周	岁分	岁周	期实	岁周	岁率	气率	岁周	岁实	岁实	岁分
朔实	月率	合率	朔实	朔实	—	朔实	朔实	朔率	朔率	朔实	朔实	朔实	朔实
岁周	—	周天	岁周日	[闰实]	—	岁周	岁周	—	—	[岁余]	岁周日	[岁余]	—
气策	气策	气策	气策	气策	气策	气策	气策	气策	气策	气策	气策	气策	气策
朔策	会日	会日	朔策	朔策	朔策	朔策	朔策	朔策	朔策	朔策	朔策	朔策	朔策
中盈分	—	—	中盈分	[气差]	—	中盈分	中盈分	中盈分	中盈分	中盈分	中盈分	中盈分	中盈分
朔虚分	朔虚分	朔虚分	朔虚分	[斗分差]	朔虚分	朔虚分	朔虚分	朔虚分	朔虚分	朔虚分	朔虚分	朔虚分	朔虚分
没限	没限	没限	—	没限	没限	没限	没限	没限	—	没限	—	[闰限]	没限
周天分	天总	乾数	周天分	周天分	周天策	周天分	周天分	周天率	—	周天分	乾实	周天分	周天分
约分法	—	—	—	[周天差]	—	—	日度母	—	—	—	—	—	—
岁差	—	岁差	岁差	—	—	岁差	岁差	岁差	岁差	岁差	岁差	岁差	岁差
周天度	天度	乾则	周天度	周天度	周天	周天度	周天	周天度	周天度	周天度	周天度	周天度	周天度
象限	—	一象度	—	[周天度]	—	象限	—	象限	象限	—	象限	—	—
乘法	—	—	乘法	乘法	—	乘法	—	乘法	乘法	—	乘法	乘法	乘法
除法	—	—	除法	除法	—	除法	—	除法	除法	—	除法	除法	除法
转周分	离总	历终分	转周分	转实	转分	转周分	转终分	转率	转率	转周分	转周分	转周日	转周分
转周日	转日	历周	转周日	转策	转历	转周日	转终	转策	转周日	转周日	转周日	转周日	转差日
朔差日	朔差日	会差	朔差日	[转差]	转差	朔差日	朔差	朔差日	朔差日	朔差日	朔差日	朔策	朔策
月平行	—	—	平行分	平行度	—	—	月平行	平行度	—	平行	—	平行	平行度
交终分	交总	交终分	交终分	交实	交率	交终分	[周天分]	交率	交率	交终分	交实	交终分	交终分

纪元	应天	仪天	统元	统天	乾元	乾道	明天	开禧	会元	观天	淳熙	崇天	成天
纪元日	[平朔]	交终日	交终日	交策	交策	交终日	—	交策	交终日	交终日	交终日	交终日	交策
交中日	[平望]	交中日	交中日	交中策	—	交中日	—	交中策	交中日	交中日	交中日	交中日	交中策
交率	—	交差	交率	交率	—	交率	—	—	交率	交率	交率	交率	—
交数	—	交数	交数	交数	—	交数	—	—	交数	交数	交数	交数	—
交中度	正交	—	[交中度]	交中度	—	—	半周天	交中度	交中度	交中度	—	半交	交中度
日食阳历历限	—	阳历限	阳历食限	临安阳历历限	—	阳历食限	日食限	临安阳历历限	阳历食限	阳历食限	阳历食限	阳历食限	临安阳历历限
日食阴历历限	—	阴历限	阴历食限	临安阴历历限	—	阴历食限	月限	临安阴历历限	阴历食限	阴历食限	阴历食限	阴历食限	临安阴历历限
月食限	—	—	—	月食限	—	月食限	—	月食限	月食限	—	月食限	月食限	月食限
阳历定法	—	阳历定法	阳历定法	阳历定法	—	阳历定法	—	阳历定法	阳历定法	阳历定法	阳历定法	阳历定法	阳历定法
阴历定法	—	阴历定法	阴历定法	阴历定法	—	阴历定法	—	阴历定法	阴历定法	阴历定法	阴历定法	阴历定法	阴历定法
月食定法	—	—	—	月食定法	—	月食定法	—	月食定法	月食定法	月食定法	月食定法	月食定法	月食定法
二至限	—	二至限	二至限	二至限	—	二至限	二至限	二至限	二至限	二至限	二至限	二至限	二至限
象限	—	象限	象限	一象度	—	象限	一象度	—	象限	一象	象限	一象	—
冬初限	—	夏后次象	冬初限	冬初限	—	—	冬初限	冬初限	—	冬初限	一象	—	冬初限
夏初限	—	冬后次象	夏初限	夏初限	—	—	夏初限	夏初限	—	夏初限	—	—	夏初限
冬至影长	—	中晷	冬至晷影	冬至中晷常数	—	—	冬至常数	冬至晷常数	冬至晷影	冬至晷影	—	冬至中晷	冬至中晷
夏至影长	—	中晷	夏至晷影	夏至中晷常数	—	—	夏至常数	夏至晷常数	夏至晷影	夏至晷影	—	夏至中晷	夏至中晷
昏明分	—	昏明	昏明常数	昏明分	—	昏明分	昏明刻分	昏明分	昏明分	昏明分	昏明分	昏明余数	昏明分
昏明刻	—	—	昏明刻	昏明刻	—	昏明刻	昏刻	昏明刻	昏明刻	昏明刻	昏明刻	昏明刻	昏明刻
辰刻	—	辰	[消息法]	辰刻	—	辰法	[消息法]	辰刻	—	[消息法]	—	[消息法]	辰刻
刻法	—	刻法	辰法	—	—	—	刻法	—	辰法	刻法	辰法	辰法	—

二、月离表的数字化和构建

中国传统历法中存在着为了计算方便而事先给出的表格。这些表格存储了在具体计算中所需要一些数值，方便具体推算时直接查表。表格主要有日躔表、月离表、七十二候表、赤道宿度表、二十四节气圭表影长表、五星盈缩历表、五星段次表等。这些我们可以直接作为表格存储，表的名称、项目名都按照历法给出的名字命名。

还有一些表格不存在于历法术文中，必须通过历法已经给出的构造方法建立好才能使用。每日日躔表、每日圭表影长表、每日日出分表、每日月亮迟疾表等就属于此类。我们也根据历法给出的表格布局建立相应名称和结构的表格，然后根据历法的推算，编写程序计算出数据，存于相应的表中，方便历法推步时随时调用。

对于月离表，我们把每一部历法的月亮不均匀运动信息都存储在一个文本文件中。文件名命名方式为"历法名＋月"。每一日的数据占一行，并逐行存储。每一行的数据分别记录"转日""进退衰""转定分""加减差""迟疾度""损益率"和"朓朒积"。每个数值之间使用"，"分隔。由于多数历法的加减差和损益率在转日为7、14和21日时有两个值，即初和末，在存储时，第7、14和21日的对应位置存"初"的数值，而在第30、31和32行的第一个"，"后存加减差"末"的数值，第二个"，"后存损益率"末"的数值。《崇天历》存储文件的部分数值如图2-2所示，其完整的数值化月离表如表2-6所示。

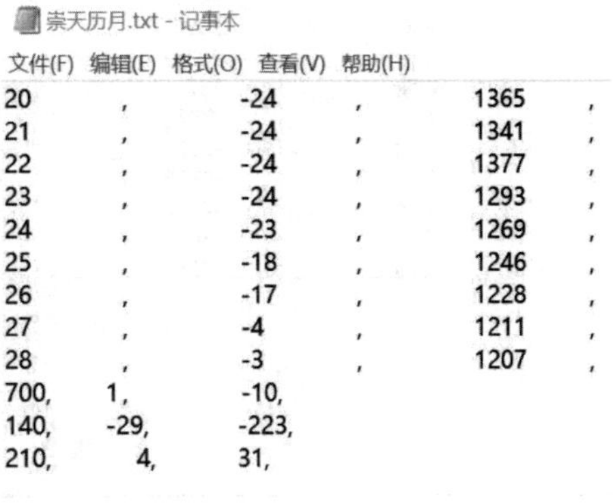

图2-2 《崇天历》月离表存储文件结构图

表2-6 《崇天历》月离表

转日	进退衰	转定分	加减差	迟疾度	损益率	朓朒积	转日	进退衰	转定分	加减差	迟疾度	损益率	朓朒积
1	12	1205	−130	0	1043	0	15	−14	1466	−129	0.29	−1023	−223
2	19	1217	−120	−1.31	946	1043	16	−19	1452	−115	1.58	−914	−1256
3	23	1236	−101	−2.51	802	1989	17	−21	1433	−97	2.73	−764	−2170
4	22	1258	−79	−3.52	630	2791	18	−23	1413	−75	3.7	−601	−2924
5	23	1280	−57	−4.31	450	3421	19	−24	1389	−51	4.45	−409	−3525
6	24	1303	−33	−4.88	262	3871	20	−24	1365	−28	4.96	−220	−3934
7	25	1327	−11	−5.21	83	4133	21	−24	1341	−8	5.24	−63	−4154
8	24	1352	15	−5.31	−117	4207	22	−24	1377	20	5.28	159	−4186
9	23	1376	39	−5.16	−307	4090	23	−24	1293	44	5.08	349	−4027
10	23	1399	62	−4.77	−493	3783	24	−23	1269	67	4.64	531	−3678
11	20	1422	85	−4.15	−672	3290	25	−18	1246	90	3.97	710	−3147
12	18	1442	105	−3.3	−836	2618	26	−17	1228	109	3.07	867	−2437
13	8	1460	123	−2.25	−971	1782	27	−4	1211	126	1.96	992	−1570
14	−2	1468	202	−1.02	−811	811	28	−3	1207	72	0.72	578	−578

三、日躔表的构建和二十四节气日躔表的生成

宋代大部分历法都设有日躔表，日躔表包含了历法关于太阳运动不均匀性的数据。与月离表一样，我们把每一部历法的日躔信息都存储在一个文本文件中。文件名命名方式为“历法名＋二十四节气”。如《崇天历》的日躔表文件名为“崇天历二十四节气”。日躔表按二十四节气逐行存储，每一气的数据占一行。每一行的数据分别记录“常气”“盈缩分”“损益率”和“朓朒积”。每个数值之间使用“，”分隔。例如，《崇天历》存储文件的部分数值如图 2－3 所示，其完整的数值化日躔表如表 2－7 所示。

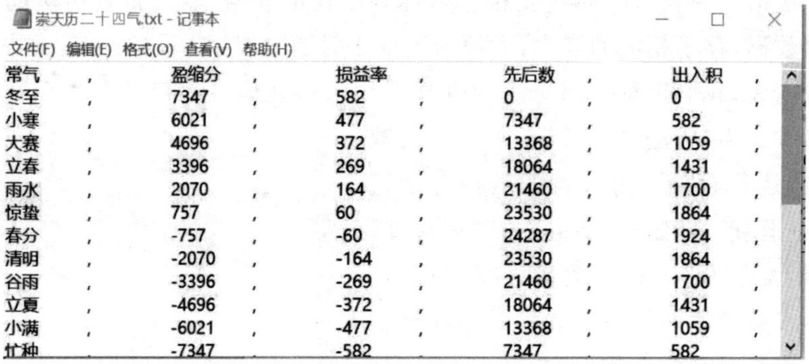
崇天历二十四气.txt - 记事本
文件(F) 编辑(E) 格式(O) 查看(V) 帮助(H)

常气	盈缩分	损益率	先后数	出入积
冬至	7347	582	0	0
小寒	6021	477	7347	582
大寒	4696	372	13368	1059
立春	3396	269	18064	1431
雨水	2070	164	21460	1700
惊蛰	757	60	23530	1864
春分	-757	-60	24287	1924
清明	-2070	-164	23530	1864
谷雨	-3396	-269	21460	1700
立夏	-4696	-372	18064	1431
小满	-6021	-477	13368	1059
芒种	-7347	-582	7347	582

图 2－3 《崇天历》日躔表文件存储结构

表 2－7 《崇天历》日躔表

常气	升降分	损益率	盈缩分	朓朒积	常气	升降分	损益率	盈缩分	朓朒积
冬至	7347	582	0	0	夏至	－7347	－582	0	0
小寒	6021	477	7347	582	小暑	－6021	－477	－7347	－582
大寒	4696	372	13368	1059	大暑	－4696	－372	－13368	－1059
立春	3396	269	18064	1431	立秋	－3396	－269	－18064	－1431
雨水	2070	164	21460	1700	处暑	－2070	－164	－21460	－1700
惊蛰	757	60	23530	1864	白露	－757	－60	－23530	－1864
春分	－757	－60	24287	1924	秋分	757	60	－24287	－1924
清明	－2070	－164	23530	1864	寒露	2070	164	－23530	－1864
谷雨	－3396	－269	21460	1700	霜降	3396	269	－21460	－1700
立夏	－4696	－372	18064	1431	立冬	4696	372	－18064	－1431
小满	－6021	－477	13368	1059	小雪	6021	477	－13368	－1059
芒种	－7347	－582	7347	582	大雪	7347	582	－7347	－582

注：为使日躔表中的数据在计算中具有代数意义，我们规定“盈缩分”的正负号取法是盈加缩减，“升降分”的正负号取法是升加降减，“朓朒积”的正负号取法是朒加朓减，而“损益率”的正负号则根据“朓朒积”的符号变化，朓朒积为正，损益率益加损减，朓朒积为负，损益率益减损加。

由于大部分宋代历法推算中使用的是任意时刻的太阳数据,就需要根据二十四节气的日躔表计算出每一日的太阳数据,然后根据线性插值得到每一日任意时刻的太阳数据。宋代历法计算每日日躔数据使用的是二次内插法。例如,《纪元历》在"步日躔"部分给出"求每日盈缩分先后数"的算法,其术文称:

> 求每日盈缩分先后数:置所求盈缩分,以乘法乘之,如除法而一,为其气中平率;与后气中平率相减,为合差;半合差,加减其气中平率,为初、末泛率。至后加为初、减为末,分后减为初、加为末。又以乘法乘合差,如除法而一,为日差;半日差,加减初、末泛率,为初、末定率。至后减初加末,分后加初减末。以日差累加减其气初定率,为每日盈缩分;至后减,分后加。各以每日盈缩分加减气下先后数。冬至后,积盈为先,在缩减之;夏至后,积缩为后,在盈减之。其分、至前一气,无后气相减,皆因前气合差为其气合差。余依前术,求脁朒仿此[1]2802-2803。

术文中,"乘法"和"除法"是历法的常数,《纪元历》分别取 1811 和 119,乘法除以除法所得结果近似为一个气的长度。这是标准的等间距二次内插法,根据术文,可以得到每日盈缩分的计算公式:

$$
\left\{
\begin{array}{l}
气中平率 = \dfrac{气盈缩分 \times 乘法}{除法},\ 后气中平率 = \dfrac{后气盈缩分 \times 乘法}{除法} \\[2mm]
合差 = 气中平率 - 后气中平率 \\[2mm]
气初、末泛率 = 气中平率 \pm \dfrac{合差}{2} \\[2mm]
日差 = \dfrac{合差 \times 乘法}{除法} \\[2mm]
气初、末定率 = 气初、末泛率 \pm \dfrac{日差}{2} \\[2mm]
气第 n 日盈缩分 = 气初定率 \pm n \times 日差
\end{array}
\right.
\tag{2-1}
$$

式中,"气盈缩分"是日躔表中对应某气的盈缩分数值,只取正值。本计算公式中所有减法运算都是相减,结果取绝对值,结果"盈"或"缩"的取法和日躔表中本气的取法相同。第三式的加减号与初末率的取法有关,具体是,冬至和夏至后的气,取加号,则结果是初率,取减号,则结果是末率;春分和秋分后的气,取减号,则结果是初率,取加号,则结果是末率。第五式中正负号取法与第三式正好相反,即至后,取负号为初率,取正号为末率;分后,取正号为初率,取负号为末率。第六式中正负号的取法是,二至后取减号,二分后取加号。同时,需要指出,在二至二分前面的四个气(大雪、惊蛰、芒种、白露)的"合差"使用其前一个气的合差。

求"初、末"定率时,冬至和夏至后,盈缩分数值逐气减少,则要在初泛率上减去日差一半,而春秋分后,盈缩分数值逐气增加,要在初泛率上加日差一半,于是术文有"至后减初加末,分后加初减末"。当然,求每日盈缩分时,仍是二至后累减日差,二分后累加日差,术文称"至后减,分后加"。

　　某气每日损益率的计算方法与式（2-1）相同，仅是将式中所有的"盈缩分"换成"损益率"，加减号、初末的取法也相同，结果损益率的"损"或"益"的取法和日躔表中本气的取法相同。有关这个二次内插法的构造原理及详细解释，由于篇幅所限，不在本书内讨论，读者可以参考薄树人和曲安京等人的详细研究[7-8]。

　　由于盈缩分和损益率的计算方法相同，并且每气的正负号也相同，因此，程序代码也应该相同，本书只给出一套程序代码，在具体推算时再根据实际需求确定所求结果是盈缩分还是损益率。根据计算公式，在 ToRichan 类里面添加方法 Tf_GetRisyl，具体代码如下。

```vb
'* * * * * * * * * * * * * * * * * * * * * * * * * * * * *
'程序 02-FF-01:求每日盈缩分损益率
'* * * * * * * * * * * * * * * * * * * * * * * * * * * *
Public Sub Tf_GetRisyl(ByVal Qisyl As Double, ByVal Hqsyl As Double, ByVal qis As TbJieQi,
ByRef daysyl() As Double)
    Dim qzpl As Double : Dim hqzpl As Double
    Dim hecha As Double : Dim chfanl As Double
    Dim richa As Double
    Dim qil As Double : Dim hql As Double
    ReDim daysyl(15)
    '实际计算时,由于惊蛰等气使用前气和本气的中平率,中平率的符号相同。
    qil = Qisyl : hql = Hqsyl
    qzpl = qil * Me.tcChengf / Me.tcChuf : hqzpl = hql * Me.tcChengf / Me.tcChuf
    hecha = Format(hqzpl - qzpl, ".00")   '冬至后为负,夏至后为正
    '冬至后将初日的数值变大,夏至后将初日的数值变小
    '初泛率符号与中平率相同
    If qis = TbJieQi.etbJINGZHE Or qis = TbJieQi.etbMANGZHONG Or qis = TbJieQi.etbBAILU
Or qis = TbJieQi.etbDAXUE Then
        chfanl = hqzpl - hecha * 0.5
    Else
        chfanl = qzpl - hecha * 0.5
    End If
    richa = Format(hecha * Me.tcChengf / Me.tcChuf, ".00")   '符号与和差相同
    chfanl = Format(chfanl + richa * 0.5, ".00")
    Dim i As Integer
    For i = 0 To 15
        '气升降分小于 0,累减日差,大于 0,累加日差
        daysyl(i) = chfanl + richa * i
    Next i
End Sub
```

每日盈缩分(损益率)$\varphi(n)$求出后,累加在各气的先后数(朒朒积)y_s上,就得到每日的先后数(朒朒积)。根据历法术文,每日先后数(朒朒积)$y_s(n)$计算公式为

$$y_s(n) = y_s \pm \sum_{i=0}^{n} \varphi(i) \tag{2-2}$$

式中正负号的取法与式(2-1)中的相同。根据计算公式,在 ToRichan 类里面添加方法 Tf_ GetRitnj,具体代码如下。

```
'* * * * * * * * * * * * * * * * * * * * * * * * * * * * *
'程序 02 - FF - 02:求每日朒朒积
'* * * * * * * * * * * * * * * * * * * * * * * * * * * * *
Public Sub Tf_GetRitnj(ByVal tnj As Double, ByVal syl() As Double, ByRef daytnj() As Double)
    Dim i As Integer : ReDim daytnj(15)
    daytnj(0) = tnj
    For i = 0 To 14
        daytnj(i + 1) = daytnj(i) + syl(i)
    Next i
End Sub
```

《崇天历》求每日日躔数据的算法为"求每日盈缩定数",其术文称:

以乘法乘所入气升降分,如除法而一,为其气中平率;与后气中平率相减,为差率;半差率,加减其气中平率,为其气初、末泛率。至后加为初,减为末;分后减为初,加为末。又以乘法乘差率,除法而一,为日差;半之,加减初、末泛率,为初、末定率。至后减初加末,分后加初减末。以日差累加减气之定率,为每日升降定率;至后减,分后加。以每日升降定率,冬至后升加降减,夏至后升减降加其气初日盈缩分,为每日盈缩定数;其分、至前一气先后率相减,以前末泛率为其气初泛率,以半日差,至前加之,分前减之。为其气初日定率。余依本术。求朒朒准此[1]2579。

由术文可知,除少数术语(如"差率"对应《纪元历》的"合差")外,《崇天历》与《纪元历》在求每日太阳数据时的术文完全相同。这样,使用日躔表的宋代历法也就不用单独编写程序,而直接使用《纪元历》程序计算每日日躔数据。因无论交食晷漏还是五星计算,都要经常调用每日的日躔数据,因此需要将某部历法每日日躔数据提前计算出来并进行存储。日躔数据仍然以文本文件形式存储,并且一部历法一个文件,文件名格式为"历法+日",如《崇天历》日躔数据文件名为"崇天历日"。我们采用每一气每一种数据占一行,逐行存储。每一气存4行,分别存储"盈缩分""损益率""先后数"和"朒朒积"。每一行存储某气初日到第15日的数据,共16个。因宋代历法最大积年不过1亿年,所采用的太阳中心差最大2.4°,所以最大日躔数据不超过300000,这样每个数据占用18个存储字符,数据之间不用分隔符。于是,每部历法日躔数据表格的基本形式为96行,每行288个字符。《崇天历》存储文件的部分数值如图2-4所示,其每日损益率和朒朒积的详细数

值如表 2-8 所示。

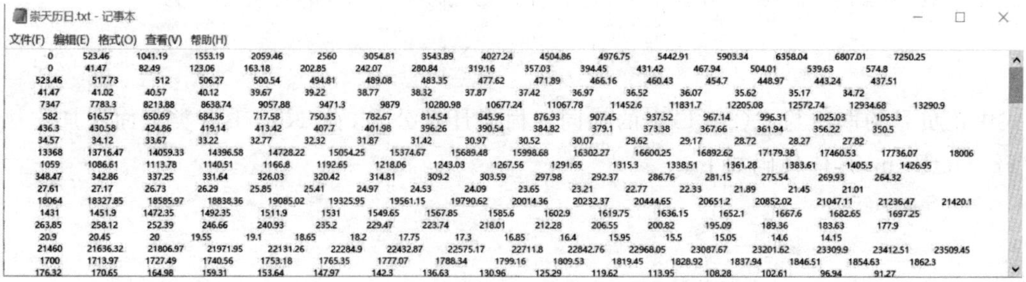

图 2-4 《崇天历》每日日躔数据文件存储结构

表 2-8 《崇天历》各气每日损益率和朒朏积数据

入气	冬至		小寒		大寒		立春	
	损益率	朒朏积	损益率	朒朏积	损益率	朒朏积	损益率	朒朏积
初	41.47	0	34.57	582	27.61	1059	20.9	1431
1	41.02	41.47	34.12	616.57	27.17	1086.61	20.45	1451.9
2	40.57	82.49	33.67	650.69	26.73	1113.78	20	1472.35
3	40.12	123.06	33.22	684.36	26.29	1140.51	19.55	1492.35
4	39.67	163.18	32.77	717.58	25.85	1166.8	19.1	1511.9
5	39.22	202.85	32.32	750.35	25.41	1192.65	18.65	1531
6	38.77	242.07	31.87	782.67	24.97	1218.06	18.2	1549.65
7	38.32	280.84	31.42	814.54	24.53	1243.03	17.75	1567.85
8	37.87	319.16	30.97	845.96	24.09	1267.56	17.3	1585.6
9	37.42	357.03	30.52	876.93	23.65	1291.65	16.85	1602.9
10	36.97	394.45	30.07	907.45	23.21	1315.3	16.4	1619.75
11	36.52	431.42	29.17	937.52	22.77	1338.51	15.95	1636.15
12	36.07	467.94	29.17	967.14	22.33	1361.28	15.5	1652.1
13	35.62	504.01	28.72	996.31	21.89	1383.61	15.05	1667.6
14	35.17	539.63	28.27	1025.03	21.45	1405.5	14.6	1682.65
15	34.72	574.8	27.82	1053.3	21.01	1426.95	14.15	1697.25

入气	雨水		惊蛰		春分		清明	
	损益率	朒朏积	损益率	朒朏积	损益率	朒朏积	损益率	朒朏积
初	13.97	1700	7.13	1864	−0.75	1924	−7.55	1864
1	13.52	1713.97	6.68	1871.13	−1.2	1923.25	−8	1856.45
2	13.07	1727.49	6.23	1877.81	−1.65	1922.05	−8.45	1848.45
3	12.62	1740.56	5.78	1884.04	−2.1	1920.4	−8.9	1840
4	12.17	1753.18	5.33	1889.82	−2.55	1918.3	−9.35	1831.1
5	11.72	1765.35	4.88	1895.15	−3	1915.75	−9.8	1821.75

入气	雨水		惊蛰		春分		清明	
	损益率	朒朒积	损益率	朒朒积	损益率	朒朒积	损益率	朒朒积
6	11.27	1777.07	4.43	1900.03	−3.45	1912.75	−10.25	1811.95
7	10.82	1788.34	3.98	1904.46	−3.9	1909.3	−10.7	1801.7
8	10.37	1799.16	3.53	1908.44	−4.35	1905.4	−11.15	1791
9	9.92	1809.53	3.08	1911.97	−4.8	1901.05	−11.6	1779.85
10	9.47	1819.45	2.63	1915.05	−5.25	1896.25	−12.05	1768.25
11	9.02	1828.92	2.18	1917.68	−5.7	1891	−12.5	1756.2
12	8.57	1837.94	1.73	1919.86	−6.15	1885.3	−12.95	1743.7
13	8.12	1846.51	1.28	1921.59	−6.6	1879.15	−13.4	1730.75
14	7.67	1854.63	0.83	1922.87	−7.05	1872.55	−13.85	1717.35
15	7.22	1862.3	0.38	1923.7	−7.5	1865.5	−14.3	1703.5

入气	谷雨		立夏		小满		芒种	
	损益率	朒朒积	损益率	朒朒积	损益率	朒朒积	损益率	朒朒积
初	−14.51	1700	−21.22	1431	−28.12	1059	−35.02	582
1	−14.95	1685.49	−21.67	1409.78	−28.57	1030.88	−35.47	546.98
2	−15.39	1670.54	−22.12	1388.11	−29.02	1002.31	−35.92	511.51
3	−15.83	1655.15	−22.57	1365.99	−29.47	973.29	−36.37	475.59
4	−16.27	1639.32	−23.02	1343.42	−29.92	943.82	−36.82	439.22
5	−16.71	1623.05	−23.47	1320.4	−30.37	913.9	−37.27	402.4
6	−17.15	1606.34	−23.92	1296.93	−30.82	883.53	−37.72	365.13
7	−17.59	1589.19	−24.37	1273.01	−31.27	852.71	−38.17	327.41
8	−18.03	1571.6	−24.82	1248.64	−31.72	821.44	−38.62	289.24
9	−18.47	1553.57	−25.27	1223.82	−32.17	789.72	−39.07	250.62
10	−18.91	1535.1	−25.72	1198.55	−32.62	757.55	−39.52	211.55
11	−19.35	1516.19	−26.17	1172.83	−33.07	724.93	−39.97	172.03
12	−19.79	1496.84	−26.62	1146.66	−33.52	691.86	−40.42	132.06
13	−20.23	1477.05	−27.07	1120.04	−33.97	658.34	−40.87	91.64
14	−20.67	1456.82	−27.52	1092.97	−34.42	624.37	−41.32	50.77
15	−21.11	1436.15	−27.97	1065.45	−34.87	589.95	−41.77	9.45

注：本表只列出了冬至到芒种十二个节气的数值，夏至到小雪的各气数值在绝对值上与这十二个节气相对应，仅是正负号的差异。即冬至和夏至各日数值互为相反数，小寒对应小暑，依次类推。

第三节　宋代交食推算方法的程序设计

一、界面设计

本程序目前仅用来模拟宋代历法的交食推算，是一个相对较小的软件，因此其界面也尽量简单。其程序启动界面如图 2-5 所示。表 2-9 则列出程序启动界面窗体及窗体下所有控件的名称、类别、事件及事件说明。

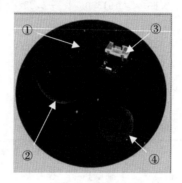

图 2-5　程序启动界面

表 2-9　程序启动界面控件及其说明

标号	名称	类别	事件	事件说明
①	PictureBox1	PictureBox		
②	PictureBox2	PictureBox	Click	日月食计算
③	PictureBox5	PictureBox	Click	其他工具
④	PictureBox4	PictureBox	Click	退出

在 PictureBox2 的 Click 事件下编写代码，显示天文计算主界面，并隐藏本窗体，代码为"frm_lrtx. Show()；Me. Visible ＝ False"。PictureBox4 的 Click 事件则是退出本程序，代码为"End"。

图 2-6 是程序的主界面，用来计算各部历法日食、月食和朔闰。表 2-10 罗列窗体及窗体内主要控件的名称、类别和事件情况。

单击 btnSrjs 按钮，计算给定年月的日食、月食和朔闰情况，计算结果显示在文本控件 text1 内。历法及时间的选择则使用 Combo 控件 Combo1、Combo2、Combo3 和 list 控件 list1。通过单击 Button2 按钮调出菜单 cms1，菜单包括对天文数据的查询和批量计算朔闰交食。单击"批量计算"菜单时，则显示窗体的右半部分。批量计算时，只能计算某年到某年的日食、月食或朔闰，不能同时计算三者。历法选择仍然默认左侧 list1 内的历法，而时间和计算项则要使用 Combo4、Combo5 和 Combo6 选择。单击 btnSrjspl 按钮，计算结果显示在 textbox 控件 Txtbox1 内。如果想要将结果保存到文件中，则将

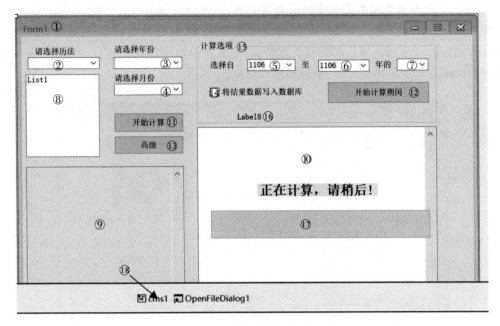

图 2-6　历法计算机模拟程序主界面

Checkbox 控件中的 Check1 选中。

表 2-10　程序主界面控件及其说明

标号	名称	类别	事件或属性	事件说明
①	frm_lrtx	Form	Load	加载窗体,控件变量赋初值
②	Combo1	Combo	SelectedIndexChanged	历法分类并显示
③	Combo2	Combo	Text	计算所取的年份
④	Combo3	Combo	SelectedIndex	计算所选冬至后的月数
⑤	Combo5	Combo	Text	计算所选取的开始年份
⑥	Combo6	Combo	Text	计算所选取的结束年份
⑦	Combo7	Combo	Text	计算的项目选择
⑧	List1	Listbox	Click	选择历法,历法名赋给相关变量
⑨	Text1	Textbox	Text	显示一次计算结果
⑩	Txtbox1	Textbox	Text	显示批量计算结果
⑪	btnSrjs	Button	Click	进行一次历日天象计算
⑫	btnSrjspl	Button	Click	批量计算历日天象
⑬	Button2	Button	MouseDown	调出菜单 cms1
⑭	Check1	Checkbox	Checked	是否将结果存储
⑮	GroupBox1	GroupBox		
⑯	Label8	Label	Text	显示计算的项目
⑰	PrBar1	ProgressBar	Value	长度变化显示计算进度
⑱	cms1	ContextMenuStrip		查询菜单,并调出第二窗体

图2-7是有关天文数据和表格的查询界面,用来查看各部历法的基本常数、月离表、日躔表和每日日躔数据。同时,有关每日日躔数据的生成也安排在这里进行。单击Button1按钮,生成所选历法的每日日躔数据,按照存储格式存储到文件中。表2-11罗列查询窗体及主要控件的名称、类别和事件情况。

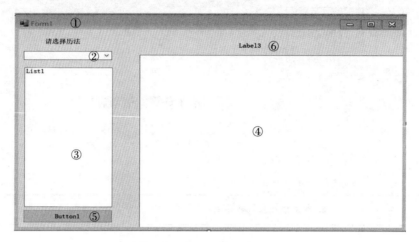

图 2-7　天文数据查询界面

表 2-11　程序查询界面控件及其说明

标号	名称	类别	事件或属性	事件说明
①	frm_datasql	Form	Load	加载窗体,控件变量赋初值
②	Combo1	Combo	SelectedIndexChanged	历法分类并显示
③	List1	Listbox	Click	选择历法,历法名赋给相关变量
④	TextBox1	Textbox	Text	显示查询结果
⑤	Btn1	Button	Click	点击生成每日日躔表
⑥	Label3	Label	Text	显示查询项目

二、定义模块和类

在进行设计之前,我们需要给出算法模拟程序所涉及的对象、变量以及类名称的命名规则。对象的公共变量(属性)名称形式是"tc+变量名称";对象及其子类名称形式是"to+对象或子类名称";对象的公共函数(方法)名称形式是"tf_+方法名称";枚举类名称"tm+枚举类名",枚举值"etm+枚举文本";所有名称的首字母都大写。

在"基本数据类"中,我们定义了基本运算类、枚举类和其他一些自定义数据类型。基本运算类定义了历法推算能用到的数值计算方法,如整数约分、实数取余、格式化数值结果(四舍五入等)和分数的比较等。

1. 枚举类

计算机程序中不能直接将节气、时辰和干支这些历法特有的时间作为变量,我们将这些文字项作为枚举数值类型，使节气、时辰和干支对应于具体数字。干支枚举定义如下。

```
Public Enum TbGanZhi      '干支枚举类
    etbJIAZI = 1
    etbYICHOU = 2
    ……
```
'为了节省篇幅，本书略去后面的关于枚举名称的代码，枚举格式为"etb" + 干支拼音的大写字母，枚举值自甲子对应 1 一直到癸亥对应 60 为止。
```
    etbGUIHAI = 60
End Enum
```

节气枚举的定义如下。

```
Public Enum TbJieQi   '节气枚举类
    etbDONGZHI = 1
    etbXIAOHAN = 2
    ……
```
'为了节省篇幅，本书略去后面的关于枚举名称的代码，枚举格式为"etb" + 节气名称拼音的大写字母，枚举值自冬至对应 1 一直到大雪对应 24 为止。
```
    etbDAXUE = 24
End Enum
```

时辰枚举的定义如下。

```
Public Enum TbShiChen    '辰刻枚举类
    etbZISHI = 1 : etbCHOUSHI = 2 : etbYINSHI = 3 : etbMAOSHI = 4
    etbCHENSHI = 5 : etbSISHI = 6 : etbWUSHI = 7 : etbWEISHI = 8
    etbSHENSHI = 9 : etbYOUSHI = 10 : etbXUSHI = 11 : etbHAISHI = 12
End Enum
```

枚举类中，我们还定义了如何取得枚举记录的文字项类 ToRecEnum。枚举操作包括方法 Tf_RecGANZHI 和 Tf_RecJIEQI。方法 Tf_RecGANZHI 是将干支的枚举值转换成具体干支文字，具体定义如下。

```
Public Function Tf_RecGANZHI(ByVal ganzhi As TbGanZhi) As String
    If ganzhi > 60 Then ganzhi - = 60
    If ganzhi < 0 Or ganzhi = 0 Then ganzhi + = 60
    '将干支的枚举值转换成具体干支文字
```

```
        Select Case ganzhi
            Case 1 ： Tf_RecGANZHI ＝ "甲子"
            Case 2 ： Tf_RecGANZHI ＝ "乙丑"
                ……
            '3 至 59 依次根据枚举值返回干支名称。
            Case 60 ： Tf_RecGANZHI ＝ "癸亥"
            Case 0 ： Tf_RecGANZHI ＝ "癸亥"
            Case Else ： Return ""
        End Select
    End Function
```

方法 Tf_RecJIEQI 是将节气的枚举值转换成具体干支文字，具体定义如下。

```
Public Function Tf_RecJIEQI(ByVal ruqi As TbJieQi) As String
    If ruqi ＞ 24 Then ruqi － ＝ 24
    If ruqi ＜ 0 Or ruqi ＝ 0 Then ruqi ＋ ＝ 24
    '将节气的枚举值转换成具体干支文字
    Select Case ruqi
        Case TbJieQi.etbDONGZHI ： Tf_RecJIEQI ＝ "冬至"
        Case TbJieQi.etbXIAOHAN ： Tf_RecJIEQI ＝ "小寒"
            ……
        '依次根据枚举值返回节气名称。
        Case TbJieQi.etbDAXUE ： Tf_RecJIEQI ＝ "大雪"
        Case Else ： Return ""
    End Select
End Function
```

2. 天文记录和数据类

历法推算的最终结果以及中间计算的有参考意义的结果都放在天文记录类 toBaseRec 中定义，其定义如下。

```
Public Class toBaseRec              '定义天文记录
    Public tcJinian As Double       '上元至所求年积年
    Public tcJingshuo As Double     '经朔
    Public tcDingshuo As Double     '定朔
    Public tcJss As tbGanZhi        '经朔干支
    Public tcDss As tbGanZhi        '定朔干支数
    Public tcJsrq As Double         '经朔入气
    Public tcDsrq As Double         '定朔入气
    Public tcJsrz As Double         '经朔入转
```

```
    Public tcDsrz As Double              '定朔入转
    Public tcShuori As String            '朔日名称
    Public tcShishen As Double           '食甚
    Public tcSsrq As Double              '食甚入气
    Public tcRuqitnds As Double          '入气朓朒定数
    Public tcRuzhuantnds As Double       '入朓朒入定数
    Public tcRuqi As tbJieQi             '经朔入气数
    Public tcDsrqs As tbJieQi            '定朔入气数
    Public tcShifen As Double            '食分
    Public tcQicha As Double             '气差
    Public tcKecha As Double             '刻差
    Public ifJts As Boolean              '是否进朔
    Public ifJs As Boolean               '是否交食
    Public ifrn As Boolean               '是否闰年
    Public tcRichufen As Double          '定义日出分
    Public tcCdnwd As Double             '定义太阳视赤纬
    Public tcChukui As Double            '定义初亏时刻
    Public tcFuyuan As Double            '定义复圆时刻
    Public tcShangynum As Integer        '定义上元的日干支序号
End Class
```

宋代数学计算的基本单位本质上是带分数,包括整数部分、分母(历法中称为法)和分子(历法中称为实)。为了方便某些结果显示,定义了带分数类。

```
Public Class ToDaifenshu
    Public fa As Double
    Public yu As Double
    Public zheng As Double
End Class
```

为了更好地显示推算结果,在时间上需要将古代时间(一般是日分数)转化为现代的时分秒表示,对此,使用带分数对象存储时间,带分数的整数存时数,分母存分数,分子存秒数。其方法如下。

```
Public Function Tf_GetSFM(ByVal rifen As Double) As ToDaifenshu
    Dim dfs As New ToDaifenshu With{
        .zheng = Int(rifen * 24 / Me.tcRifa)
    }
    Dim yufen As Double
    yufen = rifen - dfs.zheng * Me.tcRifa / 24
```

```
        dfs.fa = Int(yufen * 24 * 60 / Me.tcRifa)
        Tf_GetSFM = dfs
    End Function
```

在文件的读取、查找和写入等操作中，需要查找某些特定字符，需要定义查找运算类 ToFindany，其方法 Tf_Findd 代码如下。

```
Public Class ToFindany
    '* * * * * * * * * * * * * * * * * * * * * * * * * * *
    '查找符合条件的字段，fuhao 是分割符，wenben 是所查字段，num 是指分割符的数目
    '函数返回自 num-1 到 num 个分割符之间的字符
    '* * * * * * * * * * * * * * * * * * * * * * * * * * *
    Public Function Tf_Findd(fuhao As String, num As Integer, wenben As String) As String
        Dim i As Integer : Dim j As Integer : Dim k As Integer
        For i = 1 To Len(wenben)
            If Mid(wenben, i, 1) = fuhao Then
                j += 1
                If j = num Then
                    Tf_Findd = Mid(wenben, k + 1, i - k - 1)
                    Exit Function
                End If
                k = i
            End If
        Next i
    End Function
End Class
```

3. 基本推步类

基本推步类是计算机模拟的核心部分。我们设计了气朔（toQishuo）、日躔（toRichan）、晷漏（toGuilou）、月离（toYueli）和交会（toJiaoshi）等子类。气朔类公共变量定义如下。

```
Public Class ToQishuo
    Public tcRifa As Double            '日法
    Public tcJishi As Double           '期实
    Public tcShuoshi As Double         '朔实
    Public toSuizhou As Double         '岁周
    Public tcShuoxf As Double          '朔虚分
    Public tcMoxian As Double          '没限
    Public tcZhongyf As Double         '中盈分
```

```
    Public tcShangyName As Integer          '上元日名
    Public tcJiNian As Double               '距公元元年积年
    Public tcJuYuan As Double               '距上元积年
    Public tcDouFc As Double                '斗分差(《统天历》)
    Public tcQicha As Double                '气差(《统天历》)
    Public tcRunCha As Double               '闰差(《统天历》)
    ......
End Class
```

交会类公共变量定义如下。

```
Public Class ToJiaoshi
    Public tcJiaozhongf As Double           '交终分
    Public toJiaozhongr As ToDaifenshu      '交终日
    Public tojiaoBanzhr As ToDaifenshu      '中日
    Public tcJiaozhongd As Double           '交中度
    Public tcJiaozhoud As Double            '交终度
    Public tcJiaoxiangd As Double           '交象度
    Public tcJiaolv As Double               '交率
    Public tcJiaoshu As Double              '交数
    Public tcYueshiX As Double              '月食限
    Public tcRishiYang As Double            '日食阳历限
    Public tcRishiYin As Double             '日食阴历限
    Public tcRishiDfyang As Double          '日食阳历定法
    Public tcRishiDfyin As Double           '日食阴历定法
    Public tcYueshiDf As Double             '月食定法
    Public tcYueshiJx As Double             '月食既限
    ......
End Class
```

月离类公共变量定义如下。

```
Public Class ToYueli
    Public tcZhuanzf As Double              '转周分
    Public toZhuanzr As ToDaifenshu         '转周日
    Public toShuocr As ToDaifenshu          '朔差日
    Public tcYuepx As Double                '月平行
    Public tcZhuanc As Double               '转差(《统天历》)
    Public tcqichu As Double                '七日初数
    Public tcsschu As Double                '十四日初数
```

```
        Public tceychu As Double              '二一日初数
        Public tcqimo As Double               '七日末数
        Public tcssmo As Double               '十四日末数
        Public tceymo As Double               '二一日末数
        Public tcebchu As Double              '二八日初数
        ……
    End Class
```

日躔类公共变量定义如下。

```
Public Class ToRichan
        Public tcZhoutianf As Double          '周天分
        Public tcSuicha As Double             '岁差
        Public toZhoutiand As Double          '周天度
        Public toXiangx As Double             '象限
        Public tcChengf As Double             '乘法
        Public tcChuf As Double               '除法
        Public tcHcdj As Double               '黄赤大距
        ……
End Class
```

三、主程序执行代码编写

1. 程序启动和初始化

程序对交食朔闰的计算主要在窗体 frm_lrtx 中进行,定义在整个程序运行中都要使用的各种变量和对象。所有公共变量和对象如下。

```
Public Class frm_lrtx                    '主窗体
    Dim tc_Lifa As String                '计算朔闰的历法名称
    Dim datapath As String               '历法相关文件存储位置
    '定义气朔、日躔、交会、月离对象
    Dim js As New ToJiaoshi : Dim qs As New ToQishuo
    Dim yl As New ToYueli : Dim rc As New ToRichan
    Dim gl As New ToGuilou
    Dim lrtxrec As New ToBaseRec          '历日天象基本记录对象
    Dim lslrtxrec As New ToBaseRec        '临时天象基本记录对象
    Dim tcJsrs As TbGanZhi                '经朔干支
    Dim tcjsr As String                   '经朔日名
    Dim nians As Double                   '西历年份
    Dim rqtnds As Double                  '入气朏朒定数
```

```
    Dim rztnds As Double                    '入转胐朒定数
    Dim tc_YueName As String                '月名
    Dim iffirst As Boolean                  '判断是否第一次计算
    Dim richanbiao() As String              '二十四节气每日日产数组
    Dim yuelibiao() As String               '每日月离数据表
    Dim tcJiaoshi As Boolean                '是否发生交食
    Dim tcShifen As Double                   '食分大小
    '定义初亏、食甚、食既、生光和复圆时间
    Dim tcChukui As Double : Dim tcShishen As Double
    Dim tcShiji As Double : Dim tcShengguang As Double
    Dim tcFuyuan As Double
    Dim qianhoufen As Double                '午前后分
    Dim qianhou As Boolean                  '月亮在交点前或后
    Dim yinyang As Boolean                  '月在阴历或阳历
    Dim chuzhong As Boolean                 '月亮在交初或交中
    Dim tc_daishi As String                 '关于带食日出入的字符
    Dim dfs As New ToDaifenshu
    ……
End class
```

因程序计算时会使用文件存储、数学公式和图形绘制,这要调用系统给出的函数,因此在程序开始,引用系统函数,即

```
Imports System. IO          '系统 IO 调用
Imports System. Math        '调用数学函数
Imports System. Drawing     '调用绘图函数
```

程序运行后的第一步就是要将主窗体加载进来,在这里面将必要的变量和控件属性赋值,具体代码如下。

```
'* * * * * * * * * * * * * * * * * * * * * * * * * * * * * * *
'程序 00 - SJ - 01:初始化窗体
'* * * * * * * * * * * * * * * * * * * * * * * * * * * * * * *
Private Sub frm_lrtx_Load(sender As Object, e As EventArgs) Handles MyBase. Load
    Me. Text = "历日天象计算" & Application. StartupPath
    Me. Width = 270 : Me. Height = 500
    GroupBox1. Visible = False : Label7. Visible = False
    Combo1. Items. Add("先秦历法") : Combo1. Items. Add("秦汉历法")
    Combo1. Items. Add("魏晋南北朝历法") : Combo1. Items. Add("隋唐五代历法")
    Combo1. Items. Add("两宋历法") : Combo1. Items. Add("辽金元历法")
    Combo1. Text = "" : Combo7. Items. Add("朔闰")
    Combo7. Items. Add("经朔") : Combo7. Items. Add("天正冬至")
```

```
        Combo7. Items. Add("日食") ; Combo7. Items. Add("月食")
        Dim i As Integer
        Combo2. Text = "" ; Combo3. Text = ""
        For i = -500 To -1 Step 1
            Combo2. Items. Add(i)
        Next i
        For i = 1 To 2500
            Combo2. Items. Add(i)
        Next i
        For i = 1 To 13
            Combo3. Items. Add("冬至后第" & i & "月")
        Next i
        Text1. Height = Me. Height - Text1. Top - 50 ; Label8. Text = ""
    End Sub
```

2. 历法的选择

本程序一次推算只能针对一部具体历法，中国传统历法有 100 多部，为了后期程序能够扩展，不仅能计算宋代历法，也能计算其他历史时期的历法，本程序给出更多的历法选择。

通过选择 Combo1 控件内的历史时期，使不同时期的所有历法显示在 List 控件内，在 Combo1 的 SelectedIndexChanged 事件下写入代码，具体如下所示。

```
    '* * * * * * * * * * * * * * * * * * * * * * * * * * * * *
    '程序 00 - SJ - 02:历法分类
    '* * * * * * * * * * * * * * * * * * * * * * * * * * * * *
    Private Sub Combo1 _ SelectedIndexChanged ( ByVal sender As System. Object, ByVal e As
System. EventArgs) Handles Combo1. SelectedIndexChanged
        List1. Items. Clear()
        List1. Items. Add(" - - - - - - - - - - - - - - - - - -")
        Select Case Combo1. SelectedIndex
            Case 4    '目前本程序仅计算宋代历法,其余历法为后续工作
                List1. Items. Add("    应天历") ; List1. Items. Add("    乾元历")
                List1. Items. Add("    仪天历") ; List1. Items. Add("    崇天历")
                List1. Items. Add("    明天历") ; List1. Items. Add("    观天历")
                List1. Items. Add("    纪元历") ; List1. Items. Add("    会元历")
                List1. Items. Add("    乾道历") ; List1. Items. Add("    统元历")
                List1. Items. Add("    淳熙历") ; List1. Items. Add("    统天历")
                List1. Items. Add("    开禧历") ; List1. Items. Add("    成天历")
        End Select
        List1. Items. Add(" - - - - - - - - - - - - - - - - - -")
```

```
End Sub
```

当点击 List1 中的历法名称时,触发 List1 的选择历法事件 Click,接下来的计算都会围绕着所选择的历法进行。List1 的 Click 事件代码如下。

```
'* * * * * * * * * * * * * * * * * * * * * * * * * * * * *
'程序 00 - SJ - 03:选择历法
'* * * * * * * * * * * * * * * * * * * * * * * * * * * * *
Private Sub List1 _ Click(ByVal sender As Object, ByVal e As System.EventArgs) Handles
List1.Click
    If List1.SelectedIndex <> 0 And List1.SelectedIndex <> List1.Items.Count Then
        Select Case Trim(List1.Text)
            Case "- - - - - - - - - - - - - - - - - -": Exit Sub
            Case Else
                Me.tc_Lifa = Trim(List1.Text)        '赋值历法名称
                datapath = Application.StartupPath
                datapath &= "\历法文件\" & Me.tc_Lifa & "\"
                Me.Text = "《" & Trim(Me.tc_Lifa) & "》历日天象推步"
        End Select
    End If
End Sub
```

3. 计算一次朔闰交食

当单击 BtnSrjs 按钮时,触发其 Click 事件,用来计算某部历法给定年月的朔闰交食情况,计算结果显示在 Text1 控件里面。整个计算流程大概分为以下几步,一是读取该部历法的天文常数和太阳月亮的数据;二是求所求年的上元积年,并判断所求年是否需要置闰;三是计算定朔,并判断所求月份是否为闰月、大月或是小月,给出月名和朔日干支;四是计算本月朔是否发生日食,如果有给出日食的食甚时刻食分大小和起讫情况;五是计算本月望是否发生月食,如果有给出月食的食甚时刻食分大小和起讫情况。

读取某部历法的天文常数和数据,定义过程 PutValue,这个过程主要是将历法文件中的常数读取出来,并赋予各个推算类对象的属性中,同时,将月离表读取存放在月离数组中,将每日日躔数据读取存放在日躔数组中。具体代码如下。

```
'* * * * * * * * * * * * * * * * * * * * * * * * * * * * *
'程序 00 - FF - 01:记录获得并给值,读取所计算历法的基本数据
'* * * * * * * * * * * * * * * * * * * * * * * * * * * * *
Private Sub PutValue(ByVal lifaname As String)
    Dim rcfl As New IO.StreamReader(datapath & lifaname & "常数.txt")
    Dim rctxt As String : Dim i As Integer = 1
```

```
Do While rcfl.EndOfStream = False '是否到文件尾
    rctxt = rcfl.ReadLine  '从打开的文件中读取一行内容
    If i = 1 Then
        Me.nians = Val(Mid(rctxt, 9)) : qs.tcJiNian = Val(Mid(rctxt, 9))
    ElseIf i = 2 Then : qs.tcRifa = Val(Mid(rctxt, 7))
    ElseIf i = 3 Then : qs.tcJishi = Val(Mid(rctxt, 7))
    ElseIf i = 4 Then : qs.tcShuoshi = Val(Mid(rctxt, 7))
    ElseIf i = 5 Then : qs.tcMoxian = Val(Mid(rctxt, 7))
    ElseIf i = 8 Then : qs.tcShangyName = Val(Mid(rctxt, 8))
    ElseIf i = 9 Then : qs.tcJifa = Val(Mid(rctxt, 7))
    ElseIf i = 21 Then : rc.tcChengf = Val(Mid(rctxt, 7))
    ElseIf i = 22 Then : rc.tcChuf = Val(Mid(rctxt, 7))
    ElseIf i = 24 Then : rc.tcHcdj = Val(Mid(rctxt, 9))
    ElseIf i = 41 Then : yl.tcZhuanzf = Val(Mid(rctxt, 7))
    ElseIf i = 42 Then : yl.tcYuepx = Val(Mid(rctxt, 7))
    ElseIf i = 43 Then : yl.tcqichu = Val(Mid(rctxt, 8))
    ElseIf i = 44 Then : yl.tcqimo = Val(Mid(rctxt, 8))
    ElseIf i = 45 Then : yl.tcsschu = Val(Mid(rctxt, 8))
    ElseIf i = 46 Then : yl.tcssmo = Val(Mid(rctxt, 8))
    ElseIf i = 47 Then : yl.tceychu = Val(Mid(rctxt, 8))
    ElseIf i = 48 Then : yl.tceymo = Val(Mid(rctxt, 8))
    ElseIf i = 49 Then : yl.tcebchu = Val(Mid(rctxt, 8))
    ElseIf i = 61 Then : js.tcJiaozhongf = Val(Mid(rctxt, 7))
    ElseIf i = 62 Then : js.tcJiaolv = Val(Mid(rctxt, 7))
    ElseIf i = 63 Then : js.tcJiaoshu = Val(Mid(rctxt, 7))
    ElseIf i = 64 Then : js.tcJiaozhongd = Val(Mid(rctxt, 7))
    ElseIf i = 65 Then : js.tcRishiYang = Val(Mid(rctxt, 8))
    ElseIf i = 66 Then : js.tcRishiYin = Val(Mid(rctxt, 8))
    ElseIf i = 67 Then : js.tcYueshiX = Val(Mid(rctxt, 8))
    ElseIf i = 68 Then : js.tcYueshiJx = Val(Mid(rctxt, 8))
    ElseIf i = 81 Then : gl.tcErZx = Val(Mid(rctxt, 8))
    ElseIf i = 82 Then : gl.tcDcXm = Val(Mid(rctxt, 8))
    ElseIf i = 83 Then : gl.tcXcDm = Val(Mid(rctxt, 8))
    ElseIf i = 86 Then : gl.tcHmf = Val(Mid(rctxt, 8))
    ElseIf i = 87 Then : gl.tcXiangX = Val(Mid(rctxt, 7))
    End If
    i += 1
Loop
rcfl.Close()
'读取月离表和日躔表数据,并将其存放在日躔和月离数组中
ReDim richanbiao(96) : ReDim yuelibiao(32)
```

```
    i = 0
    Dim rcb As New IO.StreamReader(datapath & lifaname & "日.txt")
    Do While rcb.EndOfStream = False '是否到文件尾
        richanbiao(i) = rcb.ReadLine : i += 1
    Loop
    rcb.Close()
    i = 0
    Dim ylb As New IO.StreamReader(datapath & lifaname & "月.txt")
    Do While ylb.EndOfStream = False '是否到文件尾
        yuelibiao(i) = ylb.ReadLine : i += 1
    Loop
    ylb.Close()
End Sub
```

因历法模拟程序的输入变量是现行公历(格里高利历)的年份,需要将公历年份转化为历法能够使用的积年数。因为没有公元 0 年,那么传统历法所求年积年数的计算公式为

$$N_n = \begin{cases} N+(n-n^*),\text{AD} \\ N+(n-n^*)+1,\text{BC} \end{cases} \tag{2-3}$$

式中,N 表示历法的历元;n 和 n^* 分别表示所求年和历法颁行年的公历年份。由于历法上元至公元元年的积年(公式中的 $N-n^*$ 再加 1)已经在历法基本常数表里给出,这样可以得到历法所求年的积年程序,其代码如下。

```
'* * * * * * * * * * * * * * * * * * * * * * * * * * * * * * *
'程序 01 - FF - 01:由上元到公元元年得到上元积年
'* * * * * * * * * * * * * * * * * * * * * * * * * * * * * * *
Public Function Tf_GetJinian(ByVal gongyn As Double, ByVal jinian As Double) As Double
    If gongyn > 0 Then
        Tf_GetJinian = jinian + gongyn - 1
    Else
        Tf_GetJinian = jinian + gongyn
    End If
End Function
```

大部分宋代历法没有给出某一年是否需要置闰的算法。因为在采用了定朔注历以后,闰月的安排变得极其复杂,即使使用隋代以前的置闰算法得到某年需要置闰,但闰月也有可能由于定朔时刻的原因而安排到前一年的十二月或是后一年的一月。同时,传统历法置闰的原则就是"无中置闰",只要计算出了定朔和中气的位置,按月份依次排列就可以得到合理的历谱,这样,原有的置闰算法到了宋代就失去了实际价值。但宋代历法

还是保留了计算置闰的基本数据,即中盈分和朔虚分。本程序计算时选择以年份为输入量,要考虑所求年需要计算十二次朔还是十三次朔,对于本程序而言,基本的置闰判断也是必要的。

传统历法判断某年是否置闰的标准就是当天正闰余(天正经朔到冬至的时间)小于十二倍的朔虚分与中盈分之和时,就要置闰。置闰算法的程序代码如下所示。

```
'* * * * * * * * * * * * * * * * * * * * * * * * * * * * * * * * * *
'程序 01 - FF - 02.1:判断某年是否有闰月
'* * * * * * * * * * * * * * * * * * * * * * * * * * * * * * * * * *
Public Function Tf_IfRunyue(ByVal jinian As Double) As Boolean
    Dim tcQijifen As Double : Dim tcShuojifen As Double    '定义气积分和朔积分
    Dim jiniand As Double : Dim tzry As Double             '定义积年和天正闰余
    tcQijifen = jinian * Me.tcJishi             '计算气积分
    jiniand = Int(tcQijifen / tcShuoshi)
    tcShuojifen = tcShuoshi * jiniand
    tzry = tcQijifen - tcShuojifen
    If tzry < 12 * (Me.tcZhongyf + Me.tcShuoxf) Then
        Tf_IfRunyue = True
    Else
        Tf_IfRunyue = False
    End If
End Function
```

计算定朔及判断闰月、大月或是小月的过程为 ShuoRunYueName,日食推算的过程为 Tf_GetRishi 和 Tf_GetRishictl,月食推算的过程为 Tf_GetYueshi 和 Tf_GetYueshictl。这几个过程的具体代码在后面具体历法交食和朔闰推算的部分再详细给出。根据这些过程,一次朔闰交食计算的过程为 BtnSrjs_Click。由于过程代码行数过多,本书将其拆分为几部分,分别对每部分进行说明。BtnSrjs_Click 主体部分代码如下所示。

```
'* * * * * * * * * * * * * * * * * * * * * * * * * * * *
'程序 00 - SJ - 04:计算某一次朔闰和交食
'* * * * * * * * * * * * * * * * * * * * * * * * * * * *
Private Sub BtnSrjs_Click(ByVal sender As System.Object, ByVal e As System.EventArgs)
Handles btnSrjs.Click
    Dim dbs As Double : Dim jj As Double : Dim txtstring As String = ""
    Dim enugzjq As New ToRecEnum : Dim dssfm As New ToDaifenshu
    If tc_Lifa = "" Or Combo2.Text = "" Then
        MsgBox("请选择历法", 49, "选择") : Exit Sub
```

```
End If

Call PutValue(tc_Lifa)

Me. nians = Val(Combo2. Text) : Me. iffirst = True        '第一次计算

拆分代码 00 - SJ - 04 - 01:判断是否闰年,计算冬至

拆分代码 00 - SJ - 04 - 02:计算朔闰,并赋值字符串

拆分代码 00 - SJ - 04 - 03:计算日食,并赋值字符串

Me. tc_daishi = "" : txtstring & = "...............................

拆分代码 00 - SJ - 04 - 04:计算月食,并赋值字符串

Text1. Text = txtstring : iffirst = True        'iffirst 改为 ture,再次计算为第一次
End Sub
```

"拆分代码 00 - SJ - 04 - 01"是判断所求年是否为闰年,然后计算所求年天正冬至,并将冬至日的干支、时刻等信息赋给字符串 txtstring。这部分代码如下所示。

```
'* * * * * * * * * * * * * * * * * * * * * * * * * * * * * *
'拆分代码 00 - SJ - 04 - 01:判断是否闰年,计算冬至
'* * * * * * * * * * * * * * * * * * * * * * * * * * * * * *
    jj = qs. Tf_GetJinian(nians, qs. tcJiNian)        '计算上元积年
    lslrtxrec. tcJinian = jj
    lrtxrec. ifrn = qs. Tf_IfRunyue(jj)        '判断 jj 年是否是闰年
    If tc_Lifa = "统天历" Then        '计算天正冬至
        dbs = qs. Tf_GetTzdzttl(jj)
    Else
        dbs = qs. Tf_GetTzdz(jj)
    End If
    Dim rerr As New ToRecEnum : Dim vvrr As String
    '冬至日干支
    vvrr = rerr. Tf_RecGANZHI((Int(dbs / qs. tcRifa) + qs. tcShangyName) Mod 60)
    dssfm = qs. Tf_GetSFM(dbs - Int(dbs / qs. tcRifa) * qs. tcRifa)
    txtstring = txtstring & " - - - - - - - - - - - - - - - - - " & Chr(13) & Chr(10) &
nians & "的天正冬至是:" & vvrr & "日," & Format((dbs - Int(dbs / qs. tcRifa) * qs. tcRifa) /
qs. tcRifa * 100, "00.00") & "刻"
    txtstring & = Chr(13) & Chr(10) & dssfm. zheng & "时" & dssfm. fa & "分 ."
```

"拆分代码 00 - SJ - 04 - 02"是调用过程 ShuoRunYueName 求出所求年月的定朔时刻、月份大小和置闰情况,并将定朔日的干支、时刻和月份大小等信息以及推算过程的一些中间信息(如入气入转朒朒定数等)赋给字符串 txtstring。这部分代码如下所示。

```
'* * * * * * * * * * * * * * * * * * * * * * * * * * * * * *
'拆分代码 00 - SJ - 04 - 02:计算朔闰,并赋值字符串
```

```
'* * * * * * * * * * * * * * * * * * * * * * * * * * * * *
    '计算定朔及朔日名
    Call ShuoRunYueName(jj, Combo3. SelectedIndex)
    '以下是将计算信息赋值给 txtstring 里,以便最终显示在文本中。
    txtstring &= Chr(13) & Chr(10) & "——————————————"
    txtstring = txtstring & Chr(13) & Chr(10) & "本月： " & Me. tc_YueName
    txtstring = txtstring & Chr(13) & Chr(10) & "经朔日数:" & lslrtxrec. tcJss
    txtstring = txtstring & Chr(13) & Chr(10) & "经朔日分:" & Format(lslrtxrec. tcJingshuo -
Int(lslrtxrec. tcJingshuo / qs. tcRifa) * qs. tcRifa, ". # #")
    dssfm = qs. Tf_GetSFM(lslrtxrec. tcDingshuo)
    txtstring = txtstring & Chr(13) & Chr(10) & "定朔日名:" & enugzjq. Tf_RecGANZHI
(lslrtxrec. tcDss)
    txtstring = txtstring & Chr(13) & Chr(10) & "定朔日数:" & lslrtxrec. tcDss
    txtstring = txtstring & Chr(13) & Chr(10) & "定朔日分:" & Format(lslrtxrec. tcDingshuo -
Int(lslrtxrec. tcJingshuo / qs. tcRifa) * qs. tcRifa, ". # #")
    txtstring = txtstring & Chr(13) & Chr(10) & "定朔时间:" & dssfm. zheng & "时" & dssfm. fa
& "分"
    txtstring = txtstring & Chr(13) & Chr(10) & "入" & enugzjq. Tf_RecJIEQI
(lslrtxrec. tcRuqi) & "气第" & Int(lslrtxrec. tcJsrq / qs. tcRifa) & "日,"
    txtstring &= Chr(13) & Chr(10) & "入气朒朒定数:" & Format(lslrtxrec. tcRuqitnds, ". #
#")
    txtstring = txtstring & Chr(13) & Chr(10) & "入转日:" & Int(lslrtxrec. tcJsrz /
qs. tcRifa) + 1
    txtstring &= Chr(13) & Chr(10) & "入转朒朒定数:" & Format(lslrtxrec. tcRuzhuantnds, ".
# #") & "."
```

"拆分代码 00 - SJ - 04 - 03"是根据不同历法分别调用过程 Tf_GetRishi 和 Tf_GetRishictl 求出所求年月朔的日食情况。如果本次朔发生日食,则将日食食分、食甚和食延等信息赋给字符串 txtstring,否则将"本月朔无日食"赋给字符串 txtstring。这部分代码如下所示。

```
'* * * * * * * * * * * * * * * * * * * * * * * * * * * * *
'拆分代码 00 - SJ - 04 - 03:计算日食,并赋值字符串
'* * * * * * * * * * * * * * * * * * * * * * * * * * * * *
    If Me. tc_Lifa = "纪元历" Or Me. tc_Lifa = "开禧历" Or Me. tc_Lifa = "成天历" Then
        Tf_GetRishi(jj, Val(Combo3. SelectedIndex))
        ElseIf Me. tc_Lifa = "崇天历" Or Me. tc_Lifa = "乾道历" Or Me. tc_Lifa = "统元历"
Or Me. tc_Lifa = "淳熙历" Or Me. tc_Lifa = "会元历" Then
        Tf_GetRishictl(jj, Val(Combo3. SelectedIndex))
    End If
```

```
    txtstring & = Chr(13) & Chr(10) & "................................."
    If tcJiaoshi = True Then
        txtstring = txtstring & "有日食发生,食分是:" & tc_daishi & Format(tcShifen, "
00.00") & "分" & Chr(13) & Chr(10)
        dfs = qs.Tf_GetSFM(lslrtxrec.tcChukui)
        txtstring = txtstring & "初亏:" & dfs.zheng & "时" & dfs.fa & "分" & Chr(13) & Chr(10)
        dfs = qs.Tf_GetSFM(lslrtxrec.tcShishen)
        txtstring = txtstring & "食甚:" & dfs.zheng & "时" & dfs.fa & "分" & Chr(13) & Chr(10)
        dfs = qs.Tf_GetSFM(lslrtxrec.tcFuyuan)
        txtstring = txtstring & "复圆:" & dfs.zheng & "时" & dfs.fa & "分" & Chr(13) & Chr(10)
    Else
        txtstring = txtstring & Chr(13) & Chr(10) & "本月朔无日食" & Chr(13) & Chr(10)
    End If
```

"拆分代码 00 - SJ - 04 - 04"是根据不同历法分别调用过程 Tf_GetYueshi 和 Tf_GetYueshictl 求出所求年月望的月食情况。如果本次望发生月食,则将月食食分、食甚和食延等信息赋给字符串 txtstring,否则将"本月望无月食"赋给字符串 txtstring。这部分代码如下所示。

```
'* * * * * * * * * * * * * * * * * * * * * * * * * * * * * *
'拆分代码 00 - SJ - 04 - 04:计算月食,并赋值字符串
'* * * * * * * * * * * * * * * * * * * * * * * * * * * * * *
    If Me.tc_Lifa = "纪元历" Or Me.tc_Lifa = "开禧历" Or Me.tc_Lifa = "成天历" Then
        Tf_GetYueshi(jj, Val(Combo3.SelectedIndex))
    ElseIf Me.tc_Lifa = "崇天历" Or Me.tc_Lifa = "乾道历" Or Me.tc_Lifa = "统元历" Or
Me.tc_Lifa = "淳熙历" Or Me.tc_Lifa = "会元历" Then
        Tf_GetYueshictl(jj, Val(Combo3.SelectedIndex))
    End If
    If tcJiaoshi = True Then
        txtstring = txtstring & Combo2.Text & "年第" & Trim(Combo3.Text) & tcjsr & "日有月
食,食甚时刻是:" & Format(tcShishen, "00.0000") & Chr(13) & Chr(10)
        txtstring = txtstring & "食分大小是:" & tc_daishi & Format(tcShifen, "00.00") & "
分" & Chr(13) & Chr(10)
        dfs = qs.Tf_GetSFM(lslrtxrec.tcChukui)
        txtstring = txtstring & "初亏:" & dfs.zheng & "时" & dfs.fa & "分" & Chr(13) & Chr(10)
        If tcShifen > 10 Then
            dfs = qs.Tf_GetSFM(tcShiji)
            txtstring = txtstring & "食既:" & dfs.zheng & "时" & dfs.fa & "分" & Chr(13) &
Chr(10)
        End If
```

```
        dfs = qs. Tf_GetSFM(lslrtxrec. tcShishen)
        txtstring = txtstring & "食甚:" & dfs. zheng & "时" & dfs. fa & "分" & Chr(13) & Chr(10)
        If tcShifen > 10 Then
            dfs = qs. Tf_GetSFM(tcShengguang)
            txtstring = txtstring & "生光:" & dfs. zheng & "时" & dfs. fa & "分" & Chr(13) &
Chr(10)
        End If
        dfs = qs. Tf_GetSFM(lslrtxrec. tcFuyuan)
        txtstring = txtstring & "复圆:" & dfs. zheng & "时" & dfs. fa & "分" & Chr(13) & Chr(10)
    Else
        txtstring = txtstring & "本月望无月食" & Chr(13) & Chr(10)
    End If
```

4. 批量计算朔闰交食

本程序不但能计算给定年月的朔闰交食,还能计算给定时间段内的所有交食或朔闰情况。在 BtnSrjspl 控件的 Click 事件下实现该功能。因本过程代码过长,我们将其拆解为几个部分,先给出程序代码的主体部分,再对其中的各个拆分部分做详细说明。

```
'* * * * * * * * * * * * * * * * * * * * * * * * * * * * * * *
'程序 00 - SJ - 05:批量计算经朔、定朔、日食和月食并存储
'* * * * * * * * * * * * * * * * * * * * * * * * * * * * * * *
Private Sub BtnSrjspl_Click(ByVal sender As System. Object, ByVal e As System. EventArgs)
Handles btnSrjspl. Click
    Dim enujq As New ToRecEnum
    Dim fltxt As String : Dim txtxt As String = ""
    Dim i As Double : Dim j As Double
    Dim jinian As Double : Dim shiersan As Double
    If tc_Lifa = "" Then
        MsgBox("请先选择历法!", 48) : Exit Sub
    End If
    Txtbox1. Text = "" : PrBar1. Visible = True;Label7. Visible = True
     PrBar1. Maximum = (Val(Combo6. Text) - Val(Combo5. Text) + 1) * 12 + (Val
(Combo6. Text) - Val(Combo5. Text)) * 7 / 19 + 1
    iffirst = True                  '进行第一次计算
    Call PutValue(tc_Lifa)
    Me. Enabled = False        '防止误操作
    Dim newmoonfl As New StreamWriter(datapath & Me. tc_Lifa & Combo7. Text & ". txt", False)
    If Check1. Checked = False Then newmoonfl. Close()
    If Combo7. Text = "朔闰" Then
        拆分代码 00 - SJ - 05 - 01:批量计算朔闰
```

```
    ElseIf Combo7.Text = "经朔" Then
        拆分代码 00 - SJ - 05 - 02:批量计算经朔
    ElseIf Combo7.Text = "天正冬至" Then
        拆分代码 00 - SJ - 05 - 03:批量计算天正冬至
    ElseIf Combo7.Text = "日食" Then
        拆分代码 00 - SJ - 05 - 04:批量计算日食
    ElseIf Combo7.Text = "月食" Then
        拆分代码 00 - SJ - 05 - 05:批量计算月食
    End If
    newmoonfl.Close()
    Txtbox1.Text = txtxt ;Me.Enabled = True
    Label7.Visible = False ; PrBar1.Visible = False
    Label8.Text = "《" & Me.tc_Lifa & "》" & Combo5.Text & "年到" & Combo6.Text & "年的" &
Combo7.Text
    If Check1.Checked = True Then
        MsgBox("已经计算出了自" & Combo5.Text & "年到" & Combo6.Text & "年的" &
Combo7.Text & "数据,并将结果写入到了'" &
        tc_Lifa & Combo7.Text & ".txt' 文件中!", 48)
    Else
        MsgBox("已经计算出了自" & Combo5.Text & "年到" & Combo6.Text & "年的" &
Combo7.Text & "数据!")
    End If
    iffirst = True
End Sub
```

"拆分代码 00 - SJ - 05 - 01"是批量计算朔闰,主要调用的过程就是 ShuoRunYueName。如果 Check1 的 Checked 的属性为 True,则可以将计算结果写入文件。Combo5 和 Combo6 的 text 数值是要计算朔闰的公历纪年区间。每年需要事先计算是否有闰月,有闰月则要计算 13 个月的朔,没有则为 12 个月。计算所得结果经过固定格式化后,写入文件或者呈现在文本框内,同时进度条 PrBar1 随时展示计算进度。这部分代码如下所示。

```
'* * * * * * * * * * * * * * * * * * * * * * * * * * * * * * *
'拆分代码 00 - SJ - 05 - 01:批量计算朔闰
'* * * * * * * * * * * * * * * * * * * * * * * * * * * * * * *
    fltxt = "年份      月份  月名    定朔      定朔日名经朔      经朔日  进朔  入气
入气日  入气数    入转日  入转数    "
    txtxt = txtxt & fltxt & Chr(13) & Chr(10)
    If Check1.Checked = True Then newmoonfl.WriteLine(fltxt)
    For i = Val(Combo5.Text) To Val(Combo6.Text)
```

```
        jinian = qs. Tf_GetJinian(i, qs. tcJiNian)
        lrtxrec. ifrn = qs. Tf_IfRunyue (jinian)
        If lrtxrec. ifrn = True Then
            shiersan = 12
        Else
            shiersan = 11
        End If
        For j = 0 To shiersan
            ShuoRunYueName(jinian, j)
            fltxt = ""
            fltxt = RSet(i & "年", 6) & RSet("第" & j + 1 & "月", 4) & RSet
(lslrtxrec. tcYueName, 6)
            fltxt &= RSet(Format(lslrtxrec. tcDingshuo, ". # #"), 10) & RSet
(lslrtxrec. tcDss, 4)
            fltxt &= RSet(Format(lslrtxrec. tcJingshuo, ". # #"), 10) & RSet
(lslrtxrec. tcJss, 4)
            fltxt &= RSet(lslrtxrec. ifJs, 6)
            fltxt &= RSet(enujq. Tf_RecJIEQI(lslrtxrec. tcRuqi), 4)
            fltxt &= RSet(Int(lslrtxrec. tcJsrq / qs. tcRifa), 4)
            fltxt &= RSet(Format(lslrtxrec. tcRuqitnds, ". # #"), 14)
            fltxt &= RSet(Int(lslrtxrec. tcJsrz / qs. tcRifa) + 1, 4)
            fltxt &= RSet(Format(lslrtxrec. tcRuzhuantnds, ". # #"), 14)
            If Check1. Checked = True Then newmoonfl. WriteLine(fltxt)
            txtxt = txtxt & fltxt & Chr(13) & Chr(10)
            PrBar1. Value = (i - Val(Combo5. Text)) * 12 + (i - Val(Combo5. Text)) * 7 / 19 + j
        Next j
    Next i
```

"拆分代码00-SJ-05-02"是批量计算经朔，这部分相对简单，主要调用气朔下的方法Tf_GetJinian，其代码如下所示。

```
'* * * * * * * * * * * * * * * * * * * * * * * * * * * * * *
'拆分代码00-SJ-05-02:批量计算经朔
'* * * * * * * * * * * * * * * * * * * * * * * * * * * * * *
    fltxt = "年份0000月份00经朔000000经朔日0"
    txtxt = txtxt & fltxt & Chr(13) & Chr(10)
    If Check1. Checked = True Then newmoonfl. WriteLine(fltxt)
    For i = Val(Combo5. Text) To Val(Combo6. Text)
        jinian = qs. Tf_GetJinian(i, qs. tcJiNian)
        lrtxrec. ifrn = qs. Tf_IfRunyue (jinian)
```

```
        If lrtxrec.ifrn = True Then
            shiersan = 12
        Else
            shiersan = 11
        End If
        For j = 0 To shiersan
            GetJingshuo(jinian, j)
            ltxt = RSet(i & "年", 6) & RSet("第" & j + 1 & "个月", 6)
            fltxt &= RSet(Format(lrtxrec.tcJingshuo, ".##"), 14) & RSet(lrtxrec.tcJss, 4)
            If Check1.Checked = True Then newmoonfl.WriteLine(fltxt)
            txtxt = txtxt & fltxt & Chr(13) & Chr(10)
            PrBar1.Value = (i - Val(Combo5.Text)) * 12 + (i - Val(Combo5.Text)) * 7 /
19 + j
        Next j
    Next i
```

"拆分代码 00 - SJ - 05 - 03"是批量计算每年的冬至时刻,调用气朔类下面的 Tf_
GetTzdz 方法。直接根据 Combo5 和 Combo6 的 text 数值计算公历纪年的冬至,而不需
要计算有无闰月。这部分代码如下所示。

```
'* * * * * * * * * * * * * * * * * * * * * * * * * * * * *
'拆分代码 00 - SJ - 05 - 03:批量计算天正冬至
'* * * * * * * * * * * * * * * * * * * * * * * * * * * * *
    fltxt = "年份 0000 冬至日名 00 冬至日数 00 冬至时间 00000000 冬至时刻"
    txtxt = txtxt & fltxt & Chr(13) & Chr(10)
    If Check1.Checked = True Then newmoonfl.WriteLine(fltxt)
    For i = Val(Combo5.Text) To Val(Combo6.Text)
        jinian = qs.Tf_GetJinian(i, qs.tcJiNian)
        If tc_Lifa = "统天历" Then
            shiersan = qs.Tf_GetTzdzttl(jinian)
        Else
            shiersan = qs.Tf_GetTzdz(jinian)
        End If
        fltxt = RSet(i & "年", 6)
        txtxt = txtxt & fltxt & Chr(13) & Chr(10)
        j = shiersan - qs.tcRifa * Int(shiersan / qs.tcRifa)
        shiersan = Int(shiersan / qs.tcRifa) + qs.tcShangyName
        If shiersan > 60 Then shiersan -= 60
        If shiersan < 1 Then shiersan += 60
        fltxt &= RSet(enujq.Tf_RecGANZHI(shiersan), 6)
```

```
        fltxt &= RSet(shiersan, 4) & RSet(Format(j, ". # #"), 14)
        fltxt &= RSet(Format(j / qs. tcRifa * 100, ". # #"), 8)
        If Check1. Checked = True Then newmoonfl. WriteLine(fltxt)
        txtxt = txtxt & fltxt & Chr(13) & Chr(10)
    PrBar1. Value = (i - Val(Combo5. Text)) * 12 + (i - Val(Combo5. Text)) * 7 / 19
    Next i
```

"拆分代码00-SJ-05-04"是批量计算日食，主要调用的过程就是 Tf_GetRishictl 和 Tf_GetRishi。每个年份都需要事先计算是否有闰月，从而确定是计算 12 个还是 13 个朔日的日食情况。由于不是每个朔日都可能发生日食，所以只有当发生日食的朔，才要将所得结果格式化写入文件或者呈现在文本框内。这部分代码如下所示。

```
'* * * * * * * * * * * * * * * * * * * * * * * * * * * * *
'拆分代码00-SJ-05-04:批量计算日食
'* * * * * * * * * * * * * * * * * * * * * * * * * * * * *
    fltxt = "年份    月份    朔日    定朔    食分    初亏    食甚    复满    入气    入转 "
    fltxt &= Chr(13) & Chr(10) & "——————————————————————————————————————"
    txtxt = txtxt & fltxt & Chr(13) & Chr(10)
    If Check1. Checked = True Then newmoonfl. WriteLine(fltxt)
    For i = Val(Combo5. Text) To Val(Combo6. Text)
        Dim iii As Long = 1
        jinian = qs. Tf_GetJinian(CDbl(i), qs. tcJiNian)
        If qs. Tf_IfRunyue (jinian) = True Then
            shiersan = 12
        Else
            shiersan = 11
        End If
        For j = 0 To shiersan
            If tc_Lifa = "纪元历" Or tc_Lifa = "统天历" Or tc_Lifa = "开禧历" Or tc_Lifa = "成天历" Then
                    Tf_GetRishi(jinian, CDbl(j))
            ElseIf tc_Lifa = "崇天历" Or tc_Lifa = "统元历" Or tc_Lifa = "乾道历" Or tc_Lifa = "淳熙历" Or tc_Lifa = "会元历" Then
                    Tf_GetRishictl(jinian, CDbl(j))
            End If
            PrBar1. Value = (i - Val(Combo5. Text)) * 12 + (i - Val(Combo5. Text)) * 7 / 19 + j
            If tcJiaoshi = True Then
                Dim zjstring As Double
                Label7. Text = "已经计算出了 " & iii & " 次" & Combo7. Text & ""
```

```
Label7. Refresh()
fltxt = ""
fltxt = i & "年" & RSet(lslrtxrec.tcYueName, 4)
fltxt &= RSet(enujq.Tf_RecGANZHI(lslrtxrec.tcDss), 4)
        zjstring = (lslrtxrec.tcDingshuo - Int(lslrtxrec.tcDingshuo /
qs.tcRifa) * qs.tcRifa) / qs.tcRifa * 24
fltxt &= RSet(Int(zjstring), 4) & ":"
zjstring = (zjstring - Int(zjstring)) * 60
fltxt &= Format(Int(zjstring), "00") & RSet(Format(lslrtxrec.tcShifen, "
##.00"), 6)
zjstring = lslrtxrec.tcChukui / qs.tcRifa * 24
fltxt &= RSet(Int(zjstring), 4) & ":"
zjstring = (zjstring - Int(zjstring)) * 60
fltxt &= Format(Int(zjstring), "00")
zjstring = lslrtxrec.tcShishen / qs.tcRifa * 24
fltxt &= RSet(Int(zjstring), 4) & ":"
zjstring = (zjstring - Int(zjstring)) * 60
fltxt &= Format(Int(zjstring), "00")
zjstring = lslrtxrec.tcFuyuan / qs.tcRifa * 24
fltxt &= RSet(Int(zjstring), 4) & ":"
zjstring = (zjstring - Int(zjstring)) * 60
fltxt &= Format(Int(zjstring), "00")
fltxt &= RSet(enujq.Tf_RecJIEQI(lslrtxrec.tcRuqi), 4)
fltxt &= RSet(Int(lslrtxrec.tcJsrz / qs.tcRifa) + 1, 4)
If Check1.Checked = True Then newmoonfl.WriteLine(fltxt)
txtxt = txtxt & fltxt & Chr(13) & Chr(10)
iii += 1
        End If
    Next j
  Next i
```

　　"拆分代码 00 - SJ - 05 - 05"是批量计算月食,主要调用过程就是 Tf_GetYueshictl 和 Tf_GetYueshi。与批量计算日食相同,需要事先计算是否有闰月来确定要计算望的数量,当某个望有月食发生,将所得结果格式化写入文件或呈现在文本框内。这部分代码如下所示。

```
'* * * * * * * * * * * * * * * * * * * * * * * * * * * * * * * * * *
'拆分代码 00 - SJ - 05 - 05:批量计算月食
'* * * * * * * * * * * * * * * * * * * * * * * * * * * * * * * * * *
    fltxt = "年份 0000 月份 00 月名 0000 定朔 000000 定朔日名食分 000000 食甚 0000000000 初
```

```
亏 0000000000 复满 0000000000 入气 00 入气日 0 入转日 0"
        txtxt = txtxt & fltxt & Chr(13) & Chr(10)
        If Check1.Checked = True Then newmoonfl.WriteLine(fltxt)
        For i = Val(Combo5.Text) To Val(Combo6.Text)
            Dim iii As Long = 1
            jinian = qs.Tf_GetJinian(CDbl(i), qs.tcJiNian)
            If qs.Tf_IfRunyue(jinian) = True Then
                shiersan = 12
            Else
                shiersan = 11
            End If
            For j = 0 To shiersan
                If tc_Lifa = "纪元历" Or tc_Lifa = "统天历" Or tc_Lifa = "开禧历" Or tc_Lifa = "成天历" Then
                    Tf_GetYueshi(jinian, CDbl(j))
                ElseIf tc_Lifa = "崇天历" Or tc_Lifa = "统元历" Or tc_Lifa = "乾道历" Or tc_Lifa = "淳熙历" Or tc_Lifa = "会元历" Then
                    Tf_GetYueshictl(jinian, CDbl(j))
                End If
                PrBar1.Value = (i - Val(Combo5.Text)) * 12 + (i - Val(Combo5.Text)) * 7 / 19 + j
                If tcJiaoshi = True Then
                    Label7.Text = "已经计算出了 " & iii & " 次" & Combo7.Text & ""
                    Label7.Refresh()
                    fltxt = ""
                    fltxt = RSet(i & "年", 6) & RSet("第" & j + 1 & "月", 4) & RSet(lslrtxrec.tcYueName, 6)
                    fltxt &= RSet(Format(lslrtxrec.tcDingshuo, ".##"), 10) & RSet(lslrtxrec.tcDss, 4)
                    fltxt &= RSet(Format(lslrtxrec.tcShifen, "##.##"), 8)
                    fltxt &= RSet(Format(lslrtxrec.tcShishen, ".##"), 10)
                    fltxt &= RSet(Format(lslrtxrec.tcChukui, ".##"), 10)
                    fltxt &= RSet(Format(lslrtxrec.tcFuyuan, ".##"), 10)
                    fltxt &= RSet(enujq.Tf_RecJIEQI(lslrtxrec.tcRuqi), 4)
                    fltxt &= RSet(Int(lslrtxrec.tcJsrq / qs.tcRifa), 4)
                    fltxt &= RSet(Int(lslrtxrec.tcJsrz / qs.tcRifa) + 1, 4)
                    If Check1.Checked = True Then newmoonfl.WriteLine(fltxt)
                    txtxt = txtxt & fltxt & Chr(13) & Chr(10)
                    PrBar1.Value = (i - Val(Combo5.Text)) * 12 + (i - Val(Combo5.Text)) * 7 / 19 + j
                    iii += 1
```

```
                End If
            Next j
        Next i
```

5. 每日日躔文件的生成

在窗体 frm_datasql 下面编写生成每日日躔数据及将其存储成文件的程序代码。点击 btn1 按钮,生成所选历法的每日日躔数据并存储。在 Btn1 的 Click 事件中写入如下代码。

```
'* * * * * * * * * * * * * * * * * * * * * * * * * * * * * * *
'程序 11 - SJ - 01:日躔表的生成事件
'* * * * * * * * * * * * * * * * * * * * * * * * * * * * * * *
Private Sub Btn1_Click_1(ByVal sender As System. Object, ByVal e As System. EventArgs) Handles
Btn1. Click
        Dim aa As Boolean
        If Me. tc_datalifa = "" Then
            MsgBox("请选择历法", 49,"选择历法")
            Exit Sub
        End If
        aa = MsgBox("请确定还没有生成《" & Me. tc_datalifa & "》的了日躔表,确保不会造成不必要
的数据浪费", 49,"日躔表生成")
        If aa = True Then
            Tf_ProRichanSheet()
        Else
            Exit Sub
        End If
End Sub
```

代码中使用了过程 Tf_ProRichanSheet,这是日躔数据生成的主程序,其代码如下。

```
'* * * * * * * * * * * * * * * * * * * * * * * * * * * * * * *
'程序 11 - FF - 01:生成日躔表
'* * * * * * * * * * * * * * * * * * * * * * * * * * * * *
Private Sub Tf_ProRichanSheet()
        Dim ysf() As Double : Dim syl() As Double
        Dim xhs() As Double : Dim tnj() As Double
        Dim ysxt() As Double : Dim sy() As Double
        Dim sysy() As Double : Dim zhongjian() As Double
        Dim richandata As String = "" : Dim rcda As String = ""
        Dim i As Integer : Dim j As Integer : Dim ii As Integer
```

```
Call PutValue(Me. tc_datalifa)
ReDim zhongjian(24)
GetRichanData(zhongjian, 24, 1, Me. tc_datalifa)
ysf = zhongjian
GetRichanData(zhongjian, 24, 2, Me. tc_datalifa)
syl = zhongjian
GetRichanData(zhongjian, 24, 3, Me. tc_datalifa)
xhs = zhongjian
GetRichanData(zhongjian, 24, 4, Me. tc_datalifa)
tnj = zhongjian
ii = 1
Dim rcfl As New IO. StreamWriter(datapath & Me. tc_datalifa & "\" & Me. tc_datalifa & "日.
txt", True)
Dim combays As New ToComBase
For i = 1 To 24
    ReDim sy(15) : ReDim ysxt(15)
    ReDim sysy(15) : ReDim zhongjian(15)
    If ii = 6 Or ii = 12 Or ii = 18 Or ii = 24 Then
        rc. Tf_GetRiysf(ysf(i - 1), ysf(i), ii, zhongjian)
        y = zhongjian
        rc. Tf_GetRisyl(syl(i - 1), syl(i), ii, zhongjian)
        sysy = zhongjian
    Else
        rc. Tf_GetRiysf(ysf(i), ysf(i + 1), ii, zhongjian)
        sy = zhongjian
        rc. Tf_GetRisyl(syl(i), syl(i + 1), ii, zhongjian)
        sysy = zhongjian
    End If
    rc. Tf_GetRixhs(xhs(i), sy, zhongjian)
    ysxt = zhongjian
    rc. Tf_GetRitnj(tnj(i), sysy, zhongjian)
    For j = 0 To 15
        rcda = RSet(ysxt(j), 18)
        richandata & = rcda
    Next j
    rcfl. WriteLine(richandata)
    richandata = ""
    For j = 0 To 15
        richandata & = RSet(zhongjian(j), 18)
    Next j
    rcfl. WriteLine(richandata)
```

```
        richandata = ""
        For j = 0 To 15
            richandata & = RSet(sy(j), 18)
        Next j
        rcfl. WriteLine(richandata)
        richandata = ""
        For j = 0 To 15
            richandata & = RSet(sysy(j), 18)
        Next j
        rcfl. WriteLine(richandata)
        richandata = ""
        ii + = 1
    Next i
    rcfl. Close()
    MsgBox("已经生成了《" & Me. tc_datalifa & "》的日躔表,并将结果写入了数据库中", 49, "日
躔表生成")
End Sub
```

由于代码中要读取历法的 24 气日躔表,我们单独设计了过程 GetRichanData,用以获取日躔表,其代码如下。

```
'* * * * * * * * * * * * * * * * * * * * * * * * * * *
'程序 11 - FF - 02:获取日躔相关数据
'* * * * * * * * * * * * * * * * * * * * * * * * * * * * *
Private Sub GetRichanData (ByRef sy( ) As Double, ByVal qinum As Double, ByVal dataname As
Integer, ByVal lifa As String)
    If Me. tc_datalifa = "" Then Exit Sub
    ReDim sy(qinum + 1)
    Dim rcfl As New IO. StreamReader(datapath & Me. tc_datalifa & "\" & Me. tc_datalifa & "24 气.
txt")
    Dim rctxt As String : Dim i As Integer
    Dim rcfd As New ToFindany
    For i = 0 To qinum
        If rcfl. EndOfStream = True Then Exit Sub '是否到文件尾
        rctxt = rcfl. ReadLine   '从打开的文件中读取一行内容
        rctxt = rcfd. Tf_Findd(",", dataname + 1, rctxt)
        sy(i) = Val(Trim(rctxt))
    Next i
    rcfl. Close()
End Sub
```

参考文献

[1] （元）脱脱，贺惟一，阿鲁图，等．宋史：律历志［M］//历代天文律历等志汇编：第 8 册．北京：中华书局，1976.

[2] 滕艳辉，田卫军，王鹏云．古代历法算法的计算机模拟［J］．文化创新比较研究，2018,2(13):37 - 39.

[3] 滕艳辉．宋代朔闰与交食研究［D/OL］．西安：西北大学，2012:127 - 135.

[4] 明日学院．Visual Basic 从入门到精通（项目案例版）［M］．北京：中国水利水电出版社，2017.

[5] ［美］布鲁斯·约翰逊．Visual Studio 2017 高级编程［M］.7 版．李立新译．北京：清华大学出版社，2018.

[6] 曲安京．中国历法与数学［M］．北京：科学出版社，2005:53 - 55.

[7] 薄树人．薄树人文集［M］．合肥：中国科学技术大学出版社，2003:378 - 381.

[8] 曲安京．中国数理天文学［M］．北京：科学出版社，2008:152 - 158.

第三章 《崇天历》交食计算方法的模拟

第一节 定朔计算

无论是计算日食,还是计算月食,都要计算太阳和月亮的位置以及日月位置对合朔交食时间的影响。本节主要讨论《崇天历》推算太阳和月亮位置的方法,并对这些方法给出具体程序代码。

计算各个天文量时,首先要用到一个基本计算结果,这就是"气积分",表示历法上元到所求年冬至时刻的日分数。《崇天历》"步气朔"部分"推天正冬至"算法的术文称

> 置距所求积年,以岁周乘之,为气积分……[1]2569

根据术文,气积分可以表示为 $N_n T$, N_n 是上元到 n 年的积年数,T 则为岁周,即回归年的日分数。

一、太阳改正项计算法

《崇天历》在"步日躔"部分给出太阳位置及太阳运动不均匀性对朔闰交食五星会合等计算的影响。历法中称这个影响数值为"入气朒朒定数"。历法先求出朔望时到其之前最近一个气的距离,即"经朔弦望入气"。术文称

> 求经朔弦望入气:置天正闰日及余,如气策及余秒以下者,以减气策及余秒,为入大雪气;已上者去之,余以减气策及余秒,为入小雪气:即得天正十一月经朔入大、小雪气日及余秒。求弦、望及后朔入气,以弦策累加之,满气策及余秒去之,即得[1]2579。

朔、弦、望时刻到其前一个气时刻时间的计算方法相同,因此历法用统一术文描述。根据术文,可得天正经朔入气日及余为 $r_s(0)$(单位为日)

$$r_s(0) = \begin{cases} t/24 - r, r < t/24, \text{入大雪气} \\ t/12 - r, r \geqslant t/24, \text{入小雪气} \end{cases} \quad (3-1)$$

天正经朔后第 n 个朔的入气日(单位为日)则为

$$r_s(n) = r_s(0) + nu - k \cdot t/24 \quad (3-2)$$

式中,k 即表示入大(小)雪后的气数;$t = T/A$ 为回归年长度(A 为《崇天历》枢法,即一日的日分数),$t/24$ 即为气策;r 就是术文中的"天正闰日及余",它是"天正闰余"以日为单位的表示。"天正闰余"的计算在"步气朔"中的"推天正十一月经朔"中给出,其术文称

置天正冬至气积分，朔实去之，不尽为闰余……[1]2569

则天正闰日及余 r 为 $r \equiv N_n t (\mathrm{mod}\, u)$，而 U 表示朔实，$u = U/A$ 则表示朔策，即朔望月长度。如果求望入气，只需加入望策，弦入气，累加弦策，然后适当减去气策，即得。

根据上述公式，在 ToRichan 类里面添加方法 Tf_GetJingsrq，具体代码如下。

```
'* * * * * * * * * * * * * * * * * * * * * * * * * *
'程序 02 - FF - 03:求经朔入气
'* * * * * * * * * * * * * * * * * * * * * * * * * *
Public Function Tf_GetJingsrq(ByVal jinian As Double, ByVal qishi As Double, ByVal shuoshi As
Double, ByVal qice As Double, ByVal swx As Double, ByVal nextswx As Double, ByRef ruqi As TbJieQi)
As Double
    Dim dzqjf As Double : Dim tzry As Double
    Dim nextrq As Double : Dim xiance As Double
    Dim zzheng As Double : Dim ifdx As Boolean
    xiance = shuoshi / 4 : dzqjf = jinian * qishi
    tzry = Int(dzqjf / shuoshi) : tzry = dzqjf - tzry * shuoshi
    zzheng = qice - tzry
    If zzheng > 0 Or zzheng = 0 Then
        nextrq = zzheng : ifdx = True
    Else
        nextrq = 2 * qice - tzry : ifdx = False
    End If
    nextrq + = shuoshi * nextswx : nextrq + = xiance * swx
    zzheng = Int(nextrq / qice) : ruqi = (zzheng) Mod 24
    If ifdx = False Then ruqi - = 1 : If ruqi < 1 Then ruqi + = 24
    Tf_GetJingsrq = nextrq - zzheng * qice
End Function
```

"入气朒朒定数"是具体朔望时刻的太阳修正数，具体术文为

求经朔弦望入气朒朒定数：各以所入气小余乘其日损益率，如枢法而一，即得[1]2580。

r_s 不足一日的日分数就是入气小余，记为 ε，则入气朒朒定数（单位为日分）为

$$\Delta_s = y_s([r_s]) + \varphi_s([r_s]) \cdot \frac{\varepsilon}{A} \qquad (3-3)$$

式中，[ ] 表示取整；y_s 和 φ_s 分别是所入气某日的朒朒积和损益率，①计算时查每日日躔数据得到。根据上述公式，在 ToRichan 类里面添加方法 Tf_Getswxtnds，具体代码如下。

———————————

① 历法中的"朒朒积"是由日躔表（或月离表）中的"盈缩分"（月离表中的"转定分"）除以太阳（或月亮）的平均速度得到的。"盈缩分"（或"转定分"）就是太阳或月亮的中心差，表示某时刻太阳（或月亮）偏离平均位置的数值。而"损益率"则是相邻两气（或两日）"朒朒积"的差值。

```
'* * * * * * * * * * * * * * * * * * * * * * * * * * * * *
'程序 02－FF－04:求经朔望弦入气跳内定数
'* * * * * * * * * * * * * * * * * * * * * * * * * * * * *
Public Function Tf_Getswxtnds(ByVal swxrq As Double, ByVal rifa As Double, ByVal suiyl As
Double, ByVal tnj As Double) As Double
    Dim sylc As Double
    sylc = swxrq － Int(swxrq / rifa) * rifa
    sylc = suiyl * sylc / rifa
    Tf_Getswxtnds = tnj + sylc
End Function
```

二、月亮改正项计算法

《崇天历》在步月离部分给出月亮位置及月亮运动不均匀性对朔闰交食五星会合等计算的影响。历法中称这个影响数值为"入转脁朒定数"。历法先求出天正经朔时到其之前最近一个远地点的距离,即历法术文中的"经朔入转"。历法术文称

> 推天正十一月经朔入转:置天正十一月经朔积分,以转周分秒去之,不尽,以枢法除之为日,不满为余秒,命日,算外,即所求天正十一月经朔加时入转日及余秒。若以朔差日及余秒加之,满转周日及余秒去之,即次日加时入转。
>
> 求弦望入转:因天正十一月经朔加时入转日及余秒,以弦策累加之,去命如前,即上弦、望及下弦加时入转日及余秒[1]2585。

相比入气日,入转日不用计算近点月的数量,其算法相对简单,可以直接计算天正朔后第 n 个朔入转日 r_m,计算公式如下[2]

$$N_n t － r + nu \equiv (r_m － 1)(\mathrm{mod}\, g) \tag{3-4}$$

式中,$g = G/A$ 为转周日,即近点月常数,G 则是转周分。公式计算结果单位为日。如果求望入转,只需加入望策,求弦入转,累加弦策,然后累减转周日,即得。根据上述公式,在 ToRichan 类里面添加方法 Tf_GetTzjsRz,具体代码如下。

```
'* * * * * * * * * * * * * * * * * * * * * * * * * * * * *
'程序 03－FF－01:求天正经朔入转,次经朔望弦入转
'* * * * * * * * * * * * * * * * * * * * * * * * * * * * *
Public Function Tf_GetTzjsRz(ByVal jinian As Double, ByVal jishi As Double, ByVal rifa As
Double, ByVal shuoshi As Double, ByVal nextshuo As Double) As Double
    Dim jsjifen As Double
    Dim fenzi As Double ; Dim tzzheng As Double
    tzzheng = Int(jinian * jishi / shuoshi) * shuoshi        '朔积分
```

```
        jsjifen = Int(tzzheng / Me. tcZhuanzf) * Me. tcZhuanzf      '转积分
        fenzi = tzzheng - jsjifen
        jsjifen = fenzi + shuoshi * nextshuo
        tzzheng = Int(jsjifen / Me. tcZhuanzf)
        fenzi = jsjifen - tzzheng * Me. tcZhuanzf
        Tf_GetTzjsRz = fenzi
End Function
```

具体朔望时刻的月亮修正数在历法中称为"入转朒朓定数"，具体术文为

　　　求朔弦望入转朒朓定数：置所入转余，乘其日损益率，枢法而一，所得，以损益其下朒朓积为定数。其四七日下余如初数下，以初率乘之，初数而一，以损益朒朓[积]为定数。若初数已上者，以初数减之，余乘末率，末数而一，用减初率，馀加朒朓[积]，各为定数。其十四日下余若在初数已上者，初数减之，余乘末率，末数而一，为朒[朓]定数[1]2588-2589。

r_m 不足一日的日分数就是入转余，记为 ε，则入转朒朓定数（单位为日分）为

$$\Delta_m = y_m([r_m]) + \varphi_m([r_m]) \cdot \frac{\varepsilon}{A} \qquad (3-5)$$

式中，y_m 和 φ_m 分别是所入转某日的朒朓积和损益率，可以直接查月离表得到。由于月亮的损益率的正负号在入转日七日和二十一日前后会发生变化，朒朓积在十四日和二十八日前后也会发生变化，因此入转日为上述日数时，上述公式不再适用，历法给出特殊日期的算法。根据术文，其计算公式为

$$\Delta_m = \begin{cases} -y_m([r_m]) - \dfrac{初率}{初数} \cdot \varepsilon, & [r_m]=7,14,21,28 \text{ 且 } \varepsilon < 初数 \\ -y_m([r_m]) + (初率 - \dfrac{\varepsilon-初数}{末数} \cdot 末率), & [r_m]=7,21 \text{ 且 } \varepsilon \geqslant 初数 \\ -\dfrac{\varepsilon-初数}{末数} \cdot 末率, & [r_m]=14 \text{ 且 } \varepsilon \geqslant 初数 \end{cases} \qquad (3-6)$$

根据上述公式，在 ToYueli 类里面添加方法 Tf_ GetSwxRztnds，具体代码如下。

```
'* * * * * * * * * * * * * * * * * * * * * * * * * * * * * *
'程序 03-FF-02:求次经朔望弦朓朒定数
'* * * * * * * * * * * * * * * * * * * * * * * * * * * * * *
Public Function Tf_GetSwxRztnds(ByVal swxrz As Double, ByVal syl As Double, ByVal tnj As Double, ByVal chusun As Double, ByVal mosun As Double, ByVal rifa As Double) As Double
    Dim tnds As Double
    Dim zzheng As Double : Dim yyu As Double
    zzheng = Int(swxrz / rifa) + 1
    yyu = swxrz - (zzheng - 1) * rifa
```

```
        If zzheng = 21 Then
            If yyu < Me. tceychu Or yyu = Me. tceychu Then
                tnds = chusun * yyu / Me. tceychu : tnds = tnj + tnds
          Else
                tnds = mosun * (yyu - Me. tceychu)
                tnds = chusun + tnds / Me. tceymo : tnds = tnj + tnds
            End If
        ElseIf zzheng = 14 Then
            If yyu < Me. tcsschu Or yyu = Me. tcsschu Then
                tnds = chusun * yyu / Me. tcsschu : tnds = tnj + tnds
            Else
                tnds = mosun * (yyu - Me. tcsschu) : tnds / = Me. tcssmo
            End If
        ElseIf zzheng = 7 Then
            If yyu > Me. tcqichu Or yyu = Me. tcqichu Then
                tnds = mosun * (yyu - Me. tcqichu)
                tnds = chusun + tnds / Me. tcqimo : tnds = tnj + tnds
            Else
                tnds = chusun * yyu / Me. tcqichu : tnds = tnj + tnds
            End If
        ElseIf zzheng = 28 Then
            tnds = syl * yyu / Me. tcebchu : tnds = tnj + tnds
        Else
            tnds = syl * yyu / rifa : tnds = tnj + tnds
        End If
        Tf_GetSwxRztnds = tnds
End Function
```

三、定朔的计算

定朔是日月真黄经相同的时刻,《崇天历》的定朔推算方法是先求出日月平黄经相同的时刻,然后加入太阳和月亮的不均匀运动对定朔时间的修正。历法称平黄经相同时刻为"经朔",其推算方法在"步气朔"部分给出,术文为

推天正十一月经朔:置天正冬至气积分,朔实去之,不尽为闰余;以减天正冬至气积分,为天正十一月经朔加时积分;满旬周去之,不尽,以枢法约之为大余,不满为小余。大余命甲子,算外,即所求年天正十一月经朔日辰及余。

求弦望及次朔经日:置天正十一月经朔大、小余,以弦策累加之,去命如前,即各弦、望及次朔经日及余秒[1]2569-2570。

先计算天正经朔，根据术文，计算公式为

$$\begin{cases} N_n t \equiv r(\bmod u) \\ T_p \equiv (N_n t - r)(\bmod 60) \end{cases} \qquad [3] \qquad (3-7)$$

公式计算结果单位为日，r 为天正闰日及余，T_p 即天正经朔时刻。求天正经朔后某朔，则累加朔策，某望或弦，则累加望策或弦策，满 60 日则减去 60，结果即所求。于是可得求任意月份平朔的程序代码，在 ToQishuo 类里面添加方法 Gettzjs，具体代码如下。

```
'* * * * * * * * * * * * * * * * * * * * * * * *
'程序 01-FF-03.1:任意年月平朔时刻计算法
'* * * * * * * * * * * * * * * * * * * * * * * *
Public Function Gettzjs(ByVal jinian As Double, ByVal nextshuo As Double) As Double
    Dim tcXuzhou As Double: Dim tcQijifen As Double    '定义旬周和气积分
    Dim jzb As Double
    Dim jishid As Double : Dim jiniand As Double
    jishid = tcJishi : jiniand = jinian
    tcXuzhou = tcJifa * tcRifa                                    '计算气积分
    jiniand = Int(jiniand * jishid / tcShuoshi) * tcShuoshi
    tcQijifen = jiniand + tcShuoshi * nextshuo    '计算天正经朔加时积分
    jiniand = Int(tcQijifen / tcXuzhou)
    jzb = jiniand * tcXuzhou : jzb = tcQijifen - jzb            '计算不满
    Gettzjs = jzb
End Function
```

《崇天历》在"步月离"部分给出定朔算法，称为"求朔望定日"，术文为

　　求朔望定日：各以入气、入转朏朒定数朏减朒加经朔、弦、望小余，满若不足，进退大余，命甲子，算外，各得定日及余[1]2589。

这个算法相对简单，设 T_r 为定朔时刻（单位为日），即术文中的"朔定日"，则其计算公式为

$$T_r = T_p + (\Delta_s + \Delta_m)/A \qquad (3-8)$$

程序设计时，直接以平朔时刻的日分数入算，得到定朔时刻的日分数，需要得到定朔日的干支数，则再除以枢法即可。在 ToYueLi 类里面添加方法 Tf_GetSwxDr，具体代码如下。

```
'* * * * * * * * * * * * * * * * * * * * * * * * * * * * * *
'程序 03-FF-03:求定朔望弦定日
'* * * * * * * * * * * * * * * * * * * * * * * * * * * * * *
Public Function Tf_GetSwxDr(ByVal jswx As Double, ByVal rqtnds As Double, ByVal rztnds As Double, ByVal rifa As Double, ByVal jifa As Double) As Double
```

```
        Dim zj As Double
        zj = jswx + rqtnds + rztnds
        If zj < 0 Then
            zj += rifa * jifa
        ElseIf zj > rifa * jifa Or zj = rifa * jifa Then
            zj -= rifa * jifa
        End If
        Tf_GetSwxDr = zj
End Function
```

第二节 每日昼夜长度与视差计算

日食计算中,最复杂的就是计算月亮视差对日食食分和食甚时刻的影响。影响视差的因素除去地理纬度和日月半径外,最主要的因素是太阳黄经和时角。《崇天历》设计了相应的算法。这些算法分别表现在视差对食甚时刻影响的时差算法和视差对食分影响的食差算法上。《崇天历》视差计算中,与太阳黄经相关的一个入算量是半昼分,即一日白昼时间一半的日分数,因此历法先要给出每日昼夜长度的算法。

一、昼夜长度计算

《崇天历》在"步晷漏"部分中给出求每日昼夜长度算法。昼夜长度以"消息定数"为变量,这个量的具体推算术文如下。

> 求每日消息定数:以所入气日及[余]加其气下中积,[满二至限去之,]一象已下,自相乘;已上者,用减二至限,余亦自相乘,皆五因之,进二位,以消息法除之,为消息常数;副置常数,用减五百二十九半,余乘其副,以二千三百五十除之,加于常数,为消息定数。冬至后为消,夏至后为息[1]2596。

"气中积"是某气初到冬至时刻的时间,即 $n \cdot t/24$,加入所入气日及余得到所给时刻到冬至的时间,设为 x^*,即 $x^* = r_s + n \cdot t/24$。如果 r_s 为某朔入气,则数值 x^* 在历法中一般称为"朔中积"。历法将这个时间转化为距离最近的二至时刻的时间 x(单位为日),其求法如下。

$$x = \begin{cases} x^*, x^* \leqslant t/4 \\ t/2 - x^*, t/4 < x^* \leqslant t/2 \\ x^* - t/2, t/2 < x^* \leqslant 3t/2 \\ t - x^*, 3t/2 < x^* \leqslant t \end{cases} \tag{3-9}$$

由于历法没有明确给出某气气中积的算法,因此需要补充这个算法,并给出代码,在 ToQishuo 类里面添加方法 Tf_GetQizj,具体代码如下。

```
'* * * * * * * * * * * * * * * * * * *
'程序 01 - FF - 04:求气中积,冬至时刻到某气的距离
'* * * * * * * * * * * * * * * * * * *
Public Function Tf_GetQizj(ByVal jieqi As TbJieQi) As Double
    Dim dfs As Double : Dim jq As Double
    jq = CDbl(jieqi) : dfs = Me.tcJishi / 24 * jq
    Tf_GetQizj = dfs
End Function
```

历法以 x 为入算变量,得到消息定数 ζ(单位为日分),根据术文,其具体计算公式如下。

$$\zeta = \frac{500x^2}{7873} + \left(\frac{A}{20} - \frac{500x^2}{7873}\right)\frac{500x^2}{7873}\frac{1}{2350}^{[4]} \qquad (3-10)$$

公式中 $A/20$ 就是术文中的 529.5,ζ 的结果是有正负号区分的,取法是冬至后取负号,夏至后取正号。根据上述公式,在 ToGuiLou 类中添加方法 Tf_GetXiaoxdsctl,具体代码如下。

```
'* * * * * * * * * * * * * * * * * * * * * *
'程序 04 - FF - 01:求每日消息定数(崇天历),rerx 表示入二至限,dsxy 表示定朔小余,rifa 表示
《崇天历》恒法,xiaoxifa 为《崇天历》常数 7873
'* * * * * * * * * * * * * * * * * * * *
Public Function Tf_GetXiaoxdsctl(ByVal rezx As Double, ByVal dsxy As Double, ByVal rifa As
Double, ByVal xiaoxifa As Double) As Double
    Dim wzrerx As Double
    Dim zhongjian As Double : Dim zhengfu As Boolean
    wzrerx = rezx - dsxy / rifa + 0.5
    If wzrerx < 0 Then wzrerx += Me.tcErZx * 2
    If wzrerx > Me.tcErZx * 2 Or wzrerx = Me.tcErZx * 2 Then wzrerx - = Me.tcErZx
    If wzrerx > Me.tcErZx Then' 判断正负号
        wzrerx - = Me.tcErZx : zhengfu = True      ' 夏至后为正
    Else
        zhengfu = False                            ' 冬至后为负
    End If
    If wzrerx > Me.tcErZx / 2 Then
        wzrerx = Me.tcErZx - wzrerx
    End If
    zhongjian = wzrerx * wzrerx * 500 / xiaoxifa
    zhongjian += (rifa / 20 - zhongjian) * zhongjian / (2350 / 10590 * rifa)
    If zhengfu = False Then
        Tf_GetXiaoxdsctl = -1 * zhongjian
```

```
        Else
            Tf_GetXiaoxdsctl = zhongjian
        End If
End Function
```

接下来历法给出每日晨昏分、日出分、日入分和半昼分的求法，术文称

求每日晨昏分日出入分及半昼分：以每日消息定数，春分后加一千八百五十三少，秋分后减二千九百一十二少，各为每日晨分；用减枢法，为昏分。以昏明余数加晨分，为日出分；减昏分，为日入分；以日出分减半法，为［半］昼分[1]2596。

《崇天历》昏明余数 264.75 为其枢法的 1/40，术文中 1853.25 为枢法的 7/40，2912.25 为枢法的 11/40，于是，根据术文，每日半昼分 d（单位为日分）计算公式可以表示为

$$d=\begin{cases} 0.3A-\zeta & \text{春分后} \\ 0.2A+\zeta & \text{秋分后} \end{cases} \tag{3-11}$$

因上述所求量均可以由日出分求出，为了简化程序代码，仅在 ToGuiLou 类里面添加日出分的计算方法 Tf_GetMrrcf2，其余相关量在具体推算中直接编写代码。

```
'* * * * * * * * * * * * * * * * * * * * * * * *
'程序 04-FF-02.1:求每日日出分(《崇天历》等)
'* * * * * * * * * * * * * * * * * * * * * * * *
Public Function Tf_GetMrrcf2(ByVal xiaoxids As Double, ByVal canshu1 As Double, ByVal
canshu2 As Double, ByVal chenfen As Double, ByVal chuqiu As TbJieQi) As Double
        If chuqiu > 6 And chuqiu < 19 Then
            Tf_GetMrrcf2 = xiaoxids + canshu1 + chenfen
        Else
            Tf_GetMrrcf2 = canshu2 - xiaoxids + chenfen
        End If
End Function
```

二、时差算法

食甚是每次合朔时日月的最近距离时刻，月亮视差对食甚时刻影响的时间差为时差。《崇天历》的时差仅仅是时角的函数，而没有考虑太阳黄经，其算法术文：

求食定余：置定朔小余，如半法以下［，］覆（加）［减］[5]半法，余为午前分；已上，减去半法，余为午后分。置午前、后分于上，列半法于下，以上减下，以下乘上，午前以三万一千七百七十除[1]2630，午后以一万（三）［五］[5]千八百八十五除

之,各为时差。午前以减、午后以加定朔小余,各为食定小余。以时差加午前、后分,为午前、后定分[1]2604。

半法指枢法的一半,即 $A/2$。设 T_r 表示定朔时刻,ε 表示其不足一日的日分数,即定朔小余,则时差(单位为日分)可由下面公式计算得到①

$$\Delta_h = \begin{cases} \dfrac{1}{3A}\left(\dfrac{A}{2}-\varepsilon\right)\varepsilon, \varepsilon \leqslant 0.5A \\[2mm] \dfrac{2}{3A}\left(\dfrac{A}{2}-\varepsilon\right)(\varepsilon-A), \varepsilon > 0.5A \end{cases}^{[6]} \qquad (3-12)$$

式中,$A/2-\varepsilon$ 和 $\varepsilon-A/2$ 分别为午前分和午后分,Δ_h 在午前一定为负,午后一定为正。术文实际计算结果是食定小余,即食甚时刻不足一日的部分。设食甚时刻为 T_e(单位为日),则有

$$T_e = T_r + \Delta_h/A \qquad (3-13)$$

$T_e A - [T_e]A$ 就是食甚定余。本段术文还得到了后面食差算法中要使用的一个变量——午前、后定分,即食甚时刻距离正午的时间(单位为日分),其计算法为

$$\omega = |\varepsilon + \Delta_h - 0.5A|^{[7]116-117;[8]595} \qquad (3-14)$$

由于在后面的推算中不再使用时差,因此求时差和求食甚定余的代码编写在一起,在 ToJiaoshi 类里面添加方法 Tf_GetShishenDyctl,具体代码如下。

```
'* * * * * * * * * * * * * * * * * * * * * * * * * * * * * * * * * * * *
'程序 05-FF-04.1:交食算法之日食甚定余(崇天历)
'jsxy:经朔小余,rifa:恒法,jinming:返回日食时是否进退日期,qianhoufen:午前后分,qianhou:
返回是午前分还是午后分,shichamtl:返回时差数值。
'* * * * * * * * * * * * * * * * * * * * * * * * * * * * * * * * * * * *
Public Function Tf_GetShishenDyctl(ByVal jsxy As Double, ByVal rifa As Double, ByRef jinming
As Integer, ByRef qianhoufen As Double, ByRef qianhou As Boolean, ByRef shichamtl As Double)
As Double
        Dim zhongjian As Double: Dim shishenfy As Double        '食甚泛余
        If jsxy < 0.5 * rifa Or jsxy = 0.5 * rifa Then        '经朔在午前的算法
            shishenfy = 0.5 * rifa - jsxy
            zhongjian = shishenfy * (0.5 * rifa - shishenfy) / (3 * rifa)
            shichamtl = -1 * zhongjian
            qianhoufen = shishenfy + zhongjian
            zhongjian = jsxy - zhongjian : qianhou = True
        Else                            '经朔在午前的算法
            shishenfy = jsxy - 0.5 * rifa
            zhongjian = shishenfy * (0.5 * rifa - shishenfy) / (1.5 * rifa)
```

_____

① 这个公式是根据推算术文列出并经过一定的代数推导得到的,其形式和运算顺序和直接得到的公式会略有不同,但所表达意义和计算结果相同。本文下面所得公式也是这样得到的。

```
                shichamtl = zhongjian ; qianhoufen = shishenfy + zhongjian

                zhongjian = jsxy + zhongjian ; qianhou = False

        End If

        If zhongjian > rifa Then

                zhongjian - = rifa ; jinming = 1

        ElseIf zhongjian < 0 Then

                zhongjian + = rifa ; jinming = - 1

        Else

                jinming = 0

        End If

        Tf_GetShishenDyctl = zhongjian

End Function
```

三、食差算法

月亮视差对日食食分大小的影响除了时差以外,还有气差和刻差,后面这两种差值一般被中国古代历法称为食差(或蚀差)。除半昼分外,另一个与太阳黄经相关变量在《崇天历》中称为"朔中积",即合朔时刻到冬至时刻的时间。无论是气差还是刻差,它们都与朔中积相关。"朔中积"的求法在求消息定数中已经给出了,就是 $x^* = r_s + nt/24$。《崇天历》没有明确朔中积是定朔中积还是经朔中积,按算理应该是定朔中积,定朔中积等于经朔中积加日月改正项。具体计算时,需要将前面 x^* 算式中的 r_s 改成定朔入气,即 $r_s + (\Delta_s + \Delta_m)/A$。《崇天历》没有给出定朔入气的推算术文,我们需要补充这个算法。在 ToJiaoshi 类里面添加定朔入气计算方法 Tf_GetShishenRq[①],代码如下。

```
'* * * * * * * * * * * * * * * * * * * * * * * * * * * * * * * * * * * *
'程序 05 - FF - 06.1:交食算法之日食甚入气
'* * * * * * * * * * * * * * * * * * * * * * * * * * * * * * * * * * * *
Public Function Tf_GetShishenRq(ByVal tzjs As Double, ByVal shishenxy As Double, ByVal jsrqry
As Double, ByVal qice As Double, ByVal rifa As Double, ByVal jinming As Integer, ByRef ruqi As
TbJieQi) As Double

Dim dfs As Double ; Dim jsxy As Double

        jsxy = tzjs - Int(tzjs / rifa) * rifa

        dfs = jsxy - jinming * rifa

        dfs = shishenxy - dfs ; dfs = jsrqry + dfs

        If dfs < 0 Then
```

---

① 这个代码是根据《纪元历》食甚入气算法编写的,因两者计算方法相同,故只是入算变量不同。在求定朔入气时,入算变量为定朔小余和经朔入气日及余,而作为食甚入气使用时入算变量为食甚小余和经朔入气。食甚入气将在第四章中讨论。

```
            ruqi - = 1 : dfs + = qice
      End If
      If dfs > qice Or dfs = qice Then
            ruqi + = 1 : dfs - = qice
      End If
      If ruqi < 0 Or ruqi = 0 Then ruqi + = 24
      If ruqi > 24 Then ruqi - = 24
      Tf_GetShishenRq = dfs
End Function
```

根据"朔中积"，历法给出气差算法，术文有

> 求气差：置其朔中积，满二至限去之，余在一象以下为在初；已上，覆减二至限，余为在末；皆自相乘，进二位，满二百三十六除之，用减三千五百三十（三）①，为气差；以乘距午定分，半昼分而一，所得，以减气差，为定数。春分后，交初以减，交中以加；秋分后，交初以加，交中以减[1]2604。

历法将朔中积转化为合朔到最近的二至时刻的时间，记为 x，且规定，合朔在最近的二至后，称在初，在二至前，称在末。其求法与第一节消息定数算法中 x 的求法相同。

术文中 3530 正好是枢法的三分之一，$300a^2/A = 236.19$，$2a = 182.62$ 日是二至限[7]99-100;[8]595;[9]，于是气差（单位为日分）计算公式为

$$\Delta_q = \pm \frac{A}{3}(1-\frac{x^2}{a^2})(1-\frac{\omega}{d}) \qquad (3-15)$$

公式中正负号的取法见表 3-1[10]。这样，在 ToJiaoshi 类里面添加方法 Tf_GetQichaDs，用以计算气差，具体代码如下。

表 3-1　《崇天历》气差符号取法

月亮位置	冬至-春分	春分-夏至	夏至-秋分	秋分-冬至
交初	+	−	−	+
交中	−	+	+	−

```
'* * * * * * * * * * * * * * * * * * * * * * * * * * * * * * * *
'程序 05-FF-08:交食算法之气差,ShishenRxjd:朔日行积度, rifa:恒法, qianhouf:午前后分,
banzhouf:半昼分, xiangxian:象限, chuzhong:交初还是交中
'* * * * * * * * * * * * * * * * * * * * * * * * * * * * * * * *
Public Function Tf_GetQichaDs (ByVal ShishenRxjd As Double, ByVal rifa As Double, ByVal
qianhouf As Double, ByVal banzhouf As Double, ByVal xiangxian As Double, ByVal chuzhong As
Boolean) As Double
```

----

① 3530 正好是枢法的三分之一，$300a^2/A = 236.19$，也正是术文中的常数 236，故改之。

```
Dim qicha As Double
Dim chacha As Double ; Dim xxs As Integer
If ShishenRxjd < 2 * xiangxian And ShishenRxjd > xiangxian Or ShishenRxjd = 2 *
xiangxian Then
    xxs = 2 ; chacha = 2 * xiangxian - ShishenRxjd        '日行积度在第二象限
ElseIf ShishenRxjd < 3 * xiangxian And ShishenRxjd > 2 * xiangxian Then
    xxs = 3 ; chacha = ShishenRxjd - 2 * xiangxian        '日行积度在第三象限
ElseIf ShishenRxjd < 4 * xiangxian And ShishenRxjd > 3 * xiangxian Or ShishenRxjd =
3 * xiangxian Or ShishenRxjd = 4 * xiangxian Then
    xxs = 4 ; chacha = 4 * xiangxian - ShishenRxjd        '日行积度在第四象限
Else
    xxs = 1 ; chacha = ShishenRxjd                        '日行积度在第一象限
End If                                                    '得到气差
    qicha = rifa / 3 * (1 - (chacha * chacha) / (xiangxian * xiangxian))
If xxs = 2 Or xxs = 3 Then
    If chuzhong = True Then
        Tf_GetQichaDs = -1 * (qicha - qicha * qianhouf / banzhouf)
    Else
        Tf_GetQichaDs = (qicha - qicha * qianhouf / banzhouf)
    End If
ElseIf xxs = 4 Or xxs = 1 Then
    If chuzhong = True Then
        Tf_GetQichaDs = (qicha - qicha * qianhouf / banzhouf)
    Else
        Tf_GetQichaDs = -1 * (qicha - qicha * qianhouf / banzhouf)
    End If
End If
End Function
```

关于刻差,《崇天历》的术文为

　　求刻差:置其朔中积,满二至限去之,余[置于上][5],列二至限于下,以上减下,余以乘上,进二位,满二百三十六除之,为刻差;以乘距午定分,四因之,枢法而一,为定数。冬至后食甚在午前,夏至后食甚在午后(。)[,]交初以加,交中以减。冬至后食甚在午后,夏至后食甚在午前(。)[,]交初以减,交中以加[1]2604。①

先将朔中积 x^* 转化为距离其前一个二至点的时间差,设为 x(单位为日),计算式为

$$x = \begin{cases} x^* , x^* \leqslant t/2 \\ x^* - t/2 , t/2 < x^* \leqslant t \end{cases} \tag{3-16}$$

---

　　① 术文给出刻差的符号的选择,都应该为小字,前面是食甚位置,后面是符号取法。

根据术文，《崇天历》刻差算法计算公式为[7]100；[8]595；[9]

$$\Delta_k = \pm \frac{4}{3}\frac{(2a-x)x}{a^2}\omega \qquad (3-17)$$

公式中正负号的取法见表 3-2，计算结果的单位为日分。

表 3-2 《崇天历》刻差符号取法

时间		冬至—春分	春分—夏至	夏至—秋分	秋分—冬至
午前	交初	+	+	−	−
	交中	−	−	+	+
午后	交初	−	−	+	+
	交中	+	+	−	−

这样，在 ToJiaoshi 类里面添加方法 Tf_GetKechaDs，用以计算刻差，具体代码如下。

```
'* * * * * * * * * * * * * * * * * * * * * * * * * * * * * * * * * * * *
'程序 05-FF-09:交食算法之刻差。
'ShishenRxjd:朔日行积度，xiangxian:象限，qianhouf:午前后分，banzhouf:半昼分，rifa:恒法，
dongxia:返回是冬至后还是夏至后，qianhou:判断午前还是午后 chuzhong:是交初还是交中
'* * * * * * * * * * * * * * * * * * * * * * * * * * * * * * * * * * * *
Public Function Tf_GetKechaDs(ByVal ShishenRxjd As Double, ByVal xiangxian As Double, ByVal
qianhouf As Double, ByVal banzhouf As Double, ByVal rifa As Double, ByRef dongxia As Boolean,
ByVal qianhou As Boolean, ByVal chuzhong As Boolean) As Double
    Dim kecha As Double
    If ShishenRxjd > 2 * xiangxian Then    '日行积度在夏至后
        kecha = ShishenRxjd - 2 * xiangxian : dongxia = False
    Else      '日行积度在冬至后
        kecha = ShishenRxjd : dongxia = True
    End If
    kecha = (2 * xiangxian - kecha) * kecha / (xiangxian * xiangxian)    '得到刻差
    If qianhouf > 0.25 * rifa Then
        kecha = 2 * kecha * rifa / 3 - kecha * 4 * qianhouf / 3
    Else
        kecha = kecha * 4 * qianhouf / 3
    End If
    If dongxia = True Then    '根据午前午后和交初交中给出刻差符号
        If qianhou = True Then
            If chuzhong = True Then
                Tf_GetKechaDs = kecha
            Else
                Tf_GetKechaDs = -1 * kecha
```

```
                End If
            Else
                If chuzhong = True Then
                    Tf_GetKechaDs = -1 * kecha
                Else
                    Tf_GetKechaDs = kecha
                End If
            End If
        Else
            If qianhou = True Then
                If chuzhong = True Then
                    Tf_GetKechaDs = -1 * kecha
                Else
                    Tf_GetKechaDs = kecha
                End If
            Else
                If chuzhong = True Then
                    Tf_GetKechaDs = kecha
                Else
                    Tf_GetKechaDs = -1 * kecha
                End If
            End If
        End If
    End If
End Function
```

第三节　日食食甚、食分与起讫推算

中国古代推算日食的最终结果是日食食甚的时刻、食分的大小、日食开始和结束的时刻、日食所食的方位变化等。本节主要讨论《崇天历》如何最终推算得到这些结果。

一、食甚时刻计算法

食甚就是日食食分最大的时刻,《崇天历》在日食时差算法中已经给出其计算方法,可参照本章第二节。那里面得到的是食定小余,要得到最终以辰刻表示的结果,还要进行换算。《崇天历》术文称

> 求日月食甚辰刻:置食定小余,以辰法除之为辰数,不满,进一位,刻法除之为刻,不满为刻分。其辰数命子正,算外,即食甚辰、刻及分[1]2604。

因《崇天历》刻法为枢法的十分之一,则其辰刻转化关系式为

$$\begin{cases} 辰数 = \left[\dfrac{食甚小余}{辰法}\right] \\ 刻数 = \dfrac{10 \times (食甚小余 - 辰数 \times 辰法)}{刻法} \end{cases} \qquad (3-18)$$

这样，根据换算关系，在 ToJiaoshi 类里面添加方法 Tf_GetShishenCk，具体代码如下。

```
'* * * * * * * * * * * * * * * * * * * * * * * * * * * * * * * * *
'程序 05 - FF - 04.3:交食算法之日食甚辰刻
'* * * * * * * * * * * * * * * * * * * * * * * * * * * * * * * * *
Public Function Tf_GetShishenCk(ByVal ShishenDy As Double, ByVal chenfa As Double, ByVal kefa
As Double) As ToDaifenshu
    Dim keshu As Double ; Dim chenshu As Double
    Dim dfs As New ToDaifenshu
    chenshu = Int(ShishenDy / chenfa)
    keshu = Int((ShishenDy - chenshu * chenfa) / kefa)
    dfs.zheng = chenshu + 1 ; dfs.fa = keshu
    dfs.yu = ShishenDy - chenshu * chenfa - keshu * kefa
    Tf_GetShishenCk = dfs
End Function
```

二、入交定日算法

相比食甚的推算，食分的计算要复杂得多。《崇天历》称合朔时月亮到交点的距离为"入交定日"，它的计算分为"求经朔加时入交""求入交常日"和"求入交定日"三步。"经朔加时入交"即合朔时月亮到交点的大概距离。术文称

推天正十一月经朔加时入交：置天正十一月朔积分，以交终分秒去之，不尽，满枢法为日，不满为余秒，即天正经朔加时入交泛日及余秒。

求次朔及望入交：因天正经朔加时入交泛日及余秒，求次朔，以朔差日及余秒加之；求望，以望策及余秒加之。满交终日及余秒皆去之，即次朔及望加时所入[1]2602。

与入转日及余的计算方法类似，根据术文，可以直接计算天正朔后第 n 个朔的入交泛日 r_j（单位为日），计算公式如下

$$N_n t - r + nu \equiv r_j (\bmod j) \qquad (3-19)$$

式中，$N_n t - r$ 为朔积分；$j = J/A$ 为交终日，即近点月常数；J 则是交终分。如果求望入交，只需加入望策，求弦入交，累加弦策，然后累减交终日，即得。当然，历法给出在求天正朔后面的朔入交时，还可以不用累加朔策，因朔策大于交终日，并且还要减去交终日，那么，直接累加朔策与交终日的差值（术文中的朔差日）即可。

在代码编写中，为了后面计算的协调，入交泛日的结果采用日分，而没有必要转化为日。于是，在 ToJiaoshi 类里面添加方法 Tf_GetTzjsRujiaoF，具体代码如下。

```
'* * * * * * * * * * * * * * * * * * * * * * * * * * * * * * * * * * *
'程序 05-FF-01.1:交食算法之入交泛日,包括求任意月份入交日
'* * * * * * * * * * * * * * * * * * * * * * * * * * * * * * * * * * *
Public Function Tf_GetTzjsRujiaoF(ByVal tzjsjifen As Double, ByVal nextshuo As Double, ByVal
shuoshi As Double) As Double
    Dim fenzi As Double : Dim tzzheng As Double
    Dim xsy As Integer : Dim zsy As Double
    zsy = Int(Me.tcJiaozhongf) : xsy = (Me.tcJiaozhongf - zsy) * 10000
    fenzi = tzjsjifen + shuoshi * nextshuo
    tzzheng = Int(fenzi / Me.tcJiaozhongf)
    fenzi -= tzzheng * zsy
    zsy = xsy / 10000
    fenzi -= tzzheng * zsy
    Tf_GetTzjsRujiaoF = fenzi
End Function
```

入交泛日加入太阳改正项可得入交常日，再加入与月亮改正和交食周期有关的调整，所得为入交定日。《崇天历》的术文称

求朔望加时入交常日：置经朔、望入交泛日及余秒，以其朔、望入气朒朓定数朒减朓加之，即朔、望入交常日及余秒。

求朔望加时入交定日：置其朔、望入转朓朒定数，以交率乘之，如交数而一，所得，以朒减朓加入交常日余，满若不足，进退其日，即朔、望加时入交定日及余秒[1]2603。

根据术文，入交定日 r_e（单位为日）的计算公式为[11]

$$r_e = r_j + \frac{\Delta_m}{A} + \frac{\Delta_m}{A} \cdot \frac{m_0}{n_0} \qquad (3-20)$$

式中，m_0 和 n_0 分别为术文中的交率和交数。需要注意，当计算结果大于交终日（或小于0）时要减去交终日（或加上交终日）保证入交定日大于零且小于交终日。代码编写时，与入交泛日的计算类似，其结果单位采用日分，而非日。同时，入交常日和入交定日分别计算。于是，在 ToJiaoshi 类里面添加方法 Tf_GetShuoJsrjcr 和 Tf_GetSWrjdr，代码如下。

```
'* * * * * * * * * * * * * * * * * * * * * * * * * * * * * * * * * * *
'程序 05-FF-02:交食算法之朔加时入交常日
'* * * * * * * * * * * * * * * * * * * * * * * * * * * * * * * * * * *
Public Function Tf_GetShuoJsrjcr(ByVal TzjsRujiaoF As Double, ByVal ruqitnds As Double)
```

```
As Double
        Dim dfs As Double
        dfs = TzjsRujiaoF : dfs + = ruqitnds
        If dfs < 0 Then
            dfs + = Me.tcJiaozhongf
        ElseIf dfs > Me.tcJiaozhongf Or dfs = Me.tcJiaozhongf Then
            dfs - = Me.tcJiaozhongf
        End If
        Tf_GetShuoJsrjcr = dfs
    End Function


    '* * * * * * * * * * * * * * * * * * * * * * * * * * * * * * * * * * *
    '程序 05 - FF - 03:交食算法之求望入交定日(崇天历朔入交定日)
    '* * * * * * * * * * * * * * * * * * * * * * * * * * * * * * * * * * *
    Public Function Tf_GetSWrjdr(ByVal Wrjcr As Double, ByVal rztnds As Double) As Double
        Dim zj As Double
        zj = Wrjcr + rztnds * Me.tcJiaolv / Me.tcJiaoshu
        If zj < 0 Then
            zj + = tcJiaozhongf
        ElseIf zj > tcJiaozhongf Or zj = tcJiaozhongf Then
            zj - = tcJiaozhongf
        End If
        Tf_GetWangrjdr = zj
    End Function
```

三、食限算法

"入交定日"只是真月亮到真交点的距离，但由于视差的存在，还需要将入交定日进一步修正，得到视月亮到黄白交点的距离。当这个距离小于某个数值时，才有可能发生日食，这个值就是日食的食限。历法先修正入交定日，然后据此判断是否入食限，当入食限时才计算食分。《崇天历》求日入食限术文称

> 求日入食限：置入交定日及余秒，以气、刻、时三差定数各加减之，如中日及余秒以下为不食；已上者，减去中日及余秒，如后限以下、前限已上为入食限；后限以下为交后分；前限以上覆减中日，余为交前[1]2630 分[1]2604-2605。

实际上，根据前面几个公式的关系，视差修正后的月亮到交点的距离 r^*（单位为日）就是在入交泛日上加入太阳改正、月亮改正、交点退行改正、时差改正和食差改正而得到的，即

$$r^* = r_j + (\Delta_m + \Delta_m \cdot \frac{m_0}{n_0} + \Delta_k + \Delta_q)\frac{1}{A} \qquad (3-21)$$

当然，如果计算结果大于交终日，则要减去交终日，使之在一个交点月内。

《崇天历》根据 r^* 的情况判断是否入食限。如果在中日（半个交点月）以下，则不会有日食发生，即视月亮在黄道南侧，无日食。如果在中日以上，则减去交中，所得结果在后限以下或者在前限以上，称为入食限，即所得结果在距离最近交点附近的不偏食限内才有可能发生日食。具体判断如下：

$$\begin{cases} r^* < j/2,\text{无日食} \\ r^* \geqslant j/2, \begin{cases} l_1 < r^* - j/2 < l_2,\text{无日食} \\ r^* - j/2 \geqslant l_2,\text{或 } r^* - j/2 \leqslant l_1,\text{入食限} \end{cases} \end{cases} \quad (3-22)$$

式中，l_1 和 l_2 分别为《崇天历》日食的后限和前限。r^* 经过与交中相减，将视月亮的位置转换为距离最近交点的距离 P（单位为日分），这个距离称为交前后分[8]593-594。交前后分计算式为

$$P = \begin{cases} Ar^*,r^* - j/2 \geqslant l_2,\text{交后分} \\ A(j/2 - r^*),r^* - j/2 \leqslant l_1,\text{交前分} \end{cases} \quad (3-23)$$

编写代码时，在判断是否入食限的同时计算出来交前后分，于是，在 ToJiaoshi 类里面添加方法 Tf_GetRsrxjQhfctl，具体代码如下。

```
'* * * * * * * * * * * * * * * * * * * * * * * * * * * * * * * * * *
'程序 05-FF-11.1:交食算法之日食入食限交前后分(崇天历)。
'rjdr 是进行气刻时三差修正的入交定日,调用时的赋值需要加入这些修正。
'* * * * * * * * * * * * * * * * * * * * * * * * * * * * * * * * * *
Public Function Tf_GetRsrxjQhfctl(ByVal rjdr As Double, ByVal rifa As Double, ByVal qianxian
As Double, ByVal houxian As Double, ByRef yinyang As Boolean, ByRef ifjiaoshi As Boolean)
As Double
    Dim jbf As Double : Dim rjry As Double
    jbf = tcJiaozhongf / 2
    If rjdr < jbf Then
        ifjiaoshi = False : Exit Function
    Else
        rjry = rjdr - jbf
    End If
    If rjry < qianxian Or rjry = qianxian Then
        ifjiaoshi = True
    ElseIf rjry > houxian Or rjry = houxian Then
        ifjiaoshi = True : rjry = jbf - rjry
    Else
        ifjiaoshi = False
    End If
    Tf_GetRsrxjQhfctl = rjry
End Function
```

四、食分算法

《崇天历》是以真交点作为食分计算标准的[12]。其术文称

求日食分：置入交前后分，如阳历食限以下者为阳历食定分；已上者，覆减一万一千二百，余为阴历食定分；不足减者，不食。各如阴阳历定法而一，为食之大分，不尽，退除为小分，半已上为半强，半以下为半弱。命大分以十为限，得日食之分[1]2605。

《崇天历》将交前后分根据阴阳历食限进一步分为阴阳历食定分。此处的食限是日食的必偏食限。事实上，交前后分只有在此限之下才有日食，而前面食限算法中给出的在不偏食限以下也不一定有日食。因此，术文中称"不足减者，不食"。又阴阳历定法是其对应食限的十分之一，由此可得日食的食分 M（单位为分）的计算公式为

$$M=\begin{cases}10P/L_1\,,P<L_1\\10(L_1+L_2-P)/L_2\,,L_1\leqslant P\leqslant L_2\end{cases} \qquad (3-24)$$

这里的 L_1 和 L_2 分别为阳历食限和阴历食限。《崇天历》阴阳历食限之和为 11200，则当 $L_1>P$ 时，P 就是阳历食定分，当 $L_1<P$ 时，L_1+L_2-P 称为阴历食定分[8]595-596。当入交前后分大于 11200 时，则不会发生日食。根据计算公式，在 ToJiaoshi 类里面添加方法 Tf_GetRishiFctl，用以计算《崇天历》日食食分，具体代码如下。

```
'* * * * * * * * * * * * * * * * * * * * * * * * * * * * * * * * * * *
'程序 05 - FF - 12.1：交食算法之日食食分（崇天历等）
'* * * * * * * * * * * * * * * * * * * * * * * * * * * * * * * * * * *
Public Function Tf_GetRishiFctl(ByVal jqhf As Double, ByRef ifjiaoshi As Boolean) As Double
    If jqhf < Me.tcRishiYang Or jqhf = Me.tcRishiYang Then
        Tf_GetRishiFctl = jqhf / Me.tcRishiYang * 10
    ElseIfjqhf < Me.tcRishiYang + Me.tcRishiYin Or jqhf = Me.tcRishiYang +
Me.tcRishiYin Then
        Tf_GetRishiFctl = (Me.tcRishiYang + Me.tcRishiYin - jqhf) / Me.tcRishiYin * 10
    Else
        ifjiaoshi = False
    End If
End Function
```

五、日食起讫算法

在中国古代日食发生和结束的时间与食甚时刻同样重要。这涉及帝王根据日食发生时间来确定何时安排一些祭祀等活动。历法中日食的初亏和复满时刻是在日食食甚时刻上减去和加上一个时间差得到的，《崇天历》称这个时间差为"定用分"，而定用分又

是通过泛用分修正得到的。历法求泛用分术文有

　　求日食泛用分[1]2630：置朔入阴阳历食定分，一百约之，在阳历者列八十四于下，在阴历者列一百四十于下，各以上减下，余以乘上，进二位，阳历以一百八十五除，阴历以五百一十四除，各为日食泛用分[1]2605。

根据术文，日食泛用分（单位为日分）计算式为

$$F = \frac{(2L - P)P}{100\alpha} \qquad (3 - 25)$$

式中，L 为阴阳历食限；α 为一常数，阴历时取 185，阳历时取 514。事实上，术文中 84 和 140 正好是阳历食限和阴历食限的 0.02 倍，而 $4200 \times 4200/(9 \times 10590) = 185.08$，$7000 \times 7000/(9 \times 10590) = 514.11$，即 $\alpha = L^2/(9A)$，由此可知术文中 185 和 514 的含义[7]152-153。

　　根据计算公式，在 ToJiaoshi 类里面添加方法 Tf_GetRishiFyfctl，具体代码如下。

```
'* * * * * * * * * * * * * * * * * * * * * * * * * * * * * * * * * * * * * *
'程序 05 - FF - 16.1：交食算法之日食泛用分（崇天历）
'* * * * * * * * * * * * * * * * * * * * * * * * * * * * * * * * * * * * * *
Public Function Tf_GetRishiFyfctl(ByVal jqhf As Double, ByVal canshu As Double, ByVal yinyang As Boolean) As Double
    If yinyang = True Then
        Tf_GetRishiFyfctl = (2 * Me.tcRishiYang - jqhf) * jqhf / (100 * canshu)
    Else
        Tf_GetRishiFyfctl = (2 * Me.tcRishiYin - jqhf) * jqhf / (100 * canshu)
    End If
End Function
```

历法求定用分的术文为

　　求日月食定用分：置日月食泛用分，以一千三百三十七乘之，以所食日转定分除之，即得所求[1]2606。

根据术文，日月食定用分 F^*（单位为日分）计算式为

$$F^* = F\frac{1337}{\beta} \qquad (3 - 26)$$

式中，β 为发生日月食食甚时刻的当日的转定分，查月离表可得。

　　根据计算公式，在 ToJiaoshi 类里面添加方法 Tf_GetDyfctl，具体代码如下。

```
'* * * * * * * * * * * * * * * * * * * * * * * * * * * * * * * * * * * * * *
'程序 05 - FF - 17.1：食算法之日月食定用分（崇天历）
'* * * * * * * * * * * * * * * * * * * * * * * * * * * * * * * * * * * * * *
```

```
Public Function Tf_GetDyfctl(ByVal fyf As Double, ByVal rzdf As Double, ByVal rifa As Double)
As Double

    Tf_GetDyf = fyf * 1337/rzdf

End Function
```

日食的亏初和复满的推算算法术文称

　　求日月食亏初复满小余：各以定用分减食甚小余，为亏初；加食甚小余，为
复满：即各得亏初、复满小余。若求时刻者，依食甚术入之[1]2606。

　　这个算法极其简单，此不赘述。计算结果单位是日分，如果需要转化为时刻，可根据
求日食食甚辰刻的算法求得。因月食除亏初和复满外还有食既和生光两个时刻，因此，
代码编写时，将它们放在一起，在ToJiaoshi类里面添加方法Tf_GetRysxy，具体代码
如下。

```
'* * * * * * * * * * * * * * * * * * * * * * * * * * * * * * * * * * *
'程序05  FF-19：交食算法之日月食延
'* * * * * * * * * * * * * * * * * * * * * * * * * * * * * * * * * * *
Public Sub Tf_GetRysxy(ByVal ssxy As Double, ByVal shixian() As Double, ByVal dyf As Double,
ByVal jnf As Double)

    ReDim shixian(5)

    shixian(0) = ssxy - dyf : shixian(1) = ssxy - jnf

    shixian(2) = ssxy

    shixian(3) = ssxy + jnf : shixian(4) = ssxy + dyf

End Sub
```

六、日食带食出入分数算法

　　事实上，即使已经确定某次合朔一定会发生日食，但地表特定位置处也不一定能见
到。如果日食初亏时已经日落或是日食复满时还没有日出，则日食不可能被观测到。此
外，如果日食食甚在日出前而复满在日出后，观测者虽能见到日食，但不能见到日食的最
大食分，此时的日出就是带食日出；同理，日落时已经初亏但还没有到食甚，此日落就是
带食日入。《崇天历》没有给出亏初在日落后和复满在日落前的判断，但给了带食出入分
数的算法。术文称

　　求日月带食出入分数：各以食定小余与日出、入分相减，余为带食差；其带食
差满定用分已上者，不带食出入也。以带食差乘所食分，满定用分而一……。各以
减所食分，即带出、入所见之分。其朔日食甚在昼者，晨为渐进之分，昏为已退之分；若
食甚在夜者，晨为已退之分，昏为渐进之分。其月食者，见此可知也[1]2606-2607。

日食带食所见分数(单位为分)计算式为

$$M^* = M - M \frac{|\varepsilon_e - d'|}{F^*} \qquad (3-27)$$

式中,$|\varepsilon_e - d'|$ 称为"带食差";ε_e 就是食定小余;d' 表示日出入分,即 $d' = 0.5A - d$ 为日出分,$d' = 0.5A + d$ 为日入分。这个算法是根据食甚和日出入分的时间差与定用分、日食分的线性关系得到的[8]597-598。公式对于食甚在日出日落前或日出日落后都同样适用,只是如果食甚在日出前,或是日落后,则本次日食不能见到食甚的食分,最大可见食分就是带食分;而食甚在日出后或是日落前,则可见食甚食分。

根据计算公式,在 ToJiaoshi 类里面添加方法 Tf_GetDsfen,具体代码如下。

```
'* * * * * * * * * * * * * * * * * * * * * * * * * * * * * * *
'程序 05-FF-20.1:交食算法之日出入带食所见分数
'* * * * * * * * * * * * * * * * * * * * * * * * * * * * * * *
Public Function Tf_GetDsfen(ByVal ssxy As Double, ByVal shifen As Double, ByVal rcrf As
Double, ByVal dyf As Double, ByVal rifa As Double) As Double
    Dim dsc As Double : Dim dsc1 As Double
    dsc = Abs(ssxy - rcrf)
    dsc1 = Abs(ssxy - rifa + rcrf)
    If dsc1 < dsc Then : dsc = dsc1
    Tf_GetDsfen = shifen - shifen * dsc / dyf
End Function
```

以上就是《崇天历》推算一次完整的日食涉及的所有算法。然而,纵观《崇天历》步交会部分中的所有推算术文,可以看到,在一次完整的日食推算中并没有使用"求定朔夜半入交""求次定朔夜半入交""求月行入阴阳历""求朔望加时月入阴阳历积度"和"求朔望加时月去黄道度"这几个算法。这几个算法的目的是求合朔时月亮的"极黄纬",如果极黄纬值在某个范围内,则可能发生日食,即入食限。但《崇天历》并没有给出基于"极黄纬"的食限数值,而是给出基于月亮黄经(入交定日)的阴阳历食限。这样,这几段术文在实际推算过程中是不起作用的。可见,《崇天历》的算法还是不够优化。值得注意的是,自《乾象历》开始,很多历法的日食推算过程都有月亮极黄纬算法,但都没有给出相应的判断入食限的标准[2]。

第四节 月食食甚、食分与起讫推算

由于不用考虑月亮视差对其食甚和食分的影响,因此相比较日食,月食的计算要简单得多。《崇天历》在计算月食食甚和食分时没有进行视差的修正计算,其选择是正确的。本节主要讨论《崇天历》的月食食甚、食分和食延的计算方法,并对其核心算法给出程序代码。

一、月食食甚算法

《崇天历》没有对定望时刻做任何处理，认为月食的食甚时刻就是定望时刻，其术文称

其月食，直以定望小余便为食定小余[1]2604。

定望时刻是平望时刻加入气和入转朒朒定数得到，其计算方法与定朔算法相同，相关术文和算法、代码可参见本章第一节。平望的计算与平朔计算基本相同，但需要加入望策，本节补充计算平望的代码，在 ToQishuo 类里面添加方法 Tf_GetWang，具体代码如下。

```
'* * * * * * * * * * * * * * * * * * * * * * * *
'程序 01－FF－03.2：任意年月平望时刻计算法
'* * * * * * * * * * * * * * * * * * * * * * *
Public Function Tf_GetWang(ByVal jinian As Double, ByVal nextshuo As Double) As Double
    Dim tcXuzhou As Double: Dim tcQijifen As Double        '定义旬周，定义气积分
    Dim jzb As Double
    Dim jishid As Double : Dim jiniand As Double
    jishid = tcJishi : jiniand = jinian
    tcXuzhou = tcJifa * tcRifa : tcQijifen = jiniand * jishid        '计算气积分
    jiniand = Int(tcQijifen / tcShuoshi)
    '天正经朔加时积分
    tcQijifen = tcShuoshi * jiniand + tcShuoshi * nextshuo + tcShuoshi / 2
    jiniand = Int(tcQijifen / tcXuzhou)
    jzb = jiniand * tcXuzhou : jzb = tcQijifen - jzb        '计算不满
    Tf_GetWang = jzb
End Function
```

二、月食食限和食分算法

由于月食推算不需要考虑视差，因此真月亮到交点的距离只要小于某个数值就可以入食限，这个数值即历法里面的后限和前限，为月食的或限。《崇天历》日食和月食的或限采用相同数值。在判断是否入食限前，历法先将入交定日转化为月亮到其前面最近一个交点的距离，称为"月行入阴阳历"，其术文称

求月行入阴阳历：视其朔、望入交定日及余秒，在中日及余秒以下者为月在阳历；如中日及余秒已上者，减去之，为月在阴历。凡入交定日，阳初阴末为交初，阴初阳末为交中[1]2603。

根据术文,月行入阴阳历 r^*(单位为日)的推算公式为

$$r^* = \begin{cases} r_e, r_e \leqslant j/2, \text{阳历} \\ r_e - j/2, r_e > j/2, \text{阴历} \end{cases} \tag{3-28}$$

在 ToJiaoshi 类里面添加方法 Tf_GetYxrYyl,具体代码如下。

```
'* * * * * * * * * * * * * * * * * * * * * * * * * * * * * * * * * *
'程序 05-FF-13:交食算法之求月行入阴阳历
'* * * * * * * * * * * * * * * * * * * * * * * * * * * * * * * * * *
Public Function Tf_GetYxrYyl(ByVal rjdr As Double, ByRef yinyang As Boolean) As Double
    Dim dfs As Double : Dim jibr As Double
    jibr = Me.tcJiaozhongf / 2
    If rjdr > jibr Then
        dfs = rjdr - jibr : yinyang = False
    Else
        dfs = rjdr : yinyang = True
    End If
    Tf_GetYxrYyl = dfs
End Function
```

《崇天历》的"月入食限"算法实际上是将月行入阴阳历进一步划分,转化为月亮到其最近一个交点的距离,然后再判断是否在或限内,并将入限的结果转化为以日分为单位的交前后分,其术文称

  求月入食限:视月入阴阳历日及余,如后限以下为交后分[1]2631;前限已上覆减中日,为交前分[1]2605。

根据术文,月食交前后分(单位为日分)计算式为

$$P = \begin{cases} Ar^*, r^* \leqslant l_1, \text{交后分} \\ A(j/2 - r^*), r^*A \geqslant l_2, \text{交前分} \end{cases} \qquad {}^{[8]596} \tag{3-29}$$

《崇天历》根据交前后分直接计算月食食分,具体术文如下。

  求月食分:置交前后分,如三千二百以下者,食既;已上,用减一万二百,不足减者不食;余以七百除之为大分,不尽,退除为小分,小分半已上为半强,半已下为半弱。命大分以十为限,得月食之分[1]2605。

根据术文,月食食分(单位为分)计算式为

$$M = \begin{cases} \text{食既}, P < L_0 \\ 10 \cdot \dfrac{L-P}{L-L_0}, L_0 \leqslant P \leqslant L \end{cases} \tag{3-30}$$

式中,L 是《崇天历》必偏食限,即术文中的 10200,而 L_0 则为其必全食限,即术文中的

3200,700 则是 L 与 $L_\circ$ 差值的十分之一。当交前后小于必全食限食，发生月全食。

　　由于月食或偏食限一定大于其必偏食限，因此食分最终计算只与必偏食限有关，为了简化程序，直接在入食限中使用必偏食限，判断有无月食，有则再进行食分计算，而不需要再进行二次判断。这样，在 ToJiaoshi 类里面添加方法 Tf_GetYuesrxjQhf 和 Tf_GetYueshiF，用来推算月食交前后分和月食分，具体代码如下。

```
'* * * * * * * * * * * * * * * * * * * * * * * * * * * * * * * * * * * * *
'程序 05 - FF - 14:交食算法之月食入食限交前后分
'* * * * * * * * * * * * * * * * * * * * * * * * * * * * * * * * * * * * *
Public Function Tf_GetYuesrxjQhf(ByVal yxryyl As Double, ByVal rifa As Double, ByVal qianhou
As Boolean, ByRef ifjiaoshi As Boolean) As Double
        Dim dfs As Double
        Dim rjrz As Double : Dim rjry As Double
        rjrz = Int(yxryyl / rifa)
        rjry = yxryyl - rjrz * rifa
        If rjrz = 0 Then
            qianhou = False
            If rjry < Me.tcYueshiX Then
                ifjiaoshi = True : Tf_GetYuesrxjQhf = rjry
            Else
                ifjiaoshi = False
            End If
        Else
            dfs = Me.tcJiaozhongf / 2 - yxryyl
            rjrz = Int(dfs / rifa) : rjry = dfs - rjrz * rifa
            If rjrz = 0 Then
                qianhou = True
                If rjry < Me.tcYueshiX Then
                    ifjiaoshi = True : Tf_GetYuesrxjQhf = rjry
                Else
                    ifjiaoshi = False
                End If
            End If
        End If
End Function


'* * * * * * * * * * * * * * * * * * * * * * * * * * * * * * * * * * * * *
'程序 05 - FF - 15:交食算法之月食食分
'* * * * * * * * * * * * * * * * * * * * * * * * * * * * * * * * * * * * *
Public Function Tf_GetYueshiF(ByVal jqhf As Double, ByVal canshu As Double) As Double
```

```
    If jqhf < canshu Then
        Tf_GetYueshiF = 15
    Else
        Tf_GetYueshiF = 10 * (Me.tcYueshiX - jqhf) / (Me.tcYueshiX - canshu)
    End If
End Function
```

三、月食五限的计算

月食交食的过程包括亏初、食既、食甚、生光和复满五个时间点,中国古代历法称之为"月食五限",最早记录在《崇天历》中。《崇天历》认为初亏到食甚与食甚到复满的时间相等,而食既到食甚与食甚到生光的时间也相等。这样,历法为了得到月食五限,只需计算两个时间差即可。与日食算法类似,初亏到食甚的时间为定用分,同样由泛用分得来。月食泛用分推算术文为

> 求月食泛用分:置望入交前后分,退一等,自相乘,交初以九百三十五除,交中以一千一百五十六除之,得数用减刻率,交初以一千一百一十二为刻率,交中以九百为刻率。各得所求[1]2605。

因 $10590 \times 8.5/100 = 900.15$,$10590 \times 10.5/100 = 1111.95$,知泛用分的最大值为交初 10.5 刻;交中 8.5 刻。而 $10200 \times 10200/10.5/10590 = 935.56$,$10200 \times 10200/8.5/10590 = 1155.81$,$L = 10200$ 为历法的月食食限,$A = 10590$ 是枢法,这样,月食泛用分(单位为日分)计算式为

$$F = \frac{Ak}{100}(1 - \frac{P^2}{L^2}) \tag{3-31}$$

式中,k 在交初取 10.5,在交中取 8.5。根据公式,在 ToJiaoshi 类里面添加月食泛用分的方法 Tf_GetYueshiFyfctl,具体代码如下。

```
'*****************************************
'程序 05-FF-16.2:交食算法之月食泛用分(崇天历)
'*****************************************
Public Function Tf_GetYueshiFyfctl(ByVal jqhf As Double, ByVal rifa As Double, ByVal chuzhong As Boolean) As Double
    Dim canshu As Double : Dim kefa As Double
    canshu = Me.tcYueshiX * Me.tcYueshiX
    If chuzhong = True Then
        kefa = rifa / 100 * 10.5
        canshu /= kefa
    Else
```

```
        kefa = rifa / 100 * 8.5
        canshu /= kefa
    End If
    Tf_GetYueshiFyfctl = kefa - (jqhf * jqhf) / (canshu)
End Function
```

月食定用分的计算方法与日食的一样，历法也将术文放在一起，统称为"求日月食定用分"。定用分相关计算及程序代码参见本章第三节。

历法将月食食既到食甚的时间称为既内刻分，初亏到食既的时间称为既外刻分，当然，只要求出其中一个，另外一个就可以由定用分减去这个得到。历法术文称

> 求月食既内外刻分：置月食交前、后分，覆减三千二百，不及减者，为食下既。一百约之，列六十四于下，以上减下，余以乘上，进二位，交初以（□）〔二〕[1]2631 百九十三除，交中以三百六十（五）〔二〕[5] 除，所得，以定用分乘之，如泛用分而一，为月食既内刻分；覆减定用分，即既外刻分[1]2606。

术文是先求既内分，并指出只有当交前后分小于 3200 时，才发生月全食，需要计算既内外刻分，否则称为"食下既"，月食既内刻（单位为日分）计算式为

$$F_i = \frac{L_0^2 - P^2}{100\alpha} \cdot \frac{F^*}{F} \qquad (3-32)$$

式中，α 在交初取 292，在交中取 365；F^* 和 F 分别为定用分和泛用分。既外分（单位为日分）的计算公式则为

$$F_o = F^* - F_i \qquad (3-33)$$

根据公式，在 ToJiaoshi 类里面添加月食既内外刻分的方法 Tf_GetYueshiJnfctl 和 Tf_GetYueshiJwf，具体代码如下。

```
'* * * * * * * * * * * * * * * * * * * * * * * * * * * * * * * *
'程序 05-FF-18.1:交食算法之月食既内分
'* * * * * * * * * * * * * * * * * * * * * * * * * * * * * * * *
Public Function Tf_GetYueshiJnfctl(ByVal jqhf As Double, ByVal canshu As Double, ByVal dingyf As Double, ByVal fanyf As Double) As Double
    Tf_GetYueshiJnf = ((canshu * canshu - jqhf * jqhf) / canshu2) * dingyf/fanyf
End Function


'* * * * * * * * * * * * * * * * * * * * * * * * * * * * * * * *
'程序 05-FF-18.2:交食算法之月食既外分
'* * * * * * * * * * * * * * * * * * * * * * * * * * * * * * * *
Public Function Tf_GetYueshiJwf(ByVal dyf As Double, ByVal jnf As Double) As Double
    Tf_GetYueshiJwf = dyf - jnf
End Function
```

《崇天历》没有明确给出求月食食既和生光时刻的术文,但这个算法非常简单,可能历法省略了。月食亏初和复原的算法与日食的相同,历法一并给出。需要指出的是,在月食五限计算中,如果减法运算出现结果为负值,则要加上枢法再相减,结果的日期提前一日;如果相加的结果大于枢法,则结果数值减去枢法,结果的日期推后一日。

四、月食带食出入分数算法

与日食类似,即使已经确定某次望一定会发生月食,但我们也不一定能见到。如果月食初亏时已经日出或是复满时还没有日落,即由于白昼,月食不可见。而如果日出时刻正好发生在月食的过程中,就是月食带食日出,日落时刻正好在月食发生的过程中,则为月食带食日入。当带食日出在食甚前或带食日入在食甚后,实际上我们都见不到月食的最大食分。《崇天历》没有给出亏初在日出后和复满在日落前的判断,但给了带食出入分数的算法,这个算法与日食带食所见分数算法相同,具体术文和程序代码参见本章第三节。

上面的描述仅对于月偏食适用,由于月全食从食既到生光的时间相对长些,因此地影完全遮挡月面就要在食既时刻起算而不是食甚时刻。同时即使月食食甚时刻在白昼,但如果食既在日出前或者生光在日入后,我们仍然能见到月全食,此时称为带食既出入。《崇天历》在日月食带食出入所见分数的小字部分给出月全食时带食出入算法,术文称

若月食既者,以既内刻分减带食差,余[乘]所食分,以既外刻分而一,不及减者,为带食既出入也[1]2607。

设月全食食既的食分为10,则月全食带食出入分数算法为

$$M^* = 10 \cdot (1 - \frac{|\varepsilon_e - d'| - F_j}{F_o}) \qquad (3-34)$$

公式中,如果 $|\varepsilon_e - d'| < F_j$ 则为带食既出入。根据公式,在 ToJiaoshi 类里面添加月食既带食出入分数的方法 Tf_GetYsjdsfen,具体代码如下。

```
'* * * * * * * * * * * * * * * * * * * * * * * * * * * * * * * * * * * *
'程序 05-FF-20.2:交食算法之月食既带食出入所见分数
'* * * * * * * * * * * * * * * * * * * * * * * * * * * * * * * * * * * *
Public Function Tf_GetYsjdsfen(ByVal ssxy As Double, ByVal jnf As Double, ByVal rcrf As
Double, ByVal dyf As Double, ByVal rifa As Double) As Double
    Dim dsc As Double : Dim dsc1 As Double
    dsc = Abs(ssxy - rcrf)
    dsc1 = Abs(ssxy - rifa + rcrf)
    If dsc1 < dsc Then : dsc = dsc1
    Tf_GetYsjdsfen = 10 - 10 * (dsc - jnf) / (dyf - jnf)
End Function
```

第五节　天圣二年日食计算的模拟

前面几节，我们把《崇天历》推算日食和月食的核心算法都梳理出来了，并编制了计算机程序。接下来，为了更清楚地展现《崇天历》推算日食的全过程，同时为历法推算程序的测试提供实例，本节将给出一个《崇天历》推算日食的算例。宋史载，"是年五月丁亥朔，日食不效，（崇天）算食二分半，候之不食[1]2626"。这是在推算宋仁宗天圣二年（1024 年）五月朔的日食情况，使用当时行用的历法《崇天历》推算，得到该朔将发生日食，食分是二分半，但实际上，历官们当天并没有见到日食的发生。本节将复原本次历官使用《崇天历》推算日食的过程。

一、求定朔时刻

《崇天历》记载："历法日演纪上元甲子，距天圣二年甲子，岁积九千七百五十五万六千三百四十[1]2568。"而所求年刚好为天圣二年，则 $N_{1024}=97556340$。《崇天历》朔策 $u=29\frac{5619}{10590}=\frac{312729}{10590}$，岁周为 3867940，天圣二年（1024 年）没有闰月，则五月朔是冬至后第 6 个朔，$m=6$。首先要计算经朔时刻，根据式（3-7），可以得到

$$\begin{cases} 97556340\times\frac{3867940}{10590}\equiv\frac{16149}{10590}\ (\mathrm{mod}\ \frac{312729}{10590}) \\ 97556340\times\frac{3867940}{10590}+\frac{6\times312729}{10590}-\frac{16149}{10590}\equiv23\frac{8655}{10590}\ (\mathrm{mod}60) \end{cases}$$

式中，$r=\frac{16149}{10590}$，天正闰余是 16149 日分，$T_p=23\frac{8655}{10590}$。查枚举类，23 为丁亥日，于是算得天圣二年五月经朔是丁亥日余 8655 日分[1]。

《崇天历》一个气的长度为 $\frac{t}{24}=\frac{161164.1667}{10590}$，大于天正闰日及余，将其代入式（3-1）得

$$r_s(0)=\frac{161164.1667}{10590}-\frac{16149}{10590}=\frac{145015.1667}{10590}$$

天正经朔入大雪气。代入式（3-2），天正经朔后第 6 个朔的入气日则为

$$r_s(6)=\frac{145015.1667}{10590}+6\times\frac{312729}{10590}-12\times\frac{161164.1667}{10590}=8+\frac{2699.1667}{10590}$$

因 $k=12$，可知本次合朔入芒种气，入气日及余是 8 日余 2699.1667 日分，查找已经计算好的每一天的日躔数据，得到芒种气第 8 日损益率 $y_s(8)=293$，朒朒积 $\varphi_s(8)=-38$。代入式（3-3），得本朔入气朒朒定数是

$$\Delta_s=293+\frac{-38\times2699.1667}{10590}=283.3146$$

---

① 上元是甲子年，算外，则计算结果的整数部分为 0，是甲子年，依次类推，整数部分为 59，是癸亥年。

《崇天历》转周日 $g=\dfrac{291803.0594}{10590}=27\dfrac{5873.0594}{10590}$ 将有关数据代入入转日计算式 (3-4),得

$$97556340\times\dfrac{3867940}{10590}-\dfrac{16149}{10590}+6\times\dfrac{312729}{10590}\equiv21+\dfrac{553.8311}{16900}\ (\mathrm{mod}\ \dfrac{291803.0594}{10590})$$

式中,$r_m-1=22+\dfrac{553.8311}{16900}$,于是天圣二年五月朔入转日是 22 日,入转余是 553.8311 日分。查月离表得 22 日损益率为 $y_m(22)=-159$,朒朓积 $\varphi_m(22)=4186$。由此根据式 (3-5)得入转朒朓定数为

$$\Delta_m=-4186+\dfrac{159\times553.8311}{10590}=-4177.6847$$

根据式(3-8)得本次定朔时刻为

$$T_m=23\dfrac{8655}{10590}+\dfrac{283.3146-4177.6847}{10590}=23+\dfrac{4760.6299}{10590}$$

即天圣二年五月定朔是丁亥日 4760.6299 日分。

二、时差及食甚时刻的计算

天圣二年五月定朔小余 $\varepsilon=4760.6299<0.5A=5295$,则将其代入式(3-12)第 2 算式得时差

$$\Delta_h=\dfrac{(5295-4760.6299)\times4760.6299}{3\times10590}=-80.0736$$

根据式(3-13)得

$$T_e=23+\dfrac{4760.6299}{10590}-\dfrac{80.0736}{10590}=23+\dfrac{4680.5563}{10590}$$

即本次合朔食甚时刻是 4680.5563 日分,表示成现代时间则是 10 时 36.45 分。由于食甚在午前,根据式(3-14)得午前分是 $\omega=5295-4760.6299+80.0736=614.4437$ 日分。

三、食差修正计算

关于天圣二年的这次日食的食差,先计算消息定数与半昼分。本次合朔的朔中积是

$$x^*=8+\dfrac{2699.1667}{10590}+(12-1)\times\dfrac{161164.1667}{10590}=175+\dfrac{6975}{10590}$$

但这个数值为经朔中积,要求得定朔中积就要加入入气和入转朒朓定数,于是代入式(3-9)

$$175+\dfrac{6975}{10590}+\dfrac{283.3146-4177.6847}{10590}=175.2909$$

于是定朔中积是 $x'=175.2909$,朔中积大于一象 91.31,$x=182.62-175.2909=7.3291$,属于入二至中的"在末",代入式(3-10),得消息定数为

$$\zeta=\dfrac{500\times7.3291^2}{7873}+(\dfrac{10590}{20}-\dfrac{500\times7.3291^2}{7873})\times\dfrac{500\times7.3291^2}{7873}\times\dfrac{1}{2350}=4.1751$$

本朔在春分后,根据式(3-11),合朔所在日半昼分为

$$d = 0.3 \times 10590 - 4.1751 = 3172.8249$$

将相关数据代入式（3-15）和式（3-16），求得本次日食的气差和刻差。其计算过程是

$$\Delta_q = -\left(3530 - \frac{100 \times 7.3291^2}{236}\right)\left(1 - \frac{614.4437}{3172.8249}\right) = -2828.0481$$

$$\Delta_k = \frac{400}{236} \times (182 - 175.2909) \times 175.2909 \times \frac{614.4437}{10590} = 126.2392$$

由于合朔时是在降交点附近，是为交初，在春分后夏至前，食甚在午前，气差取负值，刻差取正值。

四、日食的食限与食分

天圣二年五月朔积分是 $97556340 \times 3867940 - 16149 + 6 \times 312729 = 377342071599825$，代入式（3-19），得

$$\frac{377342071599825}{10590} \equiv \frac{280984.1320}{10590} \left(\mathrm{mod}\ \frac{288177.4277}{10590}\right)$$

可知，本次合朔入交泛日 r_j 是 $26 + \frac{5644.4277}{10590}$。

根据式（3-20）和式（3-21），结合前面已经求得的 $\Delta_s = 283.3146$ 和 $\Delta_m = -4177.6847$，可以求得本次合朔入交定日是

$$r_e = \frac{280984.1320}{10590} + \frac{283.3146}{10590} - \frac{4177.6847}{10590} \times \frac{141}{1796} = \frac{280939.4658}{10590}$$

根据式（3-22），天圣二年五月朔的月入食限是

$$r^* = \frac{280939.4658}{10590} + \frac{-2828.0481 + 126.2392 - 80.0736}{10590} = \frac{278157.5833}{10590}$$

交中日的日分数是 144088.71385，比 r^* 要小，减去交中分得 134068.8694，该值在前限 131812.9277 以上，因此，本次合朔入食限。最后，上数值与交中分相减得交前分

$$P = 144088.71385 - 134068.8694 = 10019.8445 \text{ 日分}。$$

天圣二年五月朔的这次日食的交前分 $P = 10019.8445 > L_1 = 4200$，而 $P < L_1 + L_2 = 11200$，则将其代入式（3-24）的第2个算式，得本次日食食分是

$$M = \frac{11200 - 10019.8445}{700} = 1.6859$$

按照古代历法家的记载习惯，本次日食食分是一分半。经天文软件计算，1024年6月9日（即天圣二年五月丁亥），地球确实通过月亮本影区，当天有日环食发生，但在中国范围内却不可见[13]。史载"候之不食"是完全正确的。而记载的"算食二分半"，与本书复原的结果一分半有差异。《宋史》仁宗本纪并没有记载这次不食事件，在《宋史》天文志中有"天圣二年五月丁亥朔，日当食不食[14]"。《续资治通鉴》和《续资治通鉴长编》也分别记载"五月，丁亥，司天监言日当食不食。宰相奉表称贺"和"五月丁亥朔，司天监言日当食。已而不食，中书奉表称贺[15-16]"。而这几处记载都没有记录历法推算的具体食分大小。《崇天历》系元代修宋史所抄录，亦有可能误将"一"字错写为"二"字，至于是否应将宋史

记载改为"一分半",还需要发掘更多的史料来佐证。

五、日食初亏复满计算

天圣二年五月朔入转日是 22 日,日食与朔同日,则查月离表 22 日,转定分是 1377,其阴历定分是 11200−10019.8445=1180.1555,代入式(3−25),得日食的定用分

$$F=\frac{(2\times7000-1180.1555)\times1180.1555}{100\times514}\frac{1337}{1377}=285.7961$$

进而得到本次日食初亏时刻是丁亥日 4394.7602 日分,合 9 时 58 分,复满时刻是丁亥日 4966.3524 日分,合 11 时 15 分。

第六节 《崇天历》日食和月食推算的程序设计

第一节到第四节我们给出了《崇天历》日食和月食推算的核心算法,本节将把这些算法串联和统一,形成一个计算程序。我们分别编写 Tf_GetYueshictl 和 Tf_GetRishictl 两个过程函数来计算《崇天历》的月食和日食,在 frm_callrtx 窗体下面实现。

一、入气、入转朓朒定数的程序代码

由于第二章中的程序中已经求得了历法的积年,因此日食和月食程序的输入变量只有积年和冬至后的合朔数两个参数。日食和月食计算都需要朔望时刻的入气和入转朓朒定数,这需计算入气日和入转日,还涉及读取每日日躔和月离数据。于是我们为入气和入转朓朒定数单独编写函数 Getrqtnds 和 Getrztnds。这两个函数以积年和月份为变量,得到入气和入转朓朒定数数值,Getrqtnds 的代码如下。

```
'* * * * * * * * * * * * * * * * * * * * * * * * * * * * * *
'程序 00 − FF − 02.1:入气朓朒定数。(宋代历法中,朓朒与朓朒相同)
'* * * * * * * * * * * * * * * * * * * * * * * * * * * * * *
Private Function Getrqtnds(ByVal jinian As Double, ByVal months As Double) As Double
    Dim dfsrq As Double : Dim zhongjian As Double
    Dim syl As Double : Dim tnj As Double
    Dim ruqi As New TbJieQi
    dfsrq = rc. Tf_GetJingsrq(jinian, qs. tcJishi, qs. tcShuoshi, qs. tcJishi / 24, 0, months, ruqi)
    lrtxrec. tcJsrq = dfsrq : lrtxrec. tcRuqi = ruqi
    If ruqi > 24 Then ruqi − = 24
    zhongjian = Int(dfsrq / qs. tcRifa)
    syl = Val(Mid(richanbiao((ruqi − 1) * 4 + 3), (zhongjian) * 18 + 1, 18))
    tnj = Val(Mid(richanbiao((ruqi − 1) * 4 + 1), (zhongjian) * 18 + 1, 18))
    Getrqtnds = rc. Tf_Getswxtnds(dfsrq, qs. tcRifa, syl, tnj)
    lrtxrec. tcRuqitnds = Getrqtnds
```

```
End Function
```

Getrztnds 的具体代码如下所示。

```
'* * * * * * * * * * * * * * * * * * * * * * * * * * * *
'程序 00－FF－03.1：入转朒朏定数
'* * * * * * * * * * * * * * * * * * * * * * * * * * * *
Private Function Getrztnds(ByVal jinian As Double, ByVal months As Double) As Double
    Dim dfsrz As Double ; Dim zhongjian As Double
    Dim syl As Double ; Dim tnj As Double
    Dim chusun As Double ; Dim mosun As Double
    dfsrz = yl. Tf_GetTzjsRz(jinian, qs. tcJishi, qs. tcRifa, qs. tcShuoshi, months)
    lrtxrec. tcJsrz = dfsrz
    zhongjian = Int(dfsrz / qs. tcRifa) + 1        '因转日从第 1 日开始,非第 0 日开始
    Dim ylfd As New ToFindany
    If zhongjian = 7 Then
        chusun = Val(Trim(ylfd. Tf_Findd(",", 6, yuelibiao(zhongjian))))
        mosun = Val(Trim(ylfd. Tf_Findd(",", 3, yuelibiao(29))))
        tnj = Val(Trim(ylfd. Tf_Findd(",", 7, yuelibiao(zhongjian))))
    ElseIf zhongjian = 14 Then
        chusun = Val(Trim(ylfd. Tf_Findd(",", 6, yuelibiao(zhongjian))))
        mosun = Val(Trim(ylfd. Tf_Findd(",", 3, yuelibiao(30))))
        tnj = Val(Trim(ylfd. Tf_Findd(",", 7, yuelibiao(zhongjian))))
    ElseIf zhongjian = 21 Then
        chusun = Val(Trim(ylfd. Tf_Findd(",", 6, yuelibiao(zhongjian))))
        mosun = Val(Trim(ylfd. Tf_Findd(",", 3, yuelibiao(31))))
        tnj = Val(Trim(ylfd. Tf_Findd(",", 7, yuelibiao(zhongjian))))
    Else
        syl = Val(Trim(ylfd. Tf_Findd(",", 6, yuelibiao(zhongjian))))
        tnj = Val(Trim(ylfd. Tf_Findd(",", 7, yuelibiao(zhongjian))))
    End If
    Getrztnds = yl. Tf_GetSwxRztnds(dfsrz, syl, tnj, chusun, mosun, qs. tcRifa)
    lrtxrec. tcRuzhuantnds = Getrztnds
End Function
```

二、月食计算的程序代码

　　虽然《崇天历》月食的食甚时刻就是定朔时刻,但因计算月食还要计算月食的食分、起讫时刻以及判断是否有带食日出入等,所以月食的推算过程也需要单独给出计算过程 Tf_GetYueshictl。月食计算也是一个非常复杂的过程,我们将 Tf_GetYueshictl 的代码

拆分成几部分,对每一部分分别说明。Tf_GetYueshictl 的主代码如下。

```
'* * * * * * * * * * * * * * * * * * * * * * * * * * * *
'程序 00 - FF - 04.1:月食计算《崇天历》
'* * * * * * * * * * * * * * * * * * * * * * * * * * * *
Private Sub Tf_GetYueshictl(ByVal jinian As Double, ByVal months As Double)
    Dim recenum As New ToRecEnum : Dim shishenck As New ToDaifenshu
    Dim jingwang As Double : Dim jsjifen As Double
    Dim rqtnds As Double : Dim rztnds As Double
    Dim rzdf As Double : Dim syjn As Double
    Dim rjfcdr As Double : Dim jsdu As Double        '月亮度
    Dim ii As Boolean
    拆分程序 00 - FF - 04.1 - 01:计算月食食甚时刻
    拆分程序 00 - FF - 04.1 - 02:判断是否有月食发生
    Dim dingyf As Double : Dim fanyf As Double
    lslrtxrec.tcShifen = js.Tf_GetYueshiF(jsdu, js.tcYueshiJx)
    tcShifen = Format(lslrtxrec.tcShifen, "00.0000")
    fanyf = js.Tf_GetYueshiFyfctl(jsdu, qs.tcRifa, chuzhong)
    dingyf = js.Tf_GetDyfctl(fanyf, rzdf)
    lslrtxrec.tcChukui = lslrtxrec.tcShishen - dingyf
    lslrtxrec.tcFuyuan = lslrtxrec.tcShishen + dingyf
    If lslrtxrec.tcChukui < 0 Then lslrtxrec.tcChukui + = qs.tcRifa
    If lslrtxrec.tcChukui > qs.tcRifa Or lslrtxrec.tcChukui = qs.tcRifa Then lslrtxrec.
tcChukui - = qs.tcRifa
    If lslrtxrec.tcFuyuan < 0 Then lslrtxrec.tcFuyuan + = qs.tcRifa
    If lslrtxrec.tcFuyuan > qs.tcRifa Or lslrtxrec.tcFuyuan = qs.tcRifa Then lslrtxrec.
tcFuyuan - = qs.tcRifa
    tcChukui = lslrtxrec.tcChukui / qs.tcRifa * 24
    拆分程序 00 - FF - 04.1 - 03:计算月全食的食既和生光时刻
    tcFuyuan = lslrtxrec.tcFuyuan / qs.tcRifa * 24
    tc_daishi = ""
    拆分程序 00 - FF - 04.1 - 04:计算月食是否带食日出或日入
End Sub
```

拆分程序 00 - FF - 04.1 - 01,是计算月食食甚时刻,这需要计算入气和入转朏朒定数,并将相关计算结果的数据存放在临时历日天象记录 lslrtxrec 中。由于后面要用到入转定分,因此这里也直接计算定朔入转,根据入转日在月离数组中取出转定分的数值。月食计算 00 - FF - 04.1 - 01 的代码如下所示。

```
'* * * * * * * * * * * * * * * * * * * * * * * * * * * *
```

```
'拆分程序 00 - FF - 04.1 - 01:计算月食食甚时刻
'* * * * * * * * * * * * * * * * * * * * * * * * * * * * * *
    rqtnds = Getrqtnds(jinian, months + 0.5)
    rztnds = Getrztnds(jinian, months + 0.5)
    jingwang = qs. Tf_GetWang(jinian, months)
    rjfcdr + = qs. tcShuoshi / 2
    If rjfcdr > js. tcJiaozhongf Or rjfcdr = js. tcJiaozhongf Then rjfcdr - = js. tcJiaozhongf
    lslrtxrec. tcRuqitnds = rqtnds
    lslrtxrec. tcDsrz = yl. Tf_GetDswxRz(lslrtxrec. tcJsrz, rqtnds, rztnds)
    rzdf = GetAnyvalue(lslrtxrec. tcDsrz, 1, "zdf")
    jsdu = Int(rjfcdr / qs. tcRifa)
    If jsdu > 6 And jsdu < 18 Then
        chuzhong = False
    Else
        chuzhong = True
    End If
    jsdu = yl. Tf_GetSwxDr(jingwang, rqtnds, rztnds, qs. tcRifa, qs. tcJifa)    '食甚定余
    tcJsrs = Int(jsdu / qs. tcRifa) : tcjsr = recenum. Tf_RecGANZHI(tcJsrs)
    jsdu - = Int(jsdu / qs. tcRifa) * qs. tcRifa
    tcShishen = jsdu / qs. tcRifa * 24 : lslrtxrec. tcShishen = jsdu
```

拆分程序 00 - FF - 04.1 - 02 用于判断是否有月食发生。这需要计算入交泛日、常日和定日,并进一步计算月行入阴阳历和入食限交前后分。如果有月食发生则将变量 tcJiaoshi 的值赋为 True,否则赋值为 False,并退出本过程。00 - FF - 04.1 - 02 的代码如下。

```
'* * * * * * * * * * * * * * * * * * * * * * * * * * * *
'拆分程序 00 - FF - 04.1 - 02:判断是否有月食发生
'* * * * * * * * * * * * * * * * * * * * * * * * * * * * * *
    jsjifen = jinian * qs. tcJishi                        '计算气积分
    '计算天正经朔加时积分
    syjn = Int(jsjifen / qs. tcShuoshi) : jsjifen = qs. tcShuoshi * syjn
    rjfcdr = js. Tf_GetTzjsRujiaoF(jsjifen, months, qs. tcShuoshi)
    rjfcdr = js. Tf_GetShuoJsrjcr(rjfcdr, rqtnds)
    rjfcdr = js. Tf_GetWangrjdr(rjfcdr, rztnds)
    If rjfcdr < 0 Then
        rjfcdr + = js. tcJiaozhongf
    ElseIf rjfcdr > js. tcJiaozhongf Then
        rjfcdr - = js. tcJiaozhongf
    End If
```

```
rjfcdr = js. Tf_GetYxrYyl(rjfcdr, yinyang)

Dim ifJs As Boolean

jsdu = js. Tf_GetYuesrxjQhf(rjfcdr, qs. tcRifa, ii, ifJs)

If ifJs = True Then

    tcJiaoshi = True

Else

    tcJiaoshi = False : Exit Sub

End If
```

拆分程序 00 - FF - 04.1 - 03 用于计算月全食的食既和生光时刻。当所计算的食分大小大于 10 分时,需要计算食既和生光。月食计算 00 - FF - 04.1 - 03 的代码如下所示。

```
'* * * * * * * * * * * * * * * * * * * * * * * * * * * *
'拆分程序 00 - FF - 04.1 - 03:计算月全食的食既和生光时刻
'* * * * * * * * * * * * * * * * * * * * * * * * * * * *
    If tcShifen > 10 Then

        If chuzhong = True Then

            fanyf = js. Tf_GetYueshiJnfctl(jsdu, 3200, 29200, dingyf, fanyf)

        Else

            fanyf = js. Tf_GetYueshiJnfctl(jsdu, 3200, 29200, dingyf, fanyf)

        End If

        tcShiji = lslrtxrec. tcShishen - fanyf

        tcShengguang = lslrtxrec. tcShishen + fanyf

    End If
```

拆分程序 00 - FF - 04.1 - 04 用于计算月食是否带食日出或日入,并给出此时的月食食分。因判断带食,故必须知道月食发生所在日的日出和日入时刻,这样就要先求出所食之日的日出分。《崇天历》月食时刻就是定朔时刻,因此根据定朔入气算法,求得当日消息定数,从而算的日出分和日入分。当然,计算带食分时要考虑月全食时是否带食既出入。当最后算的带食分结果小于或等于 0 时,说明月食初亏在日出后或是复满在日落前,不能看到月食现象。那么在程序中,就没有必要再给出判断是否可见月食的代码。月食计算 00 - FF - 04.1 - 04 的代码如下所示。

```
'* * * * * * * * * * * * * * * * * * * * * * * * * * * *
'拆分程序 00 - FF - 04.1 - 04:计算月食是否带食日出或日入
'* * * * * * * * * * * * * * * * * * * * * * * * * * * *
    Dim ruqi As TbJieQi : Dim ruqi2 As TbJieQi

    Dim dsrqs As Double : Dim qizhongji As Double

    Dim richf As Double : Dim xiaoxds As Double
```

```
'午中入气
ruqi = lslrtxrec.tcRuqi : qizhongji = qs.Tf_GetQizj(ruqi - 1)
dsrqs = rc.Tf_GetDingSrq(lslrtxrec.tcJsrq, qs.tcRifa, qs.tcJishi, lslrtxrec.tcRuqitnds,
lslrtxrec.tcRuzhuantnds, ruqi2, ruqi)
        xiaoxds = gl.Tf_GetXiaoxdsctl((dsrqs + qizhongji) / qs.tcRifa, jsdu, qs.tcRifa, 7873)
        richf = gl.Tf_GetMrrcf2(xiaoxds, 1853.25, 2912.25, gl.tcHmf, ruqi2)
        If tcShifen > 10 Then
            If tcShiji > richf And tcShengguang < qs.tcRifa - richf Then
                tcShifen = js.Tf_GetYsjdsfen(lslrtxrec.tcShishen, tcShifen, richf, fanyf,
qs.tcRifa)
            End If
        Else
            If lslrtxrec.tcShishen > richf And lslrtxrec.tcShishen < qs.tcRifa - richf Then
                tcShifen = js.Tf_GetDsfen(lslrtxrec.tcShishen, tcShifen, richf, dingyf,
qs.tcRifa)
                tc_daishi = "带日出入分："
            End If
        End If
        If tcShifen < 0 Or tcShifen = 0 Then : tcJiaoshi = False
```

三、日食计算的程序代码

在《崇天历》所有的天象推算中，日食是最复杂的一项。使用计算机对其进行模拟的程序代码也因此相当复杂和冗长。我们将《崇天历》日食计算过程 Tf_GetRishictl 的代码拆分成几部分，对每一部分分别说明。Tf_GetRishictl 的主代码如下。

```
'* * * * * * * * * * * * * * * * * * * * * * * * *
'程序 00 - FF - 05.1：崇天历日食计算
'* * * * * * * * * * * * * * * * * * * * * * * * *
Private Sub Tf_GetRishictl(ByVal jinian As Double, ByVal months As Double)
    Dim recenum As New ToRecEnum : Dim shishenck As New ToDaifenshu
    Dim jingshuo As Double : Dim jingshuorq As Double
    Dim rqtnds As Double : Dim rztnds As Double
    Dim shcctl As Double : Dim syjn As Double
    Dim jinming As Integer : Dim jsdu As Double        '月亮度
    拆分程序 00 - FF - 06 - 01：计算日食食甚时刻
    tcShishen = jsdu / qs.tcRifa * 24 : lslrtxrec.tcShishen = jsdu
    jsdu = Int(jingshuo / qs.tcRifa) + jinming + qs.tcShangyName
    If jsdu < 1 Then jsdu + = 60 : If jsdu > 60 Then jsdu - = 60
    tcJsrs = jsdu : tcjsr = recenum.Tf_RecGANZHI(tcJsrs)
```

拆分程序 00 - FF - 05.1 - 02:计算日食发生日的半昼分

拆分程序 00 - FF - 05.1 - 03:计算日食的入交泛日、常日和定日

```
If ifJs = True Then
    tcJiaoshi = True
Else
    tcJiaoshi = False ; Exit Sub
End If
```

拆分程序 00 - FF - 05.1 - 04:计算日食的食分、泛用分和定用分

```
lslrtxrec.tcChukui = lslrtxrec.tcShishen - shifen
lslrtxrec.tcFuyuan = lslrtxrec.tcShishen + shifen
tcChukui = lslrtxrec.tcChukui / qs.tcRifa * 24
tcFuyuan = lslrtxrec.tcFuyuan / qs.tcRifa * 24
```

拆分程序 00 - FF - 05.1 - 05:判断带食日出或日落,计算带食分

```
End Sub
```

拆分程序 00 - FF - 05.1 - 01 用于计算日食食甚时刻,这需要计算入气和入转朒朒定数,并将相关计算结果的数据存放在临时历日天象记录 lslrtxrec 中。接下来调用 Tf_GetSwxDr 求出定朔时刻,再调用 Tf_GetShishenDyctl 求出日食食甚时刻。日食计算 00 - FF - 05.1 - 01 的代码如下所示。

```
'* * * * * * * * * * * * * * * * * * * * * * * * * *
'拆分程序 00 - FF - 06 - 01:计算日食食甚时刻
'* * * * * * * * * * * * * * * * * * * * * * * * * *
    rqtnds = Getrqtnds(jinian, months)
    rztnds = Getrztnds(jinian, months)
    jingshuo = qs.Gettzjs(jinian, months)
    lslrtxrec.tcRuqitnds = rqtnds ; lslrtxrec.tcRuzhuantnds = rztnds
    jsdu = yl.Tf_GetSwxDr(jingshuo, rqtnds, rztnds, qs.tcRifa, qs.tcJifa)    '食甚定余
    lslrtxrec.tcDingshuo = jsdu
    jsdu - = Int(jsdu / qs.tcRifa) * qs.tcRifa
    jsdu = js.Tf_GetShishenDyctl(jsdu, qs.tcRifa, jinming, qianhoufen, qianhou, shcctl)
```

拆分程序 00 - FF - 05.1 - 02,是计算日食发生日的半昼分。首先调用 Tf_GetShishenRq 求出食甚入气,然后调用 Tf_GetWzzj 和 Tf_GetXiaoxdsctl 分别求出食甚日的午中中积和消息定数,最后使用 Tf_GetMrrcf2 方法得到日出分,半日日分数减去日出分得到半昼分。日食计算 00 - FF - 05.1 - 02 的代码如下所示。

```
'* * * * * * * * * * * * * * * * * * * * * * * * * *
'拆分程序 00 - FF - 05.1 - 02:计算日食发生日的半昼分
'* * * * * * * * * * * * * * * * * * * * * * * * * *
```

```
    Dim qizhongji As Double

    Dim ruqi As TbJieQi ; Dim banzf As Double

    Dim xiaoxidingshu As Double ; Dim wzrxjd As Double

    '定朔入气

    jingshuorq = js.Tf_GetShishenRq(jingshuo, lslrtxrec.tcDingshuo - Int(lslrtxrec.
tcDingshuo / qs.tcRifa) * qs.tcRifa, lrtxrec.tcJsrq, qs.tcJishi / 24, qs.tcRifa, jinming,
lrtxrec.tcRuqi)

    ruqi = lrtxrec.tcRuqi ; qizhongji = qs.Tf_GetQizj(ruqi - 1)

    wzrxjd = gl.Tf_GetWzzj(jingshuorq, qizhongji, qs.tcRifa)

    xiaoxidingshu = gl.Tf_GetXiaoxdsctl(wzrxjd, 0, qs.tcRifa, Int(gl.tcErZx * gl.tcErZx/
4 / qs.tcRifa * 10000))

    banzf = gl.Tf_GetMrrcf2(xiaoxidingshu, qs.tcRifa * 0.175, qs.tcRifa * 0.275,
qs.tcRifa * 0.025, ruqi)

    lslrtxrec.tcRichufen = banzf

    banzf = 0.5 * qs.tcRifa - banzf
```

拆分程序 00-FF-05.1-03 用于计算日食的入交泛日、常日和定日，并进一步计算入食限交前后分，判断是否有交食发生。首先调用 Tf_GetTzjsRujiaoF 求出入交泛日，并根据所得结果判断月亮在交初还是交中，再根据前面所得午前后分和半昼分，调用 Tf_GetQichaDs 和 Tf_GetKechaDs 分别求出气差和刻差，然后调用 Tf_GetShuoJsrjcr、Tf_GetWangrjdr 和 Tf_GetShuorjdr 计算入交常日、入交定日和视差修正后视月亮到交点距离，最后调用 Tf_GetRsrxjQhfctl 判断交食是否发生，并求出交前后分。日食计算 00-FF-05.1-03 的代码如下所示。

```
'* * * * * * * * * * * * * * * * * * * * * * * * * * * * *
'拆分程序 00-FF-05.1-03:计算日食的入交泛日、常日和定日
'* * * * * * * * * * * * * * * * * * * * * * * * * * * *
    Dim kecha As Double ; Dim qicha As Double

    Dim dongxia As Boolean

    Dim jsjifen As Double ; Dim rjfcdr As Double

    jsjifen = jinian * qs.tcJishi                    '计算气积分

    syjn = Int(jsjifen / qs.tcShuoshi)

    '计算天正经朔加时积分

    jsjifen -= qs.tcShuoshi * syjn ; jsjifen = qs.tcShuoshi * syjn

    rjfcdr = js.Tf_GetTzjsRujiaoF(jsjifen, months, qs.tcShuoshi)

    jsdu = Int(rjfcdr / qs.tcRifa)

    If jsdu > 6 And jsdu < 18 Then

        chuzhong = False

    Else

        chuzhong = True
```

```
End If
qicha = js.Tf_GetQichaDs(wzrxjd, qs.tcRifa, qianhoufen, banzf, gl.tcXiangX, chuzhong)
kecha = js.Tf_GetKechaDs(wzrxjd, gl.tcXiangX, qianhoufen, banzf, qs.tcRifa, dongxia,
qianhou, chuzhong)
rjfcdr = js.Tf_GetShuoJsrjcr(rjfcdr, rqtnds)
rjfcdr = js.Tf_GetWangrjdr(rjfcdr, rztnds)
rjfcdr = js.Tf_GetShuorjdr(rjfcdr, qicha + shcctl, kecha, qs.tcRifa, 0, 0, chuzhong)
Dim ifJs As Boolean
jsdu = js.Tf_GetRsrxjQhfctl(rjfcdr, qs.tcRifa, qs.tcShuoshi / 2 - js.tcJiaozhongf /
2, js.tcJiaozhongf - qs.tcShuoshi / 2, yinyang, ifJs)
```

拆分程序 00-FF-05.1-04 用于计算日食的食分、泛用分和定用分。直接调用 js.Tf
_GetRishiFctl 求出日食分，并将其存放在临时天象记录 lslrtxrec 中。因求定用分时需要
日食所在日的转定分，故需要调用 GetAnyvalue 函数在月离表数组中取出转定分数值。
接下来根据日食发生是阴历还是阳历调用 Tf_GetRishiFyfctl 求出泛用分，最后调用 Tf_
GetDyfctl 得到定用分。日食计算 00-FF-05.1-04 的代码如下所示。

```
'* * * * * * * * * * * * * * * * * * * * * * * * * * * *
'拆分程序 00-FF-05.1-04:计算日食的食分、泛用分和定用分
'* * * * * * * * * * * * * * * * * * * * * * * * * * * *
Dim shifen As Double ; Dim zhuandf As Double
    shifen = js.Tf_GetRishiFctl(jsdu, tcJiaoshi)
    tcShifen = Format(shifen, "00.00") ; lslrtxrec.tcShifen = tcShifen
    zhuandf = GetAnyvalue(lrtxrec.tcJsrz, 1, "zdf")
    If jsdu > js.tcRishiYang Then jsdu = js.tcRishiYang + js.tcRishiYin - jsdu
    If yinyang = True Then
        shifen = js.Tf_GetRishiFyfctl(jsdu, Int(js.tcRishiYang * js.tcRishiYang / (9 *
qs.tcRifa)), yinyang)
    Else
        shifen = js.Tf_GetRishiFyfctl(jsdu, Int(js.tcRishiYin * js.tcRishiYin / (9 *
qs.tcRifa)), yinyang)
    End If
    shifen = js.Tf_GetDyfctl(shifen, zhuandf)
```

拆分程序 00-FF-05.1-05 用于判断发生日食的当日是否会有带食日出或日落，
如果有则计算带食分。首先判断日食初亏发生时间在日落后或者日食复满时间在日出
前，如果满足这个条件则日食虽发生但不可见，tcJiaoshi 赋值为 False，并结束当前过程。
如果满足带食日出或日落的条件，则分别根据日出或日落调用 js.Tf_GetDsfen 求出带食
分。当然，如果最后所得带食分小于或等于 0，则仍不可见日食，tcJiaoshi 赋值为 False。

日食计算 00 – FF – 05.1 – 05 的代码如下所示。

```
'* * * * * * * * * * * * * * * * * * * * * * * * * * *
'拆分程序 00 – FF – 05.1 – 05:判断带食日出或日落,计算带食分
'* * * * * * * * * * * * * * * * * * * * * * * * * * * *
    If lslrtxrec. tcChukui > 0.5 * qs. tcRifa + banzf Or lslrtxrec. tcFuyuan < 0.5 *
qs. tcRifa – banzf Then
        tcJiaoshi = False ; Exit Sub
    End If
    If lslrtxrec. tcShishen > (qs. tcRifa * 0.5 + banzf) Then
        banzf = qs. tcRifa * 0.5 + banzf
        tcShifen =  js. Tf _ GetDsfen (lslrtxrec. tcShishen, tcShifen, banzf, shifen,
qs. tcRifa)
    ElseIf lslrtxrec. tcShishen < qs. tcRifa * 0.5 – banzf Then
        banzf = qs. tcRifa * 0.5 – banzf
        tcShifen = js. Tf_GetDsfen(lslrtxrec. tcShishen, tcShifen, banzf, shifen, qs. tcRifa)
    End If
    If tcShifen < 0 Or tcShifen = 0 Then
        tcJiaoshi = False
    End If
```

参考文献

[1]　(元)脱脱,贺惟一,阿鲁图,等．宋史:律历志[M]//历代天文律历等志汇编:第 8
册. 北京:中华书局,1976.

[2]　滕艳辉.《崇天历》的日食推步术[J]. 中国科技史杂志,2020,41(4):534 – 548.

[3]　滕艳辉,王鹏云.《纪元历》等 8 部宋代历法的定朔推步及精度分析[J]. 中国科技史
杂志 .2009,30(1):55 – 64.

[4]　曲安京,王辉,袁敏 ."消息定数"探析[J]. 自然科学史研究,2001,20(4):302 – 311.

[5]　陈美东．历代律历志校证[M]. 北京:中华书局,2008:183.

[6]　曲安京、唐泉．中国古代的日食时差算法[J]. 石河子大学学报,2005,23(4),
416 –421.

[7]　张培瑜,陈美东,薄树人,等．中国古代历法[M]. 北京:中国科学技术出版
社,2008.

[8]　王应伟,中国古历通解[M],沈阳:辽宁教育出版社,1998.

[9]　傅健,李志超．宋历步交会术中"三差"的计算方法[J]. 自然科学史研究 .1992,11
(4):307 – 315.

[10]　曲安京．中国数理天文学[M]. 北京:科学出版社,2008:439 – 440,448.

［11］ 刘金沂．隋唐历法中入交定日术的几何解释[J]．自然科学史研究，1983，2(4)：316-321.

［12］ 滕艳辉．宋代的日食食限算法[J]．科学技术哲学研究，2014，31(5)：78-83.

［13］ NASA. Five Millennium Catalog of Solar Eclipses（1001 CE to 1100 CE）［EB/OL］．［2010-7-21］. https://eclipse. gsfc. nasa. gov/SEcat5/SE1001-1100. html.

［14］ (元)脱脱，贺惟一，阿鲁图，等．宋史[M]，北京：中华书局，1976：1082.

［15］ (清)毕沅．续资治通鉴[M]．北京：中华书局，1957.822.

［16］ (宋)李焘．续资治通鉴长编[M]．北京：中华书局，1994.2356.

第四章 《纪元历》交食计算方法的模拟

《纪元历》的很多算法沿袭了《崇天历》，两者日食推算的过程大体相同，但又在某些关键算法上有自己的特点。《纪元历》相对于《崇天历》的改进主要表现在日食推算的细节上。两者的不同主要有以下几点[1]。

（1）入交定日和入食限算法上的不同。《崇天历》的算法最为完整，它的入交定日是入交常日加上关于月亮和交点退行的改正，而《纪元历》没有加这些项，直接以入交常日入算。《崇天历》的用以判断入食限的"月亮到交点的距离"（《纪元历》称为入交定日）是入交定日加气、刻、时三差，而《纪元历》的仅是在入交常日上面加气差和刻差。整体上，对于食限，《纪元历》要比《崇天历》少两项。

（2）食甚时刻算法的不同。《崇天历》的食甚是定朔时刻直接加入时差得到的，而《纪元历》的食甚时刻则是先加入定朔到真食甚的时间，再加入时差得到的。虽然两者时差算法的形式相同，但《崇天历》的时差是以真食甚时刻的时角入算，而《纪元历》的时差是以定朔时刻的时角入算。

（3）气差和刻差算法的不同。两部历法的气、刻差算法在形式和正负号的取法上完全一样，但它们进行推算的入算变量不一样。《崇天历》直接以定朔时刻距离二至点的时间和定朔所在日的半昼分入算，而《纪元历》是以食甚时刻距离二至点的距离和食甚时刻所在日的半昼分入算。此外，两者对"半昼分"的求法也完全不同，《崇天历》使用"消息定数"的方法，而《纪元历》直接根据每日太阳的视赤纬求得。

（4）日食食分算法的不同。由于食限算法的不同，食分算法也有差别。《崇天历》是以真黄白交点为依据划分阴阳历进行食分计算，而《纪元历》则是直接以视黄白交点划分阴阳历进行食分计算。《崇天历》的食限算法沿用唐代历法的"内外道"法。《纪元历》则没有根据或偏食限预先判断，在食限算法中直接使用必偏食限，使得其食分算法更加简洁。

对于月食计算，两部历法也基本相同，其不同之处体现在食甚时刻算法的不同（《崇天历》的月食食甚时刻就是定朔时刻，而《纪元历》的食甚时刻则是对定朔时刻进行了时差修正）和日月食的起讫算法不同。

本章中，我们对《纪元历》与《崇天历》相同的算法不再给出具体计算公式，并且其核心计算程序也使用与《崇天历》交食推算相同的程序模块，仅给出必要的说明；对《纪元历》不同于《崇天历》推算的算法则给出计算公式和程序代码；最后将相关核心计算模块连接，形成完整的《纪元历》日食和月食计算的程序。

第一节　每日昼夜长度与视差计算

《纪元历》与《崇天历》在求每日太阳改正、月亮改正和定朔时刻的算法上完全相同，仅仅使用了不同的术语。因此，仍然使用 Tf_GetJingsrq、Tf_Getswxtnds、Tf_GetTzjsRz、Tf_GetSwxRztnds、Gettzjs 和 Tf_GetSwxDr 方法分别计算《纪元历》的经朔入气、入气朓朒定数、经朔入转、入转朓朒定数、经朔时刻和定朔时刻。但当计算月亮视差对日食计算的影响时，《纪元历》所使用的方法与《崇天历》完全不同。本节将给出《纪元历》每日昼夜长度和月亮视差的计算方法，并给出对应的程序代码。

一、每日太阳真黄经的计算

《纪元历》每日昼夜长度的直接变量是太阳的视赤纬，历法称之为"赤道内外度"。历法为了求出此变量，先求所求日正午到其前面一个气的时间，历法称为"午中入气"，然后求得所求日中午到冬至时刻的时间，称为"午中中积"，最后求得太阳的实际位置（真黄经），历法称为"日行积度"。历法直接以日行积度入算，得到赤道内外度。

历法求午中入气术文称：

> 求午中入气：置所求日大余及半法，以所入气大、小余减之，为其日午中入气日及余[2]2809。

《纪元历》上元为己丑日，所求日大余及半法就是所求日正午到己丑日夜半的时间，所入气大小余为所入气开始时刻到己丑日夜半的时间，两者相减就是所求日正午到所入气开始的时间。实际计算日月食和定朔时，入气日及余是事先求出的，因此，只需将所求日小余与半日日分数相减，加减在入气日及余上，就是午中入气。设入气日及余为 r，所求日小余为 ε，则午中入气 r_z（单位为日）可表示为

$$r_z = r + (0.5 - \varepsilon/A) \tag{4-1}$$

式中，所求日小余在午前，$0.5 - \varepsilon/A$ 为正，午中入气大于所求日入气；反之小余在午后，$0.5 - \varepsilon/A$ 为负，午中入气小于所求日入气。根据上述公式，在 ToGuiLou 类里面添加方法 Tf_GetWzrq，具体代码如下。

```
'* * * * * * * * * * * * * * * * * * * * * * * * *
'程序 04-FF-03：求每日午中入气。，ruqi 表示气数是否进入或减退到前后气
'* * * * * * * * * * * * * * * * * * * * * * * * *
Public Function Tf_GetWzrq(ByVal ruqry As Double, ByVal xiaoyu As Double, ByVal rifa As Double, ByVal qishi As Double, ByRef ruqi As TbJieQi) As Double
    Dim dfs As Double
    dfs = ruqry + (0.5 * rifa - xiaoyu)
    If dfs < 0 Then
        ruqi -= 1 : dfs += qishi
```

```
        End If
        If dfs > qishi Or dfs = qishi Then
            ruqi + = 1 : dfs - = qishi
        End If
        If ruqi < 0 Or ruqi = 0 Then ruqi + = 24 : If ruqi > 24 Then ruqi - = 24
        Tf_GetWzrq = dfs
    End Function
```

午中中积则是直接在午中入气上加入气中积。关于气中积的解释与代码编写参考第三章第二节。午中中积术文称

　　求午中中积：置其气中积，以午中入气日及余加之，其余以日法退除为分秒。为所求日午中中积及分秒[2]2809。

根据术文，则午中中积 x_1（单位为度）计算公式为

$$x_1 = r_z + nt/24 \tag{4-2}$$

式中，n 表示入气的个数，即冬至后第 n 个气。根据上述公式，在 ToGuiLou 类里面添加方法 Tf_GetWzrq，具体代码如下。

```
'* * * * * * * * * * * * * * * * * * * * * * * * * *
'程序 04 - FF - 04：计算午中中积
'* * * * * * * * * * * * * * * * * * * * * * * * *
Public Function Tf_GetWzzj(ByVal wzrq As Double, ByVal qzj As Double, ByVal rifa As Double) As Double
    Tf_GetWzzj = (wzrq + qzj) / rifa
End Function
```

午中中积，加入与盈缩分先后数相关的修正，得到日行积度（太阳黄经），其术文称

　　求每日日行积度：以午中入气余乘其日盈缩分，日法而一，冬至后盈加缩减、夏至后缩加盈减先后数，以先加后减中积日及分秒，满与不足，进退其日，为所求日行积度及分秒[2]2810。

设午中入气余为 ε，其日盈缩分和先后数分别为 f_s 和 c_s，则日行积度（单位为度）计算公式为

$$x = x_1 + \frac{1}{10000}\left(c_s + \frac{\varepsilon}{A}f_s\right) \tag{4-3}$$

此处计算中，历法没能明确日行积度和先后数的单位，实际上，日行积度单位为度（日），而盈缩分和先后数单位为度分，《纪元历》度分之间换算关系为 10000，于是式中的结果要除以 10000 转化为度[3];[4]444;[5]674。根据上述公式，在 ToGuiLou 类里添加方法 Tf_

GetMrrxjd,具体代码如下。

```
'＊＊＊＊＊＊＊＊＊＊＊＊＊＊＊＊＊＊
'程序 04－FF－05：计算每日日行积度
'＊＊＊＊＊＊＊＊＊＊＊＊＊＊＊＊＊＊
Public Function Tf＿GetMrrxjd(ByVal wzzj As Double, ByVal wzrqi As Double, ByVal xhs As
Double, ByVal ysf As Double, ByVal rifa As Double) As Double
    Dim wzrqry As Double
    wzrqry ＝ wzrqi － Int(wzrqi / rifa) ＊ rifa
    Tf＿GetMrrxjd ＝ wzzj + (xhs + wzrqry ＊ ysf / rifa) / 10000
End Function
```

二、每日太阳视赤纬及每日昼夜长度的计算

太阳的视赤纬时刻都在发生变化,理论上与当地地理纬度、太阳的黄经与时角相关。由于古代历法一般根据帝都或是实际天文数据观测点而制定,并且太阳视赤纬的计算是为计算每日昼夜长度等晷影漏刻方面服务的,因此《纪元历》计算太阳视赤纬时仅考虑了制历地点某日正午的太阳黄经,其入算变量只有一个,即太阳的真黄经(午中日行积度)。太阳视赤纬(每日赤道内外度)推算术文称

> 求每日赤道内外度:置所求日午中日行积度及分,如不满二至限,在象限已下为冬至后度;象限已上,用减二至限,为夏至前度。如满二至限去之,余在象限以下为夏至后度;象限以上,用减二至限,为冬至前度。并置之于上,列象限于下,以上减下,余以乘上,冬至前后五百一十七而一,夏至前后四百而一为度,不满,退除为分,以加二至前后度,所得,用减象限,余置于上,列二至限于下,以上减下,余以乘上,其度分秒皆以百通,然后乘之。退一位,如三十四万八千八百五十六而一为秒,满百为分,分满百为度,即所求日黄道去赤道内外度及分。冬至前后为外,夏至前后为内[2]2810。

历法先将午中日行积度转化为到最近的二至点的距离,即二至前后度,设象限为 b,$2b$ 就是二至限,则二至前后度 x^*(单位为度)的具体取法是

$$x^* = \begin{cases} x, x < b : 冬至后度 \\ 2b - x, b \leqslant x < 2b : 夏至前度 \\ x - 2b, 2b \leqslant x < 3b : 夏至后度 \\ 4b - x, 3b \leqslant x < 4b : 冬至前度 \end{cases} \quad (4-4)$$

以二至前后度为入算变量,可得到赤道内外度(太阳视赤纬)δ(单位为度)为[6]257-258

$$\begin{cases} X = b - \left[\dfrac{(b - x^*) \cdot x^*}{\alpha} + x^* \right] \\ \delta = \pm \dfrac{10 \cdot (2b - X) \cdot X}{\beta} \end{cases} \quad (4-5)$$

式中，α 和 β 均为常数，其中 α 在冬至前后取 517，在夏至前后取 400，而 β 无论冬夏均取 348856。公式所得结果在冬至前后为外，取负号，夏至前后为内，取正号。根据上述公式，在 ToGuiLou 类里面添加方法 Tf_GetMrcdnwd，具体代码如下。

```
'* * * * * * * * * * * * * * * * * * * * *
'程序 04 - FF - 06：计算每日赤道内外度
'* * * * * * * * * * * * * * * * * * * *
Public Function Tf_GetMrcdnwd(ByVal wzrxjd As Double, ByVal hcdj As Double, ByVal canshu1 As
Double, ByVal canshu2 As Double) As Double
        Dim xs As Integer ：Dim zhongjian As Double
        If wzrxjd ＞ 2 * Me. tcErZx Then
            wzrxjd - = 2 * Me. tcErZx
        ElseIf wzrxjd ＜ 0 Then
            wzrxjd + = 2 * Me. tcErZx
        End If
        If wzrxjd ＜ Me. tcErZx Then
            If wzrxjd ＜ Me. tcXiangX Then
                xs = 1 ：zhongjian = wzrxjd
            Else
                xs = 2 ：zhongjian = Me. tcErZx - wzrxjd
            End If
        Else
            zhongjian = wzrxjd - Me. tcErZx
            If zhongjian ＜ Me. tcXiangX Then
                xs = 3
            Else
                xs = 4 ：zhongjian = Me. tcErZx - zhongjian
            End If
        End If
        If xs = 1 Or xs = 4 Then
            zhongjian = Me. tcXiangX - ((Me. tcXiangX - zhongjian) * zhongjian / canshu1 +
zhongjian)
            zhongjian = (Me. tcErZx - zhongjian) * zhongjian
            Tf_GetMrcdnwd = - 1 * zhongjian / (Me. tcXiangX * Me. tcXiangX / hcdj)
        Else
            zhongjian = Me. tcXiangX - ((Me. tcXiangX - zhongjian) * zhongjian / canshu2 +
zhongjian)
            zhongjian = (Me. tcErZx - zhongjian) * zhongjian
            Tf_GetMrcdnwd = zhongjian / (Me. tcXiangX * Me. tcXiangX / hcdj)
        End If
```

End Function

以赤道内外度入算,直接得到所求日日出分。其推算术文为

　　求每日日出入分晨昏分半昼分:置所求日黄道去赤道内外度及分,以三百六十三乘之,进一位,如二百三十九而一,所得,以加减一千八百二十二半,赤道内以减,赤道外以加。为所求日日出分;用减日法,为日入分。以昏明分减日出分,为晨分;加日入分,为昏分;以日出分减半法,为半昼分[2]2811。

　　因《纪元历》日法 7290 的二十分之一为 364.5,接近术文中的 363,而 1822.5 为日法的四分之一,则根据术文,所求日日出分(单位为日分)的计算公式为

$$c=A\left(\frac{1}{4}-\frac{\delta}{20I}\right) \tag{4-6}$$

式中,I 是黄赤大距,《纪元历》取 23.9 度。术文称"赤道内以减,赤道外以加",因前面赤道内外度已经定义了正负号,本公式应该为减号。根据术文,半昼分(单位为日分)计算公式为

$$d=0.5A-c \tag{4-7}$$

　　根据上述公式,在 ToGuiLou 类里面添加方法 Tf_GetMrrcF 和 Tf_GetMrbzF,具体代码如下。

```
'* * * * * * * * * * * * * * * * * * * * * *
'程序 04-FF-02.2:计算每日日出分(纪元历)
'* * * * * * * * * * * * * * * * * * * * * *
Public Function Tf_GetMrrcF(ByVal cdnwd As Double, ByVal hcdj As Double, ByVal rifa As Double) As Double
    Dim zj As Double
    zj = rifa * cdnwd / (20 * hcdj)
    Tf_GetMrrcF = 10 * Me.tcHmf - zj
End Function


'* * * * * * * * * * * * * * * * * * * * * *
'程序 04-FF-02.3:计算每日半昼分(纪元历)
'* * * * * * * * * * * * * * * * * * * * * *
Public Function Tf_GetMrbzF(ByVal cdnwd As Double, ByVal hcdj As Double, ByVal rifa As Double) As Double
    Dim zj As Double
    zj = (rifa) * cdnwd / (20 * hcdj)
    zj = 10 * Me.tcHmf - zj
    Tf_GetMrbzF = 0.5 * rifa - zj
End Function
```

三、时差算法

《纪元历》在对日食的食甚和食分计算上，给出了月亮视差的修正。在"求日月食甚定数"算法中给出对食甚的视差修正，修正值称为"时差"，其术文称

> 以其朔望入气、入转朏朒定数，同名相从，异名相消，副置之；以定朔、望加时入转算外损益率乘之，如日法而一，其定朔、望如算外在四七日者，视其余在初数已下，初率乘之，初数而一；初数已上，以末率乘之，末数而一。所得，视入转，应朒者依其损益，应朏者益减损加其副；以朏减朒加经朔望小余，为泛余。满与不足，进退大余。日食者视泛余，如半法已下，为中前；列半法于下，以上减下，余以乘上，如一万九百三十五而一，所得，为差；以减泛余，为食甚定余；用减半法，为午前分。如泛余在半法已上，减去半法，为中后；列半法于下，以上减下，余以乘上，如日法而一，所得，为差；以加泛余，为食甚定余；乃减去半法，为午后分[2]2828。

《纪元历》时差算法分为两部分，第一步是求"泛余"，即在经朔上面加入修正，得到日食食甚时刻的大致时间；第二步是求"定余"，即视食甚时刻，以泛余为入算变量，得到"时差"，定余就是泛余加入时差。根据术文，设 ε_r、ε 和 ε_e 分别表示经朔小余、食甚泛余和食甚定余，日食食甚时刻（单位为日分）计算式为[3]

$$\begin{cases} \varepsilon = \varepsilon_r + (\Delta_s + \Delta_m)\dfrac{\varphi_m}{A} \\ \varepsilon_e = \varepsilon \pm \Delta_h \end{cases} \tag{4-8}$$

式中，φ_m 是定朔时刻的入转损益率，同时，如果入转为七日、十四日和二十一日时，损益率要取初率或末率，式中的日法 A 则要改成初数或末数。求定朔入转损益率，需要求出定朔入转日及余，其计算方法是经朔入转加入入气入转朏朒定数，然后累加减转终分。这个算法需要单独编写代码，在 ToYueLi 类里面添加方法 Tf_GetDswxRz，具体代码如下。

```
'* * * * * * * * * * * * * * * * * * * * * *
'程序 03 - FF - 04:计算定朔入转日及余
'* * * * * * * * * * * * * * * * * * * * * *
Public Function Tf_GetDswxRz(ByVal jsrz As Double, ByVal rqtnds As Double, ByVal rztnds As Double) As Double
    Dim swxrz As Double
    swxrz = jsrz : swxrz = rqtnds + rztnds + swxrz
    If swxrz < 0 Then
        swxrz + = Me.tcZhuanzf
    ElseIf swxrz > Me.tcZhuanzf Or swxrz = Me.tcZhuanzf Then
        swxrz - = Me.tcZhuanzf
    End If
```

```
        Tf_GetDswxRz = swxrz
End Function
```

式(4-8)中的 Δ_h（单位为日分）是术文中的时差，它以食甚泛余为变量，并且在午前和午后采用了不同的计算方法，根据术文，其计算公式为

$$\Delta_h = \begin{cases} \dfrac{2}{3A}(\varepsilon - \dfrac{A}{2})\varepsilon, \varepsilon \leqslant 0.5A \\ \dfrac{1}{A}(\varepsilon - \dfrac{A}{2})(A-\varepsilon), \varepsilon > 0.5A \end{cases}^{[3];[6]422;[7]} \tag{4-9}$$

与《崇天历》日食时差算法相比，两者在形式上相同，只是在午前和午后采用了不同的系数。式中 $A/2 - \varepsilon$ 和 $\varepsilon - A/2$ 分别称为中前和中后，Δ_h 在午前一定为负，午后一定为正。而 $\omega = |\varepsilon_e - 0.5A| = |\varepsilon + \Delta_h - 0.5A|$ 则称为午前、后分，即食甚时刻距离正午的时间[5]595;[8]116-117。因在后面的推算中不再使用时差，因此求时差和求食甚定余的代码编写在一起，在 ToJiaoshi 类里面添加方法 Tf_GetShishenDy，具体代码如下。

```
'* * * * * * * * * * * * * * * * * * * * * * * * * * * * * * * * * *
'程序 05-FF-04.2:交食算法之日食甚定余(纪元历)
'* * * * * * * * * * * * * * * * * * * * * * * * * * * * * * * * * *
Public Function Tf_GetShishenDy(ByVal rqtnds As Double, ByVal rztnds As Double, ByVal rzsyl
As Double, ByVal jsxy As Double, ByVal rifa As Double, ByRef jinming As Integer, ByRef qianhoufen
As Double, ByRef qianhou As Boolean) As Double
        Dim fushu As Double
        Dim shishenfy As Double : Dim zhongjian As Double
        fushu = rqtnds + rztnds
        zhongjian = fushu + rzsyl * fushu
        shishenfy = jsxy + zhongjian
        If shishenfy < 0 Or shishenfy = 0 Then
            shishenfy + = rifa : jinming = -1
        End If
        If shishenfy > rifa Or shishenfy = rifa Then
            shishenfy - = rifa : jinming = 1
        End If
        If shishenfy < 0.5 * rifa Then
            qianhou = True
            zhongjian = (0.5 * rifa - shishenfy) * shishenfy
            Tf_GetShishenDy = shishenfy - zhongjian / (1.5 * rifa)
            qianhoufen = 0.5 * rifa - Tf_GetShishenDy
        Else
            qianhou = False
            zhongjian = (rifa - shishenfy) * (shishenfy - 0.5 * rifa)
```

```
        Tf_GetShishenDy = shishenfy + zhongjian / rifa
        qianhoufen = Tf_GetShishenDy - 0.5 * rifa
    End If
End Function
```

　　月食的计算不需要进行视差修正,在精度要求不高的情况下,月食的食甚时刻可以用定望时刻来代替。然而,在《纪元历》的月食食甚算法中,历法又给出了新的算法。同样是在"求日月食甚定数"中,历法给出具体术文:

> 　　月食者视泛余,如半法已上[,]减去半法,余在一千八百二十二半已下[,]自相乘(,)[;]已上者,覆减半法,余亦自相乘,如三万而一,所得,以减泛余,为食甚定余;如泛余不满半法,在日出分三分之二已下,列于上位(,)[;][9]已上者,用减日出分,余倍之,亦列于上位,乃四因三约日出分,列之于下,以上减下,余以乘上,如一万五千而一,所得,以加泛余,为食甚定余[2]2828-2829。

　　要求得月食的食甚时刻,《纪元历》首先求得月食食甚时刻的大概时间,即"泛余",这与日食的情况相同。根据"泛余"在午前或是午后,求得"食甚定余"。设时差修正为 Δ_h,对午后的情况,即当 $\varepsilon > 0.5A$ 时,其数值模型如下

$$\Delta_h = \begin{cases} \dfrac{1}{30000}\left(\varepsilon - \dfrac{A}{2}\right)^2 , \varepsilon \leqslant 0.75A \\ \dfrac{1}{30000}(A-\varepsilon)^2 , \varepsilon > 0.75A \end{cases} \tag{4-10}$$

若设日出分为 c,则午前的情况,即当 $\varepsilon < 0.5A$ 时,其模型则为

$$\Delta_h = \begin{cases} \dfrac{1}{15000}\left(\dfrac{4c}{3} - \varepsilon\right)\varepsilon , \varepsilon \leqslant \dfrac{2c}{3} \\ \dfrac{2}{15000}\left[\left(\dfrac{4c}{3} - 2(c-\varepsilon)\right](c-\varepsilon) , \varepsilon > \dfrac{2c}{3} \end{cases} \tag{4-11}$$

将时差结果加在食甚泛余上,得到月食的视食甚时刻[4]443-444;[5]673-674;[8]117-118。

　　由于公式中日出分应该选择食甚泛余所在日的而不是经朔或是定朔时刻所在日的(两者最多可相差一日),那么先需要计算月食食甚泛余,然后计算日出分,最后才能计算月食时差。这样,月食食甚时刻计算程序不能统一编写为一个过程。于是本书将分别编写计算食甚泛余和食甚定余两个方法,在 ToJiaoshi 类里面分别添加方法 Tf_GetYuessfy 和 Tf_GetYueshishenDyjyl,具体代码如下。

```
'*****************************************************
'程序05-FF-05.1:交食算法之月食食甚泛余算法
'*****************************************************
Public Function Tf_GetYuessfy(ByVal rqtnds As Double, ByVal rztnds As Double, ByVal rzsyl As Double, ByVal wxy As Double, ByRef jinming As Integer, ByVal rifa As Double) As Double
    Dim fushu As Double
```

```
        fushu = rqtnds + rztnds
        Dim shishenfy As Double : Dim zhongjian As Double
        zhongjian = fushu + rzsyl * fushu
        shishenfy = wxy + zhongjian
        If shishenfy < 0 Or shishenfy = 0 Then
            shishenfy + = rifa : jinming = - 1
        End If
        If shishenfy > rifa Or shishenfy = rifa Then
            shishenfy - = rifa : jinming = 1
        End If
        Tf_GetYuessfy = shishenfy
    End Function


'* * * * * * * * * * * * * * * * * * * * * * * * * * * * * * * * * * *
'程序 05 - FF - 05.2:交食算法之月食视差算法(纪元历)
'* * * * * * * * * * * * * * * * * * * * * * * * * * * * * * * * * * *
    Public Function Tf_GetYueshishenDyjyl(ByVal fanyu As Double, ByVal rifa As Double, ByVal
richufen As Double, ByRef qianhoufen As Double, ByRef qianhou As Boolean) As Double
        Dim shishenfy As Double : Dim zhongjian As Double
        shishenfy = fanyu
        If shishenfy > 0.5 * rifa Then
            If shishenfy < 0.25 * rifa Then
                zhongjian = shishenfy - 0.5 * rifa
                zhongjian * = zhongjian
                Tf_GetYueshishenDyjyl = shishenfy - zhongjian / 30000
            Else
                zhongjian = (rifa - shishenfy) * (rifa - shishenfy)
                Tf_GetYueshishenDyjyl = shishenfy - zhongjian / 30000
            End If
        Else
            If shishenfy < 2 / 3 * richufen Then
                zhongjian = (4 / 3 * richufen - shishenfy) * shishenfy
                Tf_GetYueshishenDyjyl = shishenfy + zhongjian / 15000
            Else
                zhongjian = 2 * (richufen - shishenfy)
                zhongjian = (4 / 3 * richufen - zhongjian) * zhongjian
                Tf_GetYueshishenDyjyl = shishenfy + zhongjian / 15000
            End If
        End If
    End Function
```

　　由于《纪元历》月食计算用到了望日日出分,而这个日出分的入算变量是食甚泛余,那么,根据日出分算法,需要计算食甚泛余所在日的入气、日行积度和视赤纬情况。当然,只要求得食甚泛余入气,其余两个量都可以直接引用前面日行积度和视赤纬的算法和代码。食甚泛余入气就是在经朔入气上面加入食甚泛余修正量(太阳、月亮和食甚修正)。食甚泛余入气大多时候与定望(朔)入气,甚至是经望(朔)入气在同日。在ToJiaoshi类里面添加方法 Tf_GetYuessfywzrq,以计算食甚泛余入气,具体代码如下。

```
'* * * * * * * * * * * * * * * * * * * * * * * * * * * * * * * * * * * * * *
'程序 05-FF-06.2:交食算法之月食食甚泛余入气算法(纪元历)
'* * * * * * * * * * * * * * * * * * * * * * * * * * * * * * * * * * * * * *
Public Function Tf_GetYuessfywzrq(ByVal ssfy As Double, ByVal wxy As Double, ByVal wrqy As
Double, ByVal jinming As Integer, ByVal rifa As Double, ByVal qice As Double, ByRef ruqi As
TbJieQi) As Double
    Dim dfs As Double : Dim xyxy As Double
    xyxy = wxy - Int(wxy / rifa) * rifa : dfs = xyxy - jinming * rifa
    dfs = ssfy - dfs : dfs = wrqy + dfs
    If ssfy > 0.5 * rifa Then
        dfs -= (ssfy - 0.5 * rifa)
    Else
        dfs += (0.5 * rifa - ssfy)
    End If
    If dfs < 0 Then
        ruqi -= 1 : dfs += qice
    End If
    If dfs > qice Or dfs = qice Then
        ruqi += 1 : dfs -= qice
    End If
    If ruqi < 0 Or ruqi = 0 Then ruqi += 24
    If ruqi > 24 Then ruqi -= 24
    Tf_GetYuessfywzrq = dfs
End Function
```

四、食差算法

　　《纪元历》的月亮视差对食分影响的修正为食差修正,包括气差和刻差。与《崇天历》相同,食差修正与太阳黄经和时角相关,与时角相关的量就是时差中已经求得的午前(后)分,而与太阳黄经相关变量则称为"食甚日行积度",即食甚时刻太阳的视黄经。与前面求每日日行积度的算法类似,食甚日行积度等于食甚中积(食甚时刻太阳平黄经)加入盈缩分修正(太阳不均匀性修正),而食甚中积又等于食甚入气加所入气的气中积。历法给出食甚入气及食甚中积的具体术文：

> 求日月食甚入气：食甚大、小余及食定小余，并定朔、望大余，以此与经朔望大、小余
> 相减。置其朔望食甚大、小余，与经朔望大、小余相减之，余以加减经朔望入气日
> 余，经朔望少即加之，多即减之。为日、月食甚入气日及余秒。各置食甚入气及余
> 秒，加其气中积，其余，以日法退除为分，即为日、月食甚中积及分[2]2829。

根据术文，日、月食甚入气与经朔、望入气之间仅仅差了经朔、望到食甚的时间差。
然而由于这个时间可能导致食甚入气和经朔望入气的日数不同，甚至所入的气也有可能
不同，在代码编写上需要给出这些极端情况的判断和选择。据此，在 ToJiaoshi 类里面添
加食甚入气的计算方法 Tf_GetShishenRq，这个方法的代码见第三章定朔入气的代码，两
者代码相同，仅是在具体调用时，所给定的入算变量不同。在作为定朔入气调用时，入算
变量为定朔小余和经朔入气日及余，而作为食甚入气调用时，入算变量为食甚小余和经
朔入气。

日月食甚日行积度的算法术文如下：

> 求日月食甚日行积度：置食甚入气余，以所入气日盈缩分乘之，日法而一，
> 加减其日先后数，至后加，分后减。先加后减日、月食甚中积，即为日、月食甚日行
> 积度及分[2]2829。

设食甚入气余为 ε，其日盈缩分和先后数分别为 f_s 和 c_s，食甚中积为 x^*，则日行积
度计算公式为

$$x = x^* + \frac{1}{10000}\left(c_s + \frac{\varepsilon}{A}f_s\right) \tag{4-12}$$

因日行积度单位为度（日），而盈缩分和先后数单位为度分，于是式中的结果要除以
10000。根据公式，在 ToJiaoshi 类里添加食甚日行积度的计算方法 Tf_GetShishenRxjd，
代码如下。

```
'* * * * * * * * * * * * * * * * * * * * * * * * * * * * * * * * * *
'程序 05-FF-07:交食算法之日行积度
'* * * * * * * * * * * * * * * * * * * * * * * * * * * * * * * * * *
Public Function Tf_GetShishenRxjd(ByVal ShishenRq As Double, ByVal qizhongji As Double,
ByVal Qiysf As Double, ByVal Qixhs As Double, ByVal rifa As Double) As Double
    Dim sszj As Double : Dim qiyu As Double
    sszj = ShishenRq + qizhongji                        '日食甚中积
    qiyu = ShishenRq - Int(ShishenRq / rifa) * rifa
    qiyu = qiyu * Qiysf / rifa : qiyu = Qixhs + qiyu
    Tf_GetShishenRxjd = (sszj) / rifa + qiyu / 10000
End Function
```

《纪元历》根据食甚日行积度求得气差和刻差。其气差算法术文称

> 求气差：置日食甚日行积度及分，满二至限去之，余在象限已下为在初；已上，覆减二至限，余为在末。皆自相乘，进二位，满三百四十三而一，所得，用减二千四百三十，余为气差；以午前、后分乘之，如半昼分而一，以减气差，为气差定数。在冬至后末限、夏至后初限，交初以减，交中以加。夏至后末限、冬至后初限，交初以加，交中以减。如半昼分而一，所得，在气差已上者，即以气差覆减之，余，应加者为减，减者为加[2]2829。

《纪元历》气差算法术文与《崇天历》基本相同，仅术文中的数字不一样。而 2430 正好是日法 7290 的三分之一，$300a^2/A = 343$，$2a = 182.6218$ 是二至限[5]595；[7]；[8]99-100。这样看来，两部历法的气差算法计算公式完全一致，其计算参考第三章式（3-15）。

《纪元历》刻差算法的术文如下：

> 求刻差：置日食甚日行积度及分，满二至限去之，余[置于上][9]，列二至限于下，以上减下，余以乘上，进二位，满三百四十三而一，所得，为刻差；以午前、后分乘而倍之，如半法而一，为刻差定数。冬至后食甚在午前，夏至后食甚在午后，交初以加，交中以减。冬至后食甚在午后，夏至后食甚在午前，交初以减，交中以加。如半法而一，所得，在刻差已上者，即倍刻差，以所得之数减之，余为刻差定数，依其加减[2]2829-2830。

《纪元历》刻差算法也与《崇天历》相同，具体计算公式参考式（3-17）。其具体代码直接调用 ToJiaoshi 类的方法 Tf_GetQichaDs 和 Tf_GetKechaDs 即可。

由于《纪元历》认为，当午前后分等于四分之一日法时，也就是在时角为±90°时，刻差取最大值。于是，它刻差算法术文又补充一条"所得在刻差已上者，即倍刻差，以所得之数减之。"这样，补充的刻差计算公式为[4]445；[5]675；[6]441-442；[7]；[8]103

$$\Delta_k = \frac{2A}{3}\frac{(2a-x)x}{a^2}\left(1-\frac{\omega}{0.5A}\right) \tag{4-13}$$

第二节　日食食甚、食分与起讫推算

日食食甚时刻就是定朔上面进行了食甚泛余和时差的修正，食甚泛余和时差算法在本章第一节中已经详细说明，本节主要讨论《纪元历》如何计算日食的食分大小和初亏复满的具体时间。

一、入交定日算法

与《崇天历》一样，《纪元历》为了得到合朔时视月亮到视黄白交点的距离，计算了入交泛日、入交常日和入交定日。其入交泛日和入交常日算法术文称

推天正十一月经朔加时入交：置天正十一月经朔加时积分，以交终分及秒去之，不尽，满日法为日，不满为余秒，即天正十一月经朔加时入交泛日及余秒。

求次朔及望入交：置天正十一月经朔加时入交泛日及余秒，求次朔，以朔差加之；求望，以望策加之；满交终日及余秒去之，即各得次朔及望加时入交泛日及余秒。若以经朔、望小余减之，各得朔、望夜半入交泛日及余秒[2]2826。

求朔望加时入交常日：置其月经朔、望加时入交泛日及余秒，以其月入气朒朒定数朒减朒加之，满与不足，进退其日，即得朔、望加时入交常日及余秒。近交初为交初，在二十六日、二十七日为交初；近交中为交中，在十三日、十四日为交中[2]2828。

《纪元历》求入交泛日和常日的算法与《崇天历》没有区别。《纪元历》的表述更为详细，并且在入交常日算法后面，给出交初和交中的判断，入交常日在二十六日和二十七日为交初，在十三日和十四日为交中[4]441;[5]673。当然，要求得指定月份的经朔入交泛日和常日，只需累加朔望月常数，并减去交终日，使之保持在一个交点月内[4]438;[5]672。《纪元历》这两个算法的计算公式可以参照第三章式（3-19）和式（3-20）。其程序代码直接用 ToJiaoshi 类的方法 Tf_GetShuoJsrjcr 和方法 Tf_GetWangrjdr 即可。

《纪元历》的朔入交定日与《崇天历》的有着完全不同的意义，它是在入交常日上加入食差修正而不是交食周期有关的修正。其术文称

求朔入交定日：置朔入交常日及余秒，以气、刻差定数各加减之，交初加三千一百，交中减三千，为朔入交定日及余秒[2]2830。

根据术文，设朔入交泛日为 r_j，其计算式为

$$r_e = r_j + (\Delta_s + \Delta_q + \Delta_k + k_0)/A \tag{4-14}$$

式中，Δ_s、Δ_q 和 Δ_k 分别是入气朒朒定数、气差和刻差，而 k_0 则为常数，这个常数在交初和交中分别取 3100 和-3000。由该公式，可以编写朔入交定日程序代码，在 ToJiaoshi 类里面添加方法 Tf_GetShuorjdr，具体代码如下。

```
'* * * * * * * * * * * * * * * * * * * * * * * * * * * * * * * * * *
'程序 05-FF-10:交食算法之求朔入交定日(纪元历)
'* * * * * * * * * * * * * * * * * * * * * * * * * * * * * * * * * *
Public Function Tf_GetShuorjdr(ByVal Shrjcr As Double, ByVal qicha As Double, ByVal kecha As Double, ByVal rifa As Double, ByVal jiaori1 As Double, ByVal jiaori2 As Double, ByVal chuzhong As Boolean) As Double
    Dim dfs As Double
    dfs = Shrjcr + qicha + kecha
    If chuzhong = True Then
        dfs += jiaori1
    Else
        dfs += jiaori2
```

```
        End If
        If dfs < 0 Then
            dfs + = Me.tcJiaozhongf
        ElseIf dfs > Me.tcJiaozhongf Or dfs = Me.tcJiaozhongf Then
            dfs - = Me.tcJiaozhongf
        End If
        Tf_GetShuorjdr = dfs
    End Function
```

二、食限算法

《纪元历》通过比较朔入交定日与交中日，区分月在阴历还是阳历。实际上，月在阴历即视月亮在黄道北侧，月在阳历即视月亮在黄道南侧。月行入阴阳历就是视食甚时刻视月亮到其前面一个升降交点的距离。具体推算术文为

求月行入阴阳历：视其朔、望入交定日及余秒，如在中日及余秒已下为月在阳历；如中日及余秒已上，减去中日，为月在阴历[2]2830。

从术文描述和计算方法看，《纪元历》的这个算法与《崇天历》月食入阴阳历的算法相同，因此，具体计算时，直接调用方法 Tf_GetYxrYyl 即可。

《纪元历》将月行入阴阳历进一步转化为交前后分，直接使用交前后分与食限相比，判断是否发生日食。交前后分的具体推算术文为

求入食限交前后分：视其朔、望月行入阴阳历，不满日者为交后分；在十三日上下者覆减交中日，为交前分；视交前、后分各在食限已下者为入食限[2]2830。

入食限交前后分的实质是视月亮到其最近视交点的距离，但《纪元历》认为只有这个距离小于 1 日才能称为交前后分，这样做是为了快速排除不发生日食的情况（这个距离大于 1 日肯定不会发生日食）。本书对此不作详细区分，判断交前交后则根据月行阴阳历是否大于交象（四分之一交点月），于是交前后分 P（单位为日分）计算式为

$$P = \begin{cases} Ar^*, & r^* < j/4, 交后分 \\ A(j/2 - r^*), & r^* \geqslant j/4, 交前分 \end{cases} \qquad (4-15)$$

实际上，与阴阳历相配合，得到四种交前后分，即阴历交前分，阳历交后分，阴历交后分和阳历交前分。无论交前还是交后分，只要是入阴历，并且小于阴历食限，或者是入阳历并且小于阳历食限，都会发生日食；而如果交前后分大于相应的阴阳历食限，则不会发生日食[4]446;[5]675。《纪元历》使用交前后分，一次性判断有无日食发生，无论从形式上还是计算复杂性上都比《崇天历》要优越。编写代码时，计算出来交前后分与判断是否发生日食编写为一个过程，于是，在 ToJiaoshi 类里面添加方法 Tf_GetRsrxjQhf，具体代码如下。

```
'* * * * * * * * * * * * * * * * * * * * * * * * * * * * * * * * * * * *
'程序 05 - FF - 11.2:交食算法之日食入食限交前后分（纪元历）
'* * * * * * * * * * * * * * * * * * * * * * * * * * * * * * * * * * * *
Public Function Tf_GetRsrxjQhf(ByVal yxryyl As Double, ByVal rifa As Double, ByVal yinyang As
Boolean, ByVal qianhou As Boolean, ByRef ifjiaoshi As Boolean) As Double
        Dim dfs As Double
        Dim rjrz As Double : Dim rjry As Double
        rjrz = Int(yxryyl / rifa) : rjry = yxryyl - rjrz * rifa
        If rjrz = 0 Then
            qianhou = False
            If yinyang = True And rjry < Me.tcRishiYang Then
                ifjiaoshi = True : Tf_GetRsrxjQhf = rjry
            ElseIf yinyang = False And rjry < Me.tcRishiYin Then
                ifjiaoshi = True : Tf_GetRsrxjQhf = rjry
            Else
                ifjiaoshi = False
            End If
        Else
            dfs = Me.tcJiaozhongf / 2 - yxryyl
            rjrz = Int(dfs / rifa) : rjry = dfs - rjrz * rifa
            If rjrz = 0 Then
                qianhou = True
                If yinyang = True And rjry < Me.tcRishiYang Then
                    ifjiaoshi = True : Tf_GetRsrxjQhf = rjry
                ElseIf yinyang = False And rjry < Me.tcRishiYin Then
                    ifjiaoshi = True : Tf_GetRsrxjQhf = rjry
                Else
                    ifjiaoshi = False
                End If
            End If
        End If
End Function
```

三、食分算法

《纪元历》日食食分算法也与《崇天历》不同，其术文称

　　求日食分：以交前、后分各减阴阳历食限，余如定法而一，为日食之大分；不尽，退除为小分。命大分以十为限，即得日食之分。其食不及大分者，行势稍近交道，光气微有映蔽，其日或食或不食[2]2830。

根据术文，食分 M（单位为分）计算式为[4]447;[5]676

$$M = 10 \cdot \frac{L-P}{L} \qquad (4-16)$$

式中，L 就是历法的阴阳历食限，其十分之一即历法中称为的阴阳历定法。《纪元历》虽然也使用线性插值方法得到食分，并且区分阴历和阳历，但阴阳历上食分的构造方法却是相同的，其计算公式可以表示为统一形式，这一点相比《崇天历》无疑是巨大的进步。根据计算公式，在 ToJiaoshi 类里面添加方法 Tf_GetRishiF，具体代码如下。

```
'* * * * * * * * * * * * * * * * * * * * * * * * * * * * * * *
'程序 05－FF－12.2:食算法之日食食分(纪元历)
'* * * * * * * * * * * * * * * * * * * * * * * * * * * * * * *
Public Function Tf_GetRishiF(ByVal jqhf As Double, ByVal yinyang As Boolean) As Double
    If yinyang = True Then
        Tf_GetRishiF = (Me.tcRishiYang － jqhf) / Me.tcRishiYang * 10
    Else
        Tf_GetRishiF = (Me.tcRishiYin － jqhf) / Me.tcRishiYin * 10
    End If
End Function
```

四、日食起讫算法

《纪元历》日食的初亏和复满时刻是在日食食甚时刻上减去和加上一个时间差得到，历法称之为"定用分"，与《崇天历》一样，定用分是由泛用分求得，但两者算法却不相同。《纪元历》泛用分术文有

> 求日食泛用分:置交前、后分，自相乘，退二位，阳历一百九十八而一，阴历三百一十七而一，所得，用减五百八十三，余为日食泛用分[2]2831。

泛用分的直接入算变量是交前后分，但因 $8A/100 \approx 583$，知《纪元历》泛用分的最大值大约等于 8 刻，食延（从初亏到复圆的时间）最大值为 16 刻。又 $\frac{L^2}{100 \times 583} = \frac{3400 \times 3400}{100 \times 583} = 198.28$，$\frac{4300 \times 4300}{100 \times 583} = 317.15$，这正是术文中 198 和 317 的含义[6]506-507;[8]155-156。泛用分 F'（单位为日分）的计算公式为

$$F' = 583(1 - \frac{P^2}{L^2}) \qquad [3] \qquad (4-17)$$

式中，L 表示阴阳历食限。根据公式，在 ToJiaoshi 类里面添加方法 Tf_GetRishiFyf，具体代码如下。

```
'* * * * * * * * * * * * * * * * * * * * * * * * * * * * * * *
```

```
'程序 05 - FF - 16.3:交食算法之日食泛用分(纪元历)
'* * * * * * * * * * * * * * * * * * * * * * * * * * * * * * * * * * * *
Public Function Tf_GetRishiFyf(ByVal jqhf As Double, ByVal canshu As Double, ByVal yinyang As
Boolean) As Double
      If yinyang = True Then
            Tf_GetRishiFyf = canshu - (jqhf * jqhf) * canshu / (Me.tcRishiYang *
Me.tcRishiYang)
      Else
            Tf_GetRishiFyf = canshu - (jqhf * jqhf) * canshu / (Me.tcRishiYin *
Me.tcRishiYin)
      End If
End Function
```

《纪元历》定用分算法也与《崇天历》不同,其术文称

　　求日月食定用分:置日、月食泛用分,副之,以食甚加时入转算外损益率乘
之,如日法而一,如算外在四、七日者,依食定余求之。所得,应朒者依其损益,应朏者
益减损加其副,即为日月食定用分[2]2831。

由术文知,定用分是对"泛用分"F'(单位为日分)进行月亮运动不均匀性的修正而得
到,计算式为

$$F = F'(1 + \frac{\varphi_m}{A}) = 583(1 - \frac{P^2}{L^2})(1 + \frac{\varphi_m}{A}) \qquad (4-18)$$

历法中没有直接给出"食甚入转算外损益率"的具体求法,但根据经朔入转即食甚与经朔
的时间差,然后据入转日查表求其损益率。当食甚入转日是 7 日、14 日、21 日和 28 日
时,式中的日法改为食甚定余然后计算。根据计算公式,在 ToJiaoshi 类里面添加方法
Tf_GetDyf,用以计算定用分,具体代码如下。

```
'* * * * * * * * * * * * * * * * * * * * * * * * * * * * * * * * * * * *
'程序 05 - FF - 17.2:交食算法之日月食定用分
'* * * * * * * * * * * * * * * * * * * * * * * * * * * * * * * * * * * *
Public Function Tf_GetDyf(ByVal fyf As Double, ByVal swsyl As Double, ByVal rifa As Double) As
Double
      Tf_GetDyf = fyf + (swsyl * fyf) / rifa
End Function
```

求初亏复满算法与《崇天历》相同,计算时调用 ToJiaoshi 类里方法 Tf_GetRysxy。
《纪元历》同样设计了带食出入所见分数的计算方法,其算法原理和计算公式与《崇
天历》完全相同,此不赘述,具体计算时调用方法 Tf_GetDsfen。

第三节　月食食甚、食分与起讫推算

本节主要讨论《纪元历》的月食食甚、食分和食延的计算方法，与《崇天历》相同的地方，直接调用《崇天历》相应的代码方法，不一样的算法则给出计算公式和程序代码。

一、月食食甚与食分算法

由于《纪元历》月食仍然要计算时差，其月食食甚时刻则是定望时刻，即历法中的月食食甚定余加入泛余修正和时差修正，具体计算方法和程序代码见本章第一节。需要将食甚定余化为具体时刻直接调用方法 Tf_GetShishenCk（第三章中给出代码）。定望时刻计算方法与《崇天历》的相同，直接调用方法 Tf_GetWang 和 Tf_GetSwxDr。

《纪元历》计算月食食分时不计算月亮视差，它先求望入交定日，然后根据人交定日与前限和后限的大小判断是否入食限。其算法术文称

> 求望入交定日：置望入转朒朏定数，以交率乘之，如交数而一，所得，以朏减朒加入交常日之余，满与不足，进退其日，即望入交定日及余秒[2]2830。

根据术文，可知《纪元历》的算法与《崇天历》相同，具体计算时直接调用求人交定日方法 Tf_GetSWrjdr 和求月入食限方法 Tf_GetYuesrxjQhf。

根据交前后分，《纪元历》给出计算月食食分的算法，术文称

> 求月食分：视其望交前、后分，如二千四百已下者，食既；已上，用减食限，余如定法而一，为月食之大分；不尽，退除为小分。命大分以十为限，得月食之分[2]2831。

术文中，2400 为月食的必全食限，而《纪元历》月食的必偏食限是 6800，两者之差的十分之一 440 就是月食定法，这样，其计算公式与《崇天历》完全相同，详见第三章，计算时调用求月食食分方法 Tf_GetYueshiF。

二、月食五限的计算

虽然《纪元历》的日食食延算法也需要求泛用分、定用分和既内分，并且每个量的天文意义也与《崇天历》相同，但是每个量的具体求法却都与《崇天历》不同。《纪元历》求泛用分术文称

> 求月食泛用分：置交前、后分，自相乘，退二位，如七百四而一，所得，用减六百五十六，余为月食泛用分[2]2831。

设 A 为日法，则"泛用分"F^* 可以表示为

$$F^* = 656 - \frac{P^2}{100 \times 704} \quad {}^{[3]}$$

$$(4-19)$$

式中，P 表示"交前后分"。因 $9A/100 \approx 656$，可知《纪元历》泛用分的最大值约为 9 刻，食延最大值为 18 刻。又 $\dfrac{L^2}{100 \times 656} = \dfrac{6800^2}{100 \times 656} = 704.87$，$L$ 为月食必偏食限，那么，式（4 - 19）可以进一步改写为

$$F^* = \frac{9A}{100}(1 - \frac{P^2}{L_6^2}) \qquad (4-20)$$

根据公式，在 ToJiaoshi 类里面添加方法 Tf_GetYueshiFyf 用于计算定用分。

```
'* * * * * * * * * * * * * * * * * * * * * * * * * * * * * * * * *
'程序 05 - FF - 16.4:交食算法之月食泛用分(纪元历)
'* * * * * * * * * * * * * * * * * * * * * * * * * * * * * * * * *
Public Function Tf_GetYueshiFyf(ByVal jqhf As Double, ByVal canshu As Double, ByVal canshu1
As Double) As Double
    Tf_GetYueshiFyf = canshu - (jqhf * jqhf) / (canshu1)
End Function
```

《纪元历》月食定用分与日食定用分是一个算法，其计算公式见式（4 - 18），具体计算时调用程序代码 Tf_GetDyf。

《纪元历》给出了求食既到食甚时间的算法，即"月食既内分"，这个时间也是食甚到生光的时间间隔。月食既内外分术文称

求月食既内外分：置月食交前、后分，自相乘，退二位，如二百四十九而一，所得，用减二百三十一，余以定用分乘之，如泛用分而一，为月食既内分；用减定用分，余为既外分[2]2831。

月食既内分的构造方式与定用分相同，其计算公式如下

$$F_i = (231 - \frac{P^2}{24900})\frac{F}{F^*} = (231 - \frac{P^2}{24900})(1 + \frac{\varphi_m}{A}) \qquad (4-21)$$

术文中没有使用"算外损益率"而直接用"定用分"和"泛用分"，这样叙述起来简单，而且具体计算时，不用将已经计算的中间结果"副之"[6]513-514；[10]。在编写代码时，为了减少变量，仍以入转算外损益率入算，根据公式，在 ToJiaoshi 类面添加方法 Tf_GetYueshiJnf。

```
'* * * * * * * * * * * * * * * * * * * * * * * * * * * * * * * * *
'程序 05 - FF - 18.3:交食算法之月食既内分(纪元历)
'* * * * * * * * * * * * * * * * * * * * * * * * * * * * * * * * *
Public Function Tf_GetYueshiJnf(ByVal jqhf As Double, ByVal canshu As Double, ByVal canshu2
As Double, ByVal syl As Double, ByVal rifa As Double) As Double
    Tf_GetYueshiJnf = (canshu - jqhf * jqhf / canshu2) * (1 + syl / rifa)
End Function
```

月食既外分就是定用分减去既内分。月食的五限计算法以及带食出入分数的计算方法都与《崇天历》的相同，这里不用多做说明了。

第四节　绍兴五年日食计算的模拟

为了清楚地展现《纪元历》推算日食的全过程,结合前面几节的计算公式,本书给出使用《纪元历》详细推算一次日食的具体算例。宋史载,宋高宗绍兴五年(1135年)日官依《纪元历》推算,是年"正月朔旦日食九分半,亏在辰正。常州布衣陈得一言,当食八分半,亏在巳初,其言辛验[2]2869"。这是在用《纪元历》来计算1135年1月16日的日食,推算结果是日食食分大小为9.5分,日食亏初时间是辰正(相当于现代时间的8:00),而实际的情况是日食食分8.5分,亏初时间是巳初(现代时间的9:00)。《纪元历》推算与实际天象有差别,而陈得一推算的与实际天象吻合。下面将对本次日食的推算过程进行复算[3]。

《纪元历》与计算交食有关的天文常数:日法 $A=7290$,回归年 $t=\dfrac{2662626}{7290}$,朔望月 $u=\dfrac{215278}{7290}$,交点月 $j=\dfrac{198377.088}{7290}$,近点月 $g=\dfrac{200873.099}{7290}$。上元距崇宁五年(1106年)积年为28613466年。这次日食的计算过程可分为如下7步进行。

第1步　求绍兴五年正月朔入交泛日 r_j

1135年的上元积年为 28616466 + (1135 − 1106) = 28613495 年,即 $N_{1135}=$ 28613495。将有关常数代入式(3 − 19),有

$$\begin{cases} 28613495 \times \dfrac{2662626}{7290} \equiv \dfrac{197436}{7290}(\bmod \dfrac{215278}{7290}) \\ 28613495 \times \dfrac{2662626-197436}{7290} \equiv \dfrac{69595.344}{7290}(\bmod \dfrac{198377.088}{7290}) \end{cases}$$

可得1135年天正闰余为 $r=\dfrac{197436}{7290}$日,天正经朔入交泛日为 $\dfrac{69595.344}{7290}$日。

绍兴五年正月朔为天正冬至后的第二个朔,则有,

$$215278 \times 2 + 69595.344 \equiv 103397.168(\bmod 198377.088)$$

于是得到该朔入交泛日为103397.168日分,即 $r_j = 14 + \dfrac{1337.1680}{7290}$日。

第2步　求绍兴五年正月朔入气、入转朏朒定数 Δ_s 和 Δ_m

一个气的长度为110942.75日分,根据式(3 − 1)和式(3 − 2),得天正经朔入气为

$$2 \times 110942.75 - 197436 = 24449.5$$

次朔入气为

$$24449.5 + 2 \times 215278 = 4 \times 110942.75 + 7290 + 3944.5$$

冬至后第四气为大寒气,于是可得朔入大寒气1日余3944.5分。查日躔表求得该日损益率为18.7,朏朒积为727,进而根据式(3 − 3)求得入气朏朒定数为

$$\Delta_s = 727 + \dfrac{18 \times 3944.5}{7290} = 737.1183$$

根据式(3-4)可知绍兴五年正月入转日计算过程为

$$28613495 \times \frac{2662626}{7290} - \frac{197436}{7290} + 2 \times \frac{215278}{7290} \equiv 11 + \frac{924.8}{7290} \left(\bmod \ \frac{200873.099}{7290} \right)$$

于是得朔入 11 日余 924.8 日分,查月离表得到其日损益率为 490,朏朒积为 -2317,由此根据第三章公式(3-5)得入转朏朒定数为

$$\Delta_m = -2317 + \frac{490 \times 924.8}{7290} = -2254.8392$$

定朔入转是在经朔入转的基础上加入太阳和月亮的改正数,于是有

$$11 \times 7290 + 924.8 - 2254.8392 + 737.1183 = 10 \times 7290 + 6696.6335,$$

可得定朔入 10 日余 6696.6335 日分,其日损益率为 $\varphi_m = 360$。

第 3 步 求日食的视食甚时刻(食甚定余)ε_e

根据第三章式(3-7)可知绍兴五年正月经朔 T_p 计算为

$$28613495 \times \frac{2662626}{7290} - \frac{197436}{7290} + 2 \times \frac{215278}{7290} \equiv 26 + \frac{4850}{7290} (\bmod 60)$$

由于《纪元历》上元日为己卯日,干支序号是 16,以 26 加之,可得其经朔为 42(乙巳)日 4850 日分。进一步根据式(3-8)求得该朔定朔时刻为

$$T_r = 42 + \frac{4850}{7290} + \frac{737.1183 - 2254.8392}{7290} = 42 + \frac{3332.2791}{7290}$$

据据式(4-8)可得定朔到真食甚的时间差

$$(-2254.8392 + 737.1183) \times \frac{360}{7290} = -74.9492 \ \text{日分}$$

于是根据式(4-8)第二个算式得到食甚泛余 $\varepsilon = 3332.2791 - 74.9492 = 3257.3299$。因为 ε 小于 $0.5A = 3645$,真食甚在午前,用式(4-9)中的第一个式子,有时差

$$\Delta_h = -\frac{3 \times (0.5 \times 7290 - 3257.3299) \times 3257.3299}{2 \times 7290} = -115.4796 \ \text{日分}$$

根据式(3-13)得食甚定余为 $\varepsilon_e = \varepsilon + \Delta_h = 3257.3299 - 115.4796 = 3141.8503$,合 10.3435 时,即约 10 时 21 分。视食甚在午前,则根据式(3-14)有午前分

$$\omega = 3645 - 3141.8503 = 503.1497 \ \text{日分}$$

第 4 步 求日食食甚日行积度 x

由经朔入气可以导出食甚入气为 $11234.5 + (3141.8503 - 4850) = 9526.3503$,知其食甚入大寒气 1 日余 2236.3503 日分,即 $\varepsilon = 2236.3503$,其日盈缩分 f_s 为 343,先后数 c_s 为 13328。又食甚时太阳到冬至点距离为 $x^* = \frac{110942.75 \times 2 + 9526.3503}{7290} = 31.7437$,将其代入式(4-12)可以得到食甚日行积度为

$$x = 31.7437 + \frac{13328 + 343 \times 2236.3503/7290}{10000} = 33.0870。$$

第 5 步 求发生日食当日的半昼分 d

接下来是求得发生日食当日的半昼分。首先根据式(4-1)求得食甚午中入气为

$$9526.3503 + (0.5 \times 7290 - 3141.8503) = 10029.5 \ \text{日分}$$

即食甚当日午中入大寒气 1 日余 2739.5 日分，其日盈缩分为 343，先后数为 13328。此时可再次利用式（4-3）求得食甚午中日行积度。其计算过程为

$$\frac{110942.75\times2+10029.5}{7290}+\frac{13328+343\times2739.5/7290}{10000}=33.1584\text{ 度}$$

因 33.1584 为冬至后初度，根据式（4-4）和式（4-5）"赤道内外度"算法，则有

$$X=91.3109-(\frac{91.3109-33.1584}{517}\times33.1584+33.1584)=54.4228$$

$$\delta=\frac{(182.6218-X)\times X}{348.856}=19.9994\text{ 度}$$

据此，根据式（4-6）可求出当日日出分为 $1822.5+363\times19.9994\times10/239=2126.2566$ 日分，根据式（4-7）得半昼分为 $d=3645-2126.2566=1518.7434$ 日分。

第 6 步　求气差 Δ_q、刻差 Δ_k 和入交定日 r_e

将 x、ω 和 d 代入式（3-15）和式（3-17），得到食差算法中的气差和刻差，如下所示

$$\Delta_q=\frac{7290}{3}(1-\frac{300\times33.0870^2}{343\times7290})(1-\frac{503.1497}{1518.7434})=1411.5266$$

$$\Delta_k=\frac{4}{3}\times\frac{300\times(182.6218-33.0870)\times33.0870}{343\times7290}\times503.1497=398.2311$$

因食甚在冬至后初限，交中，则气差取负值；食甚在冬至后午前，交中，则刻差取负值。由于在交中的时候 k_0 取 -3000，将气刻差代入式（4-14），得入交定日

$$r_e=14+\frac{1337.168}{7290}+\frac{737.1183-1411.5266-398.2311-3000}{7290}=13+\frac{4554.5286}{7290}\text{ 日}$$

第 7 步　求食分 M 和日食起讫时刻

入交定日在 13 日上下，《纪元历》半个交点月长度为 $13+\frac{4418.544}{7290}$，则此时月亮运行至黄道北，为月入阴历。代入式（4-15）得入食限交前后分为

$$p=4554.5286-4418.544=135.9846\text{ 日分}$$

由于在交点前，为交前分，并且在阴历食限以下，则入阴历食限，发生日食。

《纪元历》阳历食限 $B=4300$，则其食分按式（4-16）计算得

$$M=(4300-135.9846)/430=9.6838$$

将 p、B 和 φ_m 代入式（4-17）和式（4-18），可得日食定用分

$$F=583(1-\frac{135.9846\times135.9846}{4300\times4300})(1-\frac{360}{7290})=611.1783$$

由食甚时刻减去定用分得到日食初亏时刻为 $3141.8503-611.1783=2530.6720$ 日分，合 8.33 小时，转化为时刻为辰正一刻。《纪元历》本次日食推算简要过程如表 4-1 所示。

表 4－1　绍兴五年正月朔日食计算过程数据表

步骤	计算过程	计算公式	计算结果	步骤	计算过程	计算公式	计算结果
1	入交泛日	(3－19)	$r=\dfrac{197436}{7290}$　$r_j=14\dfrac{1337.1680}{7290}$	4	食甚日行积度	(4－12)	$x=33.0870$
2	入气朒朓定数	(3－16), (3－3)	$\Delta_s=737.1183$	5	半昼分	(4－1)至(4－7)	$d=1518.7434$
	入转朒朓定数	(3－4), (3－5)	$\Delta_m=-2254.8392$	6	气差	(3－15)	$\Delta_q=-1411.5266$
	损益率		$\varphi_m=360$		刻差	(3－17)	$\Delta_k=-398.2311$
3	定朔	(3－7), (3－8)	$T_r=42\dfrac{3332.2791}{7290}$		入交定日	(4－14)	$r_e=13\dfrac{4554.5286}{7290}$
	真食甚差	(4－8)	-74.9492	7	交前后分	(4－15)	$p=135.9846$
	食甚泛余	(4－8)	$\varepsilon=3257.3299$		日食分	(4－16)	$M=9.6838$
	时差	(4－9)	$\Delta_h=-115.4796$		定用分	(4－17), (4－18)	$F=611.1783$
	食甚定余	(3－13)	$\varepsilon_e=3141.8503$		初亏		2530.6720(以7290除,得8.3291时)
	午前分	(3－14)	$\omega=503.1497$				

第五节　《纪元历》日食推算的程序设计

一、月食计算的程序代码

由于食甚时刻要计算时差,《纪元历》的月食推算过程要比《崇天历》复杂一些。我们将月食计算过程 Tf_GetYueshi 的代码拆分为几部分,分别进行论述,其主体代码如下。

```
'* * * * * * * * * * * * * * * * * * * * * * * * * * * * * *
'程序00－FF－04.2:纪元历月食计算
'* * * * * * * * * * * * * * * * * * * * * * * * * * * * * *
Private Sub Tf_GetYueshi(ByVal jinian As Double, ByVal months As Double)
    Dim recenum As New ToRecEnum : Dim shishenck As New ToDaifenshu
    Dim jingshuo As Double : Dim jingshuorq As Double
    Dim rqtnds As Double : Dim rztnds As Double
    Dim rzsyl As Double : Dim syjn As Double
```

```
    Dim jsjifen As Double : Dim rjfcdr As Double
    Dim jinming As Integer : Dim jsdu As Double              '月亮度
    拆分程序 00 - FF - 04.2 - 01:计算平望时刻
    jsdu = Int(rjfcdr / qs.tcRifa)
    If jsdu > 6 And jsdu < 18 Then
        chuzhong = False
    Else
        chuzhong = True
    End If
    拆分程序 00 - FF - 04.2 - 02:计算月食食甚时刻
    tcShishen = jsdu / qs.tcRifa * 24 : lslrtxrec.tcShishen = jsdu
    拆分程序 00 - FF - 04.2 - 03:计算月食的食限
    拆分程序 00 - FF - 04.2 - 04:计算月食食分和食延
    tc_daishi = "" : tcFuyuan = lslrtxrec.tcFuyuan / qs.tcRifa * 24
    拆分程序 00 - FF - 04.2 - 05:计算月食带食日出入分数
End Sub
```

拆分程序 00 - FF - 04.2 - 01 用于计算平望时刻。因《统天历》的月食计算与《纪元历》的基本相同,程序设计上将《统天历》与《纪元历》合并。但《统天历》计算中使用了"岁实消长"法,两者月食计算的不同主要体现在平望、入交泛日、入气和入转朏朒定数上面,于是在代码中根据历法名称做出分支选择。由于后面的计算中要使用定朔时的入转损益率,这里调用定朔入转方法 Tf_GetDswxRz,根据入转日在月离数组中取出损益率的数值。月食计算 00 - FF - 04.2 - 01 的代码如下所示。

```
'* * * * * * * * * * * * * * * * * * * * * * * * * * * * * *
'拆分程序 00 - FF - 04.2 - 01:计算平望时刻
'* * * * * * * * * * * * * * * * * * * * * * * * * * * * * *
    If tc_Lifa = "统天历" Then
        rjfcdr = GetJsrjttl(jinian, months)
        rztnds = Getrztndsttl(jinian, months + 0.5)
        rqtnds = Getrqtndsttl(jinian, months + 0.5)
        jingshuo = qs.Gettzjsttl(jinian, months + 0.5)
    Else
        jsjifen = jinian * qs.tcJishi              '计算气积分
        '天正经朔加时积分
        syjn = Int(jsjifen / qs.tcShuoshi) : jsjifen = qs.tcShuoshi * syjn
        rjfcdr = js.Tf_GetTzjsRujiaoF(jsjifen, months, qs.tcShuoshi)
        rqtnds = Getrqtnds(jinian, months + 0.5)
        rztnds = Getrztnds(jinian, months + 0.5)
        jingshuo = qs.Tf_GetWang(jinian, months)
```

```
End If
rjfcdr + = qs. tcShuoshi / 2
If rjfcdr > js. tcJiaozhongf Or rjfcdr = js. tcJiaozhongf Then
    rjfcdr - = js. tcJiaozhongf
End If
lslrtxrec. tcRuqitnds = rqtnds
lslrtxrec. tcDsrz = yl. Tf_GetDswxRz(lslrtxrec. tcJsrz, rqtnds, rztnds)
rzsyl = Getrzsylc(lslrtxrec. tcDsrz)
```

拆分程序 00 - FF - 04.2 - 02 用于计算月食食甚时刻。因《纪元历》月食时差计算与日出分相关,需要先计算月食食甚泛余,然后计算泛余所在日的日出分。其方法与每日日出分算法一样,直接调用 Tf_GetWzzj、Tf_GetMrrxjd、Tf_GetMrcdnwd 和 Tf_GetMrrcF 几个方法实现。最后使用 Tf_GetYueshishenDy 方法算得月食食甚定余,即食甚时刻。月食计算 00 - FF - 04.2 - 02 的代码如下所示。

```
'* * * * * * * * * * * * * * * * * * * * * * * * * * * *
'拆分程序 00 - FF - 04.2 - 02:计算月食食甚时刻
'* * * * * * * * * * * * * * * * * * * * * * * * * * * * *
    Dim ii As Boolean ; Dim zzheng As Integer
    Dim ruqi As TbJieQi ; Dim tbname As String
    Dim qysf As Double ; Dim qxhs As Double
    Dim qizhongji As Double ; Dim richf As Double
    Dim cdnwd As Double ; Dim wzrxjd As Double
    '午中入气
    ruqi = lslrtxrec. tcRuqi
    jsdu = jingshuo - Int(jingshuo / qs. tcRifa) * qs. tcRifa
    jsjifen = js. Tf_GetYuessfy(rqtnds, rztnds, rzsyl, jsdu, jinming, qs. tcRifa)
    jingshuorq = js. Tf_GetYuessfywzrq(jsjifen, jsdu, lslrtxrec. tcJsrq, jinming,
qs. tcRifa, qs. tcJishi / 24, ruqi)
    jsdu = Int(jingshuo / qs. tcRifa) + jinming + qs. tcShangyName
    If jsdu < 1 Then jsdu + = 60
    If jsdu > 60 Then jsdu - = 60
    tcJsrs = jsdu ; tcjsr = recenum. Tf_RecGANZHI(tcJsrs)
    tbname = recenum. Tf_RecJIEQI(ruqi) ; qizhongji = qs. Tf_GetQizj(ruqi - 1)
    zzheng = Int(jingshuorq / qs. tcRifa)
    qysf = Val(Mid(richanbiao((lslrtxrec. tcRuqi - 1) * 4 + 2), zzheng * 18 + 1, 18))
    qxhs = Val(Mid(richanbiao((lslrtxrec. tcRuqi - 1) * 4), zzheng * 18 + 1, 18))
    wzrxjd = gl. Tf_GetWzzj(jingshuorq, qizhongji, qs. tcRifa)
    wzrxjd = gl. Tf_GetMrrxjd(wzrxjd, jingshuorq, qxhs, qysf, qs. tcRifa)
    cdnwd = gl. Tf_GetMrcdnwd(wzrxjd, rc. tcHcdj, 517, 400)
```

```
    richf = gl.Tf_GetMrrcF(cdnwd, rc.tcHcdj, qs.tcRifa)
    '食甚定余
    jsdu = js.Tf_GetYueshishenDy(jsjifen, qs.tcRifa, richf, qianhoufen, qianhou)
```

拆分程序 00-FF-04.2-03 用于计算月食的食限，先后计算入交常日、入交定日、月行入阴阳历和月行入阴阳历交前后分，并依次判断是否发生月食。如果有月食，则 ifjs 返回 true，否则返回 false。月食计算 00-FF-04.2-03 的代码如下所示。

```
'* * * * * * * * * * * * * * * * * * * * * * * * * * * * * *
'拆分程序 00-FF-04.2-03:计算月食的食限
'* * * * * * * * * * * * * * * * * * * * * * * * * * * * * *
    rjfcdr = js.Tf_GetShuoJsrjcr(rjfcdr, rqtnds)
    rjfcdr = js.Tf_GetWangrjdr(rjfcdr, rztnds)
    If rjfcdr < 0 Then
        rjfcdr += js.tcJiaozhongf
    ElseIf rjfcdr > js.tcJiaozhongf Then
        rjfcdr -= js.tcJiaozhongf
    End If
    rjfcdr = js.Tf_GetYxrYyl(rjfcdr, yinyang)
    Dim ifJs As Boolean
    jsdu = js.Tf_GetYuesrxjQhf(rjfcdr, qs.tcRifa, ii, ifJs)
    If ifJs = True Then
        tcJiaoshi = True
    Else
        tcJiaoshi = False : Exit Sub
    End If
```

拆分程序 00-FF-04.2-04 用于计算月食食分和食延。使用方法 Tf_GetYueshiF 计算月食食分，然后调用 Tf_GetYueshiFyf 和 Tf_GetDyf 方法计算泛用分和定用分，从而得到初亏和复满时间。如果月食食分计算结果大于 10 分，说明发生月全食，则要计算月食的食既和生光时刻，调用 Tf_GetYueshiJnf 方法计算既内分，加减在食甚时刻，得到食既和生光时刻。月食计算 00-FF-04.2-04 的代码如下所示。

```
'* * * * * * * * * * * * * * * * * * * * * * * * * * * * * *
'拆分程序 00-FF-04.2-04:计算月食食分和食延
'* * * * * * * * * * * * * * * * * * * * * * * * * * * * * *
    Dim shifen As Double : Dim dfyf As Double
    shifen = js.Tf_GetYueshiF(jsdu, js.tcYueshiJx)
    tcShifen = Format(shifen, "00.0000") : dfyf = qs.tcRifa * 9 / 100
    shifen = js.Tf_GetYueshiFyf(jsdu, dfyf, js.tcYueshiX * js.tcYueshiX / dfyf)
```

```
        shifen = js. Tf_GetDyf(shifen, rzsyl * qs. tcRifa, qs. tcRifa)

        lslrtxrec. tcChukui = lslrtxrec. tcShishen - shifen

        lslrtxrec. tcFuyuan = lslrtxrec. tcShishen + shifen

        If lslrtxrec. tcChukui < 0 Then lslrtxrec. tcChukui += qs. tcRifa

        If lslrtxrec. tcChukui > qs. tcRifa Or lslrtxrec. tcChukui = qs. tcRifa Then
lslrtxrec. tcChukui -= qs. tcRifa

        If lslrtxrec. tcFuyuan < 0 Then lslrtxrec. tcFuyuan += qs. tcRifa

        If lslrtxrec. tcFuyuan > qs. tcRifa Or lslrtxrec. tcFuyuan = qs. tcRifa Then
lslrtxrec. tcFuyuan -= qs. tcRifa

        dfyf = shifen

        tcChukui = lslrtxrec. tcChukui / qs. tcRifa * 24

        If tcShifen > 10 Then
            shifen = (qs. tcRifa * 9 / 100) * js. tcYueshiJx / js. tcYueshiX

            shifen = js. Tf_GetYueshiJnf(jsdu, shifen, (js. tcYueshiJx * js. tcYueshiJx) /
shifen, rzsyl * qs. tcRifa, qs. tcRifa)

            tcShiji = lslrtxrec. tcShishen - shifen

            tcShengguang = lslrtxrec. tcShishen + shifen

        End If
```

拆分程序 00 - FF - 04.2 - 05 用于计算月食带食日出入分数。先判断是否发生带食日出入,然后根据月食食分大于 10 分判断是否带食既出入,如果带食既出入,则日出日落时即为全食,否则计算带食日出入所见分数。月食计算 00 - FF - 04.2 - 05 的代码如下所示。

```
'* * * * * * * * * * * * * * * * * * * * * * * * * * * * * *
'拆分程序 00 - FF - 04.2 - 05:计算月食带食日出入分数
'* * * * * * * * * * * * * * * * * * * * * * * * * * * * * *
If tcShifen > 10 Then
        If tcShiji > richf And tcShengguang < qs. tcRifa - richf Then
            tcShifen = js. Tf_GetYsjdsfen(lslrtxrec. tcShishen, shifen, richf, dfyf,
qs. tcRifa)

            tc_daishi = "带食既出入分:"
        End If
    Else
        If lslrtxrec. tcShishen > richf And lslrtxrec. tcShishen < qs. tcRifa - richf Then
            tcShifen = js. Tf_GetDsfen(lslrtxrec. tcShishen, tcShifen, richf, dfyf,
qs. tcRifa)

            tc_daishi = "带食出入分:"
        End If
    End If
```

```
If tcShifen < 0 Or tcShifen = 0：tcJiaoshi = False
```

二、日食计算的程序代码

因日食计算过程的复杂性，本书将《纪元历》的日食推算过程的代码拆分为几部分，分别进行论述。日食推算的主体代码为过程 Tf_ GetRishi，代码如下。

```
'* * * * * * * * * * * * * * * * * * * * * * * * * * * * *
'程序 00 - FF - 05.2：纪元历日食计算
'* * * * * * * * * * * * * * * * * * * * * * * * * * * * *
Private Function Tf_GetRishi(ByVal jinian As Double, ByVal months As Double) As Boolean
    Dim recenum As New ToRecEnum：Dim shishenck As New ToDaifenshu
    Dim jingshuo As Double：Dim jingshuorq As Double
    Dim rqtnds As Double：Dim rztnds As Double
    Dim rzsyl As Double：Dim syjn As Double
    Dim jsjifen As Double：Dim rjfcdr As Double
    Dim jinming As Integer：Dim jsdu As Double            '月亮度
    拆分程序 00 - FF - 05.2 - 01：计算日食食甚时刻
    lslrtxrec.tcShishen = jsdu
    jsdu = Int(jingshuo / qs.tcRifa) + jinming + qs.tcShangyName
    If jsdu < 1 Then jsdu + = 60
    If jsdu > 60 Then jsdu - = 60
    tcJsrs = jsdu：tcjsr = recenum.Tf_RecGANZHI(tcJsrs)
    拆分程序 00 - FF - 05.2 - 02：计算日食食甚日行积度
    拆分程序 00 - FF - 05.2 - 03：计算半昼分
    拆分程序 00 - FF - 05.2 - 04：计算气刻差、入交定日和入交前后分
    拆分程序 00 - FF - 05.2 - 05：计算日食的食分和食延
    tcChukui = lslrtxrec.tcChukui / qs.tcRifa * 24
    tcFuyuan = lslrtxrec.tcFuyuan / qs.tcRifa * 24
    拆分程序 00 - FF - 08 - 06：计算带食日出入分数
End Sub
```

拆分程序 00 - FF - 05.2 - 01 用于计算日食食甚时刻。同样因为《统天历》，程序在求经朔、入交泛日、入气和入转朏朒定数上面，根据历法名称做出分支选择。因计算食甚泛余时要使用定朔入转算外损益率，调用定朔入转方法 Tf_GetDswxRz 求得入转日，进而调用 GetAnyvalue 在月离数组中取出损益率的数值。计算气刻差和入交定日时都会考虑月亮在交初还是交终，在这里提前根据入交泛日判断出来。最后将经朔小余，入气入转朏朒定朔等变量代入 Tf_GetShishenDy 求得食甚定余。日食计算 00 - FF - 05.2 - 01 的代码如下所示。

```
'* * * * * * * * * * * * * * * * * * * * * * * * * * * * *
'拆分程序 00 - FF - 05.2 - 01：计算日食食甚时刻
'* * * * * * * * * * * * * * * * * * * * * * * * * * * * *
    If tc_Lifa = "统天历" Then
        rjfcdr = GetJsrjttl(jinian, months)
        rztnds = Getrztndsttl(jinian, months)
        rqtnds = Getrqtndsttl(jinian, months)
        jingshuo = qs.Gettzjsttl(jinian, months)
    Else
        jsjifen = jinian * qs.tcJishi                        '计算气积分
        syjn = Int(jsjifen / qs.tcShuoshi) : jsjifen = qs.tcShuoshi * syjn   '天正经朔加
时积分
        rjfcdr = js.Tf_GetTzjsRujiaoF(jsjifen, months, qs.tcShuoshi)
        rqtnds = Getrqtnds(jinian, months)
        rztnds = Getrztnds(jinian, months)
        jingshuo = qs.Gettzjs(jinian, months)
    End If
    lslrtxrec.tcRuqitnds = rqtnds : lslrtxrec.tcRuzhuantnds = rztnds
    lslrtxrec.tcDsrz = yl.Tf_GetDswxRz(lrtxrec.tcJsrz, rqtnds, rztnds)
    rzsyl = GetAnyvalue(lslrtxrec.tcDsrz, 1, "syl")
    jsdu = Int(rjfcdr / qs.tcRifa)
    If jsdu > 6 And jsdu < 18 Then
        chuzhong = False
    Else
        chuzhong = True
    End If
    '食甚定余
    jsdu = jingshuo - Int(jingshuo / qs.tcRifa) * qs.tcRifa
    jsdu = js.Tf_GetShishenDy(rqtnds, rztnds, rzsyl, jsdu, qs.tcRifa, jinming, qianhoufen,
qianhou)
    tcShishen = jsdu / qs.tcRifa * 24
```

拆分程序 00 - FF - 05.2 - 02 用于计算日食食甚日行积度。利用 Tf_GetQizj 求得气中积,代入 Tf_GetShishenRq 求得食甚入气。因食延算法中要用到食甚入转算法损益率,这里调用 Tf_GetShishenRz 求出食甚入转,进而在月离表中取出损益率的数值。根据食甚入气及日数,在日躔表数组中查找出盈缩分和先后数的数值,代入到 Tf_GetShishenRxjd 求得本次日食的食甚日行积度。日食计算 00 - FF - 05.2 - 02 的代码如下所示。

```
'* * * * * * * * * * * * * * * * * * * * * * * * * * * * *
'拆分程序 00 - FF - 05.2 - 02：计算日食食甚日行积度
'* * * * * * * * * * * * * * * * * * * * * * * * * * * * * *
    Dim ii As Boolean ；Dim zzheng As Integer
    Dim ruqi As TbJieQi ；Dim tbname As String
    Dim qysf As Double ；Dim qxhs As Double
    Dim qizhongji As Double
    qizhongji = qs. Tf_GetQizj(lrtxrec. tcRuqi - 1)
    '食甚入气
    jingshuorq = js. Tf _ GetShishenRq ( jingshuo, lslrtxrec. tcShishen, lrtxrec. tcJsrq,
qs. tcJishi / 24, qs. tcRifa, jinming, lrtxrec. tcRuqi)
    jsjifen = js. Tf _ GetShishenRz ( jingshuo, lslrtxrec. tcShishen, lrtxrec. tcJsrz,
yl. tcZhuanzf, qs. tcRifa, jinming)
    rzsyl = GetAnyvalue(jsjifen, 1, "syl")
    tbname = recenum. Tf_RecJIEQI(lrtxrec. tcRuqi)
    zzheng = Int(jingshuorq / qs. tcRifa)
    qysf = Val(Mid(richanbiao(Val(lrtxrec. tcRuqi - 1) * 4 + 2), zzheng * 18 + 1, 18))
    qxhs = Val(Mid(richanbiao((lrtxrec. tcRuqi - 1) * 4), zzheng * 18 + 1, 18))
    jsdu = js. Tf_GetShishenRxjd(jingshuorq, qizhongji, qysf, qxhs, qs. tcRifa)
```

拆分程序 00 - FF - 05.2 - 03 用于计算气刻差算法中重要的参数半昼分。与计算日行积度类似，先得到食甚日的气中积和午中入气，然后根据午中入气及日数查找出盈缩分和先后数，进而求得食甚日的午中中积和日行积度，最后将日行积度代入 Tf_GetMrcdnwd 方法，得到食甚日的赤道内外度，进而根据 Tf_GetMrbzF 方法求出当日的半昼分。拆分程序 00 - FF - 05.2 - 03 的代码如下所示。

```
'* * * * * * * * * * * * * * * * * * * * * * * * * * * * *
'拆分程序 00 - FF - 05.2 - 03：计算半昼分
'* * * * * * * * * * * * * * * * * * * * * * * * * * * * *
    Dim banzf As Double
    Dim cdnwd As Double ；Dim wzrxjd As Double
    '午中入气
    ruqi = lslrtxrec. tcRuqi
    jingshuorq = gl. Tf_GetWzrq(jingshuorq, qianhoufen, qianhou, qs. tcJishi / 24, ruqi)
    tbname = recenum. Tf_RecJIEQI(ruqi) ；qizhongji = qs. Tf_GetQizj(ruqi - 1)
    zzheng = Int(jingshuorq / qs. tcRifa)
    qysf = Val(Mid(richanbiao((lrtxrec. tcRuqi - 1) * 4 + 2), zzheng * 18 + 1, 18))
    qxhs = Val(Mid(richanbiao((lrtxrec. tcRuqi - 1) * 4), zzheng * 18 + 1, 18))
    wzrxjd = gl. Tf_GetWzzj(jingshuorq, qizhongji, qs. tcRifa)
    wzrxjd = gl. Tf_GetMrrxjd(wzrxjd, jingshuorq, qxhs, qysf, qs. tcRifa)
```

```
cdnwd = gl.Tf_GetMrcdnwd(wzrxjd, rc.tcHcdj, 517, 400)

lslrtxrec.tcCdnwd = cdnwd

banzf = gl.Tf_GetMrbzF(cdnwd, rc.tcHcdj, qs.tcRifa)

lslrtxrec.tcRichufen = 0.5 * qs.tcRifa - banzf
```

拆分程序 00-FF-05.2-04 用于计算气刻差、入交定日和入交前后分，并判断是否发生日食。调用 Tf_GetYxrYyl 计算月行入阴阳历，同时将阴历或阳历的值返回变量 yinyang；调用 Tf_GetRsrxjQhf 计算交前后分，同时将月亮在交前或交后返回变量 ii，是否发生交食返回变量 ifjs。最后根据 ifjs 的值，如果没有交食，则要退出本过程，不再计算食分和食延。日食计算 00-FF-05.2-04 的代码如下所示。

```
'* * * * * * * * * * * * * * * * * * * * * * * * * * * *
'拆分程序 00-FF-05.2-04：计算气刻差、入交定日和入交前后分
'* * * * * * * * * * * * * * * * * * * * * * * * * * * *
    Dim kecha As Double : Dim qicha As Double

    Dim dongxia As Boolean

    qicha = js.Tf_GetQichaDs(jsdu, qs.tcRifa, qianhoufen, banzf, gl.tcXiangX, chuzhong)

    kecha = js.Tf_GetKechaDs(jsdu, gl.tcXiangX, qianhoufen, banzf, qs.tcRifa, dongxia, qianhou, chuzhong)

    rjfcdr = js.Tf_GetShuoJsrjcr(rjfcdr, rqtnds)

    rjfcdr = js.Tf_GetShuorjdr(rjfcdr, qicha, kecha, qs.tcRifa, 5.685 * qs.tcRifa / yl.tcYuepx, -5.5 * qs.tcRifa / yl.tcYuepx, chuzhong)

    rjfcdr = js.Tf_GetYxrYyl(rjfcdr, yinyang)

    Dim ifJs As Boolean

    jsdu = js.Tf_GetRsrxjQhf(rjfcdr, qs.tcRifa, yinyang, ii, ifJs)

    If ifJs = True Then
        tcJiaoshi = True
    Else
        tcJiaoshi = False : Exit Sub
    End If
```

拆分程序 00-FF-05.2-05 用于计算日食的食分和食延。调用 Tf_GetRishiF 计算食分，然后调用 Tf_GetRishiFyf 和 Tf_GetDyf 分别计算泛用分和定用分，进而得到初亏和复满的时间。日食计算 00-FF-05.2-05 的代码如下所示。

```
'* * * * * * * * * * * * * * * * * * * * * * * * * * * *
'拆分程序 00-FF-05.2-05：计算日食的食分和食延
'* * * * * * * * * * * * * * * * * * * * * * * * * * * *
    Dim shifen As Double
```

```
shifen = js. Tf_GetRishiF(jsdu, yinyang)

tcShifen = Format(shifen, "00.0000")

lslrtxrec. tcShifen = tcShifen

shifen = js. Tf_GetRishiFyf(jsdu, qs. tcRifa * 2 / 25, yinyang)

shifen = js. Tf_GetDyf(shifen, rzsyl * qs. tcRifa, qs. tcRifa)

lslrtxrec. tcChukui = lslrtxrec. tcShishen − shifen

lslrtxrec. tcFuyuan = lslrtxrec. tcShishen + shifen
```

拆分程序 00－FF－05.2－06 用于计算带食日出入分数。食甚在日出前或日落后，就可以计算带食分了，而不必判断是否为初亏或复满时刻。因根据带食分算法，如果初亏在日落后或复满在日出前，带食分就会小于 0，这样当最终的食分小于 0 时，说明不可见日食食分，将变量 tcjiaoshi 的值赋为 False。日食计算 00－FF－05.2－06 的代码如下所示。

```
'* * * * * * * * * * * * * * * * * * * * * * * * * * * * * *

'拆分程序 00－FF－08－06：计算带食日出入分数

'* * * * * * * * * * * * * * * * * * * * * * * * * * * * * *

If lslrtxrec. tcShishen > (qs. tcRifa * 0.5 + banzf) Then

    banzf = qs. tcRifa * 0.5 + banzf

    tcShifen = js. Tf_GetDsfen(lslrtxrec. tcShishen, tcShifen, banzf, shifen, qs. tcRifa)

  ElseIf lslrtxrec. tcShishen < qs. tcRifa * 0.5 − banzf Then

    banzf = qs. tcRifa * 0.5 − banzf

    tcShifen = js. Tf_GetDsfen(lslrtxrec. tcShishen, tcShifen, banzf, shifen, qs. tcRifa)

End If

If tcShifen < 0 Or tcShifen = 0：tcJiaoshi = False
```

参考文献

[1] 滕艳辉.《崇天历》的日食推步术[J]. 中国科技史杂志,2020,41(4):534－548.

[2] (元)脱脱,贺惟一,阿鲁图,等. 宋史:律历志[M]//历代天文律历等志汇编:第 8 册. 北京:中华书局,1976:2809.

[3] 滕艳辉,唐泉.《纪元历》日食算法及精度分析[J]. 自然科学史研究,2013,32(2):140－155.

[4] 薄树人. 薄树人文集[M]. 合肥:中国科学技术大学出版社,2003.

[5] 王应伟. 中国古历通解[M]. 沈阳:辽宁教育出版社,1998.

[6] 曲安京. 中国数理天文学[M]. 北京:科学出版社,2008.

[7] 傅健,李志超. 宋历步交会术中"三差"的计算方法[J]. 自然科学史研究.1992,11

(4):307－315.

[8] 张培瑜,陈美东,薄树人,等．中国古代历法[M]．北京:中国科学技术出版社,2008.

[9] 陈美东．历代律历志校证[M]．北京:中华书局,2008:211.

[10] 滕艳辉．宋代的日月食起讫算法[J]．咸阳师范学院学报,2014,29(2):74－78.

第五章　南宋历法的日食计算方法
及其模拟复原

第一节　南宋历法可能的交食计算方法

南宋自 1135 年至 1279 年共行用 11 部历法。其中《纪元历》是北宋制定的历法,《本天》《淳祐》和《会天》三历目前已经失传,这样,《宋史》在南宋部分只记载了其余 7 部历法的内容。《宋史·律历志》将《统元》《乾道》《淳熙》和《会元》四历记载在一起,将《统天》《开禧》和《会天》三历记载在一起。然而,正史仅记载了这些历法的常数、表格和推算的步骤名称,对推算步骤的具体术文则略去不记,仅是在每一部分的结尾注明"法同前历,此不载[1]2998"。这样,我们现在是不知道这些历法的推算算法的。

一、南宋历法中交食算法的推算术文

一般认为,南宋的历法多是根据北宋历法修订而来的。虽然正史未载其术文,但根据"法同前历,此不载",可知这些历法的推算方法与前面某部历法是一样的。它们仅是基本天文常数存在差异,修史者为避免重复,略去不记。问题是,这里的"前历"指的是哪部历法呢?一些学者认为"前历"当指北宋最后一部历法《纪元历》,因这在时间上是贴合实际的[2-4]。

然而,就交食计算而言,当我们详查《统元历》等 4 部历法的推算步骤时,发现它们的某些步骤与《纪元历》不一致。《统元历》在"求入交常日"后有"求朔望加时入交定日",而《纪元历》则无此项;《纪元历》在求气、刻差之后有"求朔入交定日"和"求望入交定日",而《统元历》则无。根据《纪元历》算法,"入交定日"一定是在视差修正之后求得,因此,两者的"入交定日"所指有异[5]394-396。比较《统天历》等 3 部历法的推算步骤,我们发现它们在视差修正前有"求入交数、常、望定日",而在视差修正后只有求"朔入交定日",它们的步骤与《纪元历》的相近。由于交食计算要用到每日的太阳视赤纬,我们查看南宋历法晷影漏刻部分的常数和推算过程,发现《统元》四历是利用消息定数来计算,这与《崇天历》的过程相同;而《统天》三历根据每日午中的限度去计算,这与《纪元历》的相同[6]。

《宋史·律历志》记载"《统元历》颁行虽久,有司不善用之,暗用《纪元》法推步而以《统元》为名。乾道二年,日官以《纪元历》推三年丁亥岁十一月甲子朔,将颁行,裴伯寿诣礼部陈《统元历》法当进作乙丑朔,于是依《统元历》法正之。"[1]2870

那么,《统元》和《纪元》的常数及计算的复杂性差不多,如果两者的方法一致,有司为什么还要暗用《纪元》呢?

以上这些,都说明《统元历》等 4 部历法与《纪元历》的算法是不同的,而《统天历》等 3 部历法与《纪元历》可能相同。北宋影响最大且算法最成熟的是《崇天历》和《纪元历》。《崇天历》前后行用 40 多年,其后《观天历》的交食算法也完全与它相同。比较《统元历》,我们发现其交食推算步骤也与《崇天历》一致。这样,我们猜测《统元历》记载中的"前历"应该是《崇天历》。①

二、《宋史》中的交食推算记录

为了进一步证实猜测,我们将南宋历法的常数分别代入《崇天历》和《纪元历》的交食算法中,从推算结果上分析。《宋史》记载在历法改革或评议时,历算家为了说明某部历法的优劣,有用其推算交食的情况。如果这些结果与我们使用《崇天历》算法所得结果相一致,则可以进一步证明这部历法使用了《崇天历》的交食推算方法,对于《纪元历》,情况一样。下面,我们将对每一条记录进行分析。

(1)《统元历》编制时,《宋史》记载"(绍兴)五年,日官言,正月朔旦日食九分半,亏在辰正。常州布衣陈得一言,当食八分半,亏在巳初。其言卒验[1]2869"。陈得一当是用他所编制的《统元历》推算这次日食,初亏在巳初,按现在时间大约上午 9:00 至 9:14。我们将《统元历》的常数代入《崇天历》重新计算的结果是食分 8.50,初亏时刻是 9:01;而代入《纪元历》的结果是食分 8.87,初亏时刻是 8:45[7-8]。史料结果显然与用《崇天历》推算的结果一致,而与《纪元历》的有一定差异。②

(2)在《乾道历》制定中,史载"(孝荣)又定去年(乾道三年)二月望夜二更五点月食九分以上,出地复满。臣尝言于宰相,是月之食当食既出地,《纪元历》亦食既出地,生光在戌初二刻,复满在戌正三刻。是夕,月出地时有微云,至昏时见月已食既,至戌初三刻果生光,即食既出地可知;复满在戌正三刻,时二更二点:臣所言卒验。孝荣言见行历交食先天六刻,今所定月食复满,乃后天四刻,新历谬误为甚[1]2879。"刘孝荣应当使用其所造《乾道历》推算,月食食分 9 分以上,复满时刻比真实晚了 4 刻(大约 1 小时),实际月食复满在戌正三刻(大约 20:43),《乾道历》计算也是大约 21:43。我们回推的结果是:使用《崇天历》算法复满 21:39,使用《纪元历》算法复满 20:05。由此可见,《乾道历》应该使用了《崇天历》的月食算法。

(3)史载《乾道历》推算日食"……而太史局丞、同判太史局荆大声言《乾道历》加时系不及进限四十二分,定今年(乾道九年)五月朔日食亏初在午时一刻。今测验五月朔日食

---

① 宋初三历无论行文描述还是推算过程都不成熟,加之时间相隔太久,南宋的历家们不可能依其为模板;虽然周琮自认为《明天历》的推步和数据都很优秀,但其精度却没有想象的高,而其后的《观天历》大部分算法是延用《崇天历》的算法;《奉元历》和《占天历》南宋时已经失传,《观天历》与《崇天历》几乎相同。这样,南宋历法可能采用的算法只有《崇天历》和《纪元历》的。

② 由于日食计算的过程计算相当复杂,限于篇幅,本文不可能将计算过程和中间结果列出,相关计算可参考文献:滕艳辉,唐泉.《纪元历》日食算法及精度分析.自然科学史研究,2013,32(2):140-155;滕艳辉.《崇天历》的日食推步术.中国科技史杂志,2020,41(04):534-548;也可以根据第三章和第四章所讨论的计算公式和算例进行计算。

亏初在午时五刻半，《乾道历》加时弱四百五十分……[1]2882"以《乾道历》推算乾道九年的日食亏初时刻午时一刻，约 11:14。用《崇天历》算法推算得 11:12，《纪元历》推算得 11:08，两者都很接近，但以《崇天历》算法更接近史载记录值。

（4）关于《乾道历》，还有"且预定是年（乾道四年）四月戊辰朔日食一分，日官言食二分，伯寿并非之，既而精明不食[1]2871。"以《乾道历》推算乾道三年的日食是一分，用《崇天历》算法推算得食分为 2.67，《纪元历》法算得食分为 3.48，虽然都与记录不很吻合，但《崇天历》推算得更接近些。

（5）淳熙历的推算，史载"以《淳熙历》推之，九月望夜，月食大分五、小分二十六，带入渐进大分三、小分四十七；亏初在东北，卯初三刻，系攒点九刻后；食甚在正北，卯正三刻后；复满在西北，辰正初刻后，并在昼[1]2886。"表明使用《淳熙历》推算淳熙十二年九月的月食，最大食分为 5.26，日出带食分为 3.47，初亏时刻是 5:43，食甚时刻在 6:43 以后，复满在 8:00 以后。我们用《崇天历》算法复原的结果是食分为 5.25，日出带食分为 4.79，这个值略大；初亏时刻是 5:30，食甚是 6:35，复满是 7:39，用《纪元历》法复原的初亏时刻是 5:14，食甚是 6:23，复满是 7:31。虽然都与记录不很吻合，但使用《崇天历》算法推算的更接近些。

（6）史载"五年，降算造成永祥一官，以元算日食未初三刻，今未正四刻，元算亏八分，今止六分故也[1]2896。"记载使用《开禧历》推算淳祐五年日食食分为 8，食甚未初三刻，约 13:43。我们使用《纪元历》算法推得食分为 7.94，食甚为 13:59，与史载记录基本吻合；使用《崇天历》算法推算食分为 9.35，食甚为 14:01，食甚差不多，而食分差了很多。

我们将各条记录重新计算的结果、史料记载的结果及它们之间的对比情况列于表 5-1 中。

表 5-1 《宋史》中所载历法推算记录与复原计算结果比较表

序号	日期	比较内容	历法	比较项	历推值[1]	记录值	现代值
（1）	绍兴五年正月朔 /11350116	日食	统元历 C[2]	初亏	9:01	9:00	9:48
				食分[3]	8.50	8.5	9
			统元历 J[3]	初亏	8:45	9:00	9:48
				食分	8.87	8.5	9
（2）	乾道三年二月望 /11670421	月食	乾道历 C	复满	21:39	21:43	20:38
			乾道历 J	复满	20:05	21:43	20:38
（3）	乾道九年五月朔 /11730612	日食	乾道历 C	初亏	11:12	11:14	12:14
			乾道历 J	初亏	11:08	11:14	12:14
（4）	乾道四年四月朔 /11680325	日食	乾道历 C	食分	2.67	1	0
			乾道历 J	食分	3.48	1	0

续表

序号	日期	比较内容	历法	比较项	历推值[1]	记录值	现代值
(5)	淳熙十二年九月望 /11851011	月食	淳熙历 C	食分	5.25	5.26	5.1
				初亏	5:30	5:43	5:12
				食甚	6:35	>6:43	6:26
				复满	7:39	>8:00	7:40
			淳熙历 J	初亏	5:14	5:43	05:12
				食甚	6:23	>6:43	6:26
				复满	7:31	>8:00	7:40
(6)	淳祐五年七月朔 /12450725	日食	开禧历 C	食分	9.35	8	7.9
				初亏	14:01	13:43	15:13
			开禧历 J	食分	7.94	8	7.9
				初亏	13:59	13:43	15:13

附注:1."历推值"表示某部历法用计算机程序计算的结果值;"记录值"指《宋史》中记载的历法推算记录换算成的现代时间表示,其中一刻按14.4分钟计算;"现代值"指现代天文学回推的当时真实的天象结果值。

2."统元历 C"的历推值指按照《统元历》的天文常数和《崇天历》的算法推算得到的结果,"统元历 J"指按照《统元历》的天文常数和《纪元历》的算法推算得到的结果;其他历法与此同。

3."食分"的历推值按古代的传统取作以10分为限(月全食以15为准),现代值则是食分的真实值乘10。

以上的分析我们不难得到,《统元》四历的交食推算应该使用了《崇天历》的计算方法,而《开禧历》则使用了《纪元历》的方法。当我们考察《宋史·天文志》时,特别留意那些"当食不食"或"阴云不见"的情形,因为这很有可能是用历法推算了某日有交食,但当时并没有发生日食。如果当天正好有阴雨,无论真实情况是否发生交食,都会记录"阴云不见"字样。《宋史·天文志》载有这样的日食记录二十余次,根据历法行用年代,我们分别依照《纪元历》和《崇天历》的算法进行推算,结果除去一次记录外,两者的推算并没有差异。但唯一的不同是嘉定四年十一月(1211年12月7日)的那次日食,《天文志》载"四年十一月己酉朔,日当食,太史言不见亏分[9]"。当时行用《开禧历》,使用《纪元历》算法推算当食1.36分,而《崇天历》算法则不能推算出日食。这也是《开禧历》使用了《纪元历》算法的又一个佐证[10]。

第二节　《统天历》的朔闰及交食算法

《统天历》是宋代极其特殊的一部历法,它首创"岁实消长术",并放弃传统的上元积年,无论是对天文学的认识,还是对历算方法的改进,都达到了前所未有的高度[11]。《统天历》在改变传统历法方面可为大胆,虽然可能由于新法未能与新的观测完美匹配,导致其交食推算精度不高,饱受诟病,但它的思想方法直接启发了郭守敬《授时历》的制定。《授时历》很多方法自称沿用了《纪元》之法,其实更直接的是使用了《统天》之法。

《元史》记载《统天历》行用时间是庆元六年(1200)至开禧三年(1207),共 8 年[12]。但《宋史》载"于是《开禧历》附《统天历》行于世四十五年[1]2895"。那么,在《开禧历》行用期间,历官可能也使用《统天历》进行推算,与《开禧》相互参照。这样,《统天历》真正使用的时间可能多达 52 年(1200—1251 年)。

一、《统天历》的岁实消长与积年算法

传统历法理想的上元时刻是甲子年、甲子日、日月五星同黄经同处升(降)交点并且是冬至日。这样,导致历法制定年到上元时刻的积年数非常庞大,有时甚至过亿。而《统天历》仅保证了上元时刻是甲子年和冬至日等少数几个条件,它的上元积年相比前历要小得多。《统天历》上元距离宋绍熙五年(1194 年)为 3830 年,该年为甲子年,上元时刻为当年的冬至时刻。但这个冬至时刻并不在甲子日夜半,也不是近地点或远地点,还不是交点和日月合朔时刻。此时刻与上述几个天文起算点的关系如图 5-1 所示[13]。

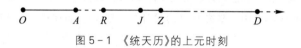

图 5-1 《统天历》的上元时刻

图 5-1 中,我们令 O 表示上元时刻(冬至时刻),A 点为上元后最近的甲子日夜半,R 表示降交点时刻,J 表示经朔时刻,Z 表示近地点时刻,D 是某年冬至时刻。在《统天历》中,$OA=237811$ 称为气差,表示上元时刻与甲子日夜半的距离;$AJ=21704$ 称为闰差,表示甲子日夜半到经朔点的距离;$AR=80298$ 称为交差,表示甲子日夜半到交点的距离;$AZ=188800$ 称为转差,表示甲子日夜半到近地点的距离。这样,如果求冬至时刻就需要在 OD 上减去气差 OA,求上元到某个朔的积月数,就要在依照上元时刻推得的基础上减去闰差 AJ。

由于地球自转长期变慢,这使得每一天的长度按原子时秒来衡量是在不断变长的。如果以恒星日(即每一日的长度不变)来衡量,则回归年的长度则是在不断地变短,即回归年是一个古大今小的量。《统天历》不但意识到了这点,且给出了回归年变化的定量表达。《统天历》求天正冬至算法里面包含了这个表达,其术文称

> 置上元距所求年积算,以岁分乘之,减去气差,余为气泛积;以积算与距算相减,余为距差;以斗分差乘之,万约,为朒差;小分半已上从秒一。复以距差乘之,秒半已上从分一,后皆准此。以减气泛积,余为气定积;……满纪实去之,不满,如策法而一为大余,不尽为小余。其大余命甲子,算外,即得日辰[1]2972-2973。

设《统天历》回归年常数为 $t=T/A$,A 为策法,N_n 表示所求年距上元的积年数,该年回归年长度是 t_n,我们暂称之为回归年变量,N_{1194} 表示所求年至绍熙五年(1194 年)的积年数,则 $\Delta_n=N_n-N_{1194}=k$,Δ_n 在历法中称为距差。这样《统天历》距上元 n 年的岁实消长数值可表示为

$$\Delta = \Delta_n^2 \frac{127}{10^4} = \frac{127}{10^4} k^2 \tag{5-1}$$

式中,127 是历法中的斗分差。设气差为 Δ_q,根据《统天历》术文,相邻两年的气定积计算
公式分别为 $N_{n+1}T - \Delta_q - \Delta_{n+1}^2 \frac{127}{10^4}$ 和 $N_n T - \Delta_q - \Delta_n^2 \frac{127}{10^4}$,两者相减再除以策法就是距上
元 n 年的回归年长度,有

$$t_n = t - \frac{127}{10^4 A}(2\Delta_n + 1) = t - \frac{127}{10^4 A}(2k+1) \tag{5-2}$$

这样,可以得到任意年的回归年变量为

$$t_n = 365.^d 2424989147 - 0.0000021167(n - 1194) \tag{5-3}$$

式中,n 表示儒略纪年。曲安京在《中国数理天文学》中给出《统天历》回归年的近似
值[5]90-92,与之相比,式(5-3)的结果更加精确。因为 1194 年的回归年长度也不是
365.2425 日,而是要减去斗分差除以一万倍的策法。《中国天文年历》发布的回归年常数
理论值为

$$t_n = 365.^d 24219878 - 0.0000000614(n - 1900) \tag{5-4}$$

可见《统天历》给的回归年常数过大,并且消长的幅度也过大。例如,《统天历》计算 1900
年回归年为 365.24210045,与理论值相差 0.0001 日,不到 10 秒;但 1194 年回归年的理
论值为 365.24224213,《统天历》回归年误差近 4 分钟。

二、《统天历》的气朔算法

《统天历》不使用传统的上元积年并首创消长法,受此影响,它气朔算法也与其他历
法不同。设 Δ_q 为气差,根据其天正冬至术文,可得到其冬至时刻 T_{dz} 计算公式为

$$N_n t - \Delta_q/A - \frac{127}{10^4 A}\Delta_n^2 \equiv T_{dz} (\bmod 60) \tag{5-5}$$

由于回归年长度自上元以来,逐渐减小,$N_n t - \Delta_q/A$ 是依照 1194 年回归年计算得到
的,称为气泛积。如果所求年在 1194 年以后,气泛积要比实际所求年到上元最近甲子日
的时间长,就要减去这段时间岁实减少的累积值;反之,1194 年以前,所求年到 1194 年的
时间小于真实值,要加上累积值,而气泛积相应的还是要减去累积值,因此式(5-5)中对
于累积值都要用减号。《统天历》的真实的上元时刻应该在历法给定的上元前面。经计
算,历法给定上元在甲子日前 237811 日分,合 19.8175 日,即上元是甲辰日 15.21 刻。如
果按式(5-5)计算,上元的实际时刻为戊子日 64.97 刻。

若设回归年消长的变化率是 a 日/年,由于时间的连续性,回归年长度是消长量随时
间 t 的变化函数为 at 日,那么经过 n 年的时间累积量会达到 $\int_0^n at\, dt = \frac{1}{2}an^2$。因此,要求
第 n 年的冬至时刻,需要在已经求得的时刻上减去此累积量,即

$$N_n t - \Delta_q/A - \frac{1}{2}an^2 \equiv T_{dz}(\bmod 60) \tag{5-6}$$

这与《统天历》求冬至的算法一致。若令 $\frac{1}{2}an^2 = \frac{127}{10^4 A}\Delta_n^2$,可得 $a = \frac{254}{10^4 A}$,这正是《统天历》

给出的回归年消长变化系数。由此可知，《统天历》岁实消长与冬至时刻的算法是完全合理的。杨忠辅也一定认识到了时间的连续性，即回归年缩小是随时间逐渐变化，而不是到某一年末突然缩小的，从而根据类似求三角形面积的方法得到岁实消长的累积值，不然，按照等差级数的求和法，就会得到是错误时间的累积值 $an(n-1)/2$。

如果 1194 年冬至的时刻已知，其他年份的冬至时刻求起来更为方便，《统天历》在求冬至术文的小字部分给出这种方法。术文称

> 如求巳，径以躔差加减岁余，距差乘之，纪实去之，余以加减气积差二十
> [二][①]万七千四百八十九，如策法而一，余同上法[1]2973。

据术文，则有

$$T_{dz} = \begin{cases} b + \Delta_n(t - 360 - \dfrac{127\Delta_n}{10^4 A}), n > 1194 \\ b - \Delta_n(t - 360 + \dfrac{127\Delta_n}{10^4 A}), n < 1194 \end{cases} \tag{5-7}$$

其中 b 就是 1194 年天正冬至时刻，$Ab = 207489$ 为气积差。

对于上述两种形式，在符号的选择上，术文称"其加减躔差，乘积算，少如距算者加之，多如距算者减之；其加减气积差，即反用之。"[1]2973 很显然，如果在 1194 年以后，计算的冬至时刻应该加入岁余的若干倍，但由于岁实为消，则实际的时间提前，用减；而 1194 年以前的情况是，要减去岁余的若干倍，此时，岁实为长，也应再减去消长的累积值，但此值又在此前计算，因而先加后减，于是得到上面两种形式。

《统天历》"求天正经朔"算法称

> 置天正冬至气定积，以闰差减之，满朔实去之，不满，为天正闰泛余；用减气
> 定积，余为天正十一月朔泛积；以百五乘距差，退位减之，为朔定积；……满纪实
> 去之，不满，如策法而一为大余，不尽为小余。其大余命甲子，算外，即得
> 日辰[1]2973。

这样，设 Δ_r 为闰差，《统天历》的经朔 T_p 可由式(5-8)求得：

$$\begin{cases} N_n t - \Delta_q/A - \dfrac{127}{10^4 A}\Delta_n^2 - \Delta_r/A \equiv R \pmod{u} \\ R - \dfrac{105}{10A}\Delta_n \equiv T_{pm} \pmod{60} \end{cases} \tag{5-8}$$

其术文的小字部分补充到："积算少如距算者加之，无距差可乘者，以泛为定。求转交准此。"因距差在 1194 年前为负，则式中取减号能保证实际计算时是加法。

《统天历》求日月改正数及求定朔的方法都与《纪元历》的相同，只是在求经朔入气与经朔入转时略有不同[9]。我们将会在后面的计算中详细说明这些。

---

① 原文为 207489，我们重新计算 1194 年天正冬至，得 227489 日分，此处当改。

三、《统天历》推算 1191 年冬至时刻和定朔时刻过程

为了更清楚地展示《统天历》岁实消长计算气朔的方法，我们给出一个算例加以说明。元史载"绍熙二年辛亥岁，十一月壬申冬至。壬申四十七[12]"，这相当于计算 1191 年 12 月 15 日的冬至。其计算过程如下所示。

《统天历》上元距离绍熙五年（1194 年）岁积 3830 年，因 1194 年冬至日应该按 1195 年计算，这样，上元距离 1194 年冬至日为 3831 年，即 $N_{1194}=3831$。1191 年（1191 年冬至按 1192 年数据计算）的积年是 $N_{1191}=3828$。于是距差 $\Delta_n=3828-3831=-3, \Delta=-3\times$ $\frac{-3\times127}{10000}=0.1143$。因气差 $\Delta_q=237811$，回归年常量 $T=4382910$，策法 $A=12000$，据式（5-5）得

$$\frac{3828\times4382910-237811-0.1143}{12000}\equiv8+\frac{5668.8857}{12000}(\bmod60)$$

其中 $3828\times4382910-237811-0.1143=240581168.8857$ 就是气定积。因不足 1 日时，当日是甲子日，则 8 日时为壬申日，得到冬至时刻是壬申日余 5668.8857 日分，合 11 时 20 分，约为 47 刻 23 分，与史载计算完全一致。

我们可以进一步计算该年的天正定朔时刻。闰差 $\Delta_r=21704$，朔实 $U=Au=354368$，

$$\begin{cases}\frac{16777541668.8857-21704}{12000}\equiv\frac{321372.8857}{12000}(\bmod\frac{354368}{12000})\\\frac{16777541668.8857}{12000}-\frac{321372.8857}{12000}-\frac{-10.5\times(-3)}{12000}\equiv41+\frac{8327.5}{12000}(\bmod60)\end{cases}$$

其中 321372.8857 是天正闰泛余，16777541668.8857－321372.8857＝16777220296 为朔泛积。

天正经朔到冬至的实际距离是 321372.8857＋10.5×（－3）＝321341.3857，相当于其他历法中的天正闰余。《统天历》一个平气长度为 182621.25 日分，321341.3857＞182621.25，因此，经朔前面的最近的平气是小雪气，又 2×182621.25－321341.3857＝43901.1143＝3×12000＋7901.1143，于是得到经朔入小雪气，入 3 日小余 7901.1143。查询每日日躔表，得其日损益率为 32，朒朒积－1058。根据第四章中的算法，得其朔入气朒朒定数为 $-1058+\frac{32\times7901.1143}{12000}=-1036.9304$。

接下来求经朔时刻距离最近一个近点的距离，由图 5-1 知，上元附近，近点的在经朔点后面，这样要在朔定积基础上减去这段距离即转差 18880。可得

$$\frac{36777220296}{12000}-\frac{-10.5\times(-3)}{12000}-\frac{18880}{12000}\equiv21+\frac{6137.5}{12000}(\bmod\frac{330655}{12000})$$

结果不足 1 日是为入转 1 日，结果 21 即朔入 22 日余 6137.5 日分，其日损益率为－215，朒朒积为 5008。由此得到入转朒朒定数为 $5008+\frac{-251\times6137.5}{12000}=4898.0365$。

定朔时刻就是经朔加入气入转朒朒定数，即

$$41+\frac{8327.5-1036.9304+4898.0365}{12000}=42+\frac{188.6061}{12000}$$

1194 年天正定朔时刻是丙午日 188.6061 日分，合丙午日 1 刻 57 分。

四、《统天历》朔闰交食推算的代码编写

《统天历》所有历日天象的核心算法都与《纪元历》相同，但由于其岁实消长法的设立和非传统意义的上元积年，使得《统天历》在与上元和回归年有关的基本天文数据计算上要加入这两方面的影响。在计算机模拟程序设计中，能够与《纪元历》计算程序合并编写的尽量合并。而对于经朔计算、入气和入转脁朒定数计算上，由于代码行数偏多，本书单独为《统天历》编写了相应计算过程，需要时直接调用。

单独为《统天历》编写的过程或函数有五个，分别是，气朔类下面的方法 Gcttzjsttl 用来计算《统天历》任意年月的平朔时刻，方法 Tf_IfRunyuettl 用来判断所求年是否需要置闰，主窗体下面的函数 Getrqtndsttl 用来计算入气脁朒定数，函数 Getrztndsttl 用来计算入转脁朒定数，函数 GetJsrjttl 用来计算经朔入交泛日。

方法 Gettzjsttl 在求气积分和经朔加时积分上，需要加入气差、闰差、斗分差和朔差的影响，与其他历法不同，计算方法参考本节式(5-5)，而其余部分则与其他宋代历法相同，方法 Gettzjsttl 的代码如下。

```
'* * * * * * * * * * * * * * * * * * * * * * * * *
'程序 01-FF-03.3:《统天历》任意年月平朔时刻计算法
'* * * * * * * * * * * * * * * * * * * * * * * * *
Public Function Gettzjsttl(ByVal jinian As Double, ByVal nextshuo As Double) As Double
    Dim tcXuzhou As Double : Dim tcQijifen As Double    '定义旬周定义气积分
    Dim jzb As Double : Dim jishid As Double : Dim jiniand As Double
    Dim jc As Double : Dim jc1 As Double
    jishid = tcJishi : jiniand = jinian
    tcXuzhou = tcJifa * tcRifa
    jc = jiniand - 3831 : jc1 = jc
    jc = -jc * Abs(jc) * 127 / 10000
    tcQijifen = jiniand * jishid - 237811 - Abs(jc)    '计算气积分
    jc = tcQijifen : tcQijifen -= 21704
    '天正经朔加时积分
    jiniand = Int(tcQijifen / tcShuoshi) : tcQijifen -= tcShuoshi * jiniand
    jc = jc - tcQijifen + tcShuoshi * nextshuo
    jc -= 10.5 * jc1 : jiniand = Int(jc / tcXuzhou)
    jzb = jiniand * tcXuzhou : jzb = jc - jzb
    Gettzjsttl = jzb
End Function
```

方法 Tf_IfRunyuettl 与主流方法 Tf_IfRunyue 计算原理相同，仅是在求气积分和经朔加时积分时，需要加入气差、闰差、斗分差和朔差的影响，方法 Tf_IfRunyuettl 的代码

如下。

```
'* * * * * * * * * * * * * * * * * * * * *
'程序 01 - FF - 02.2:判断某年是否有闰月(《统天历》)
'* * * * * * * * * * * * * * * * * * * * *
Public Function Tf_IfRunyuettl(ByVal jinian As Double) As Boolean
    Dim tcXuzhou As Double : Dim tcQijifen As Double      '定义旬周定义气积分
    Dim jishid As Double : Dim jiniand As Double
    Dim jc As Double : Dim jc1 As Double
    jishid = tcJishi : jiniand = jinian
    tcXuzhou = tcJifa * tcRifa
    jc = jiniand - 3831 : jc1 = jc
    jc = - jc * Abs(jc) * 127 / 10000
    tcQijifen = jiniand * jishid - 237811 - Abs(jc)  '计算气积分
    tcQijifen - = 21704
    '天正经朔加时积分
    jiniand = Int(tcQijifen / tcShuoshi) : tcQijifen - = tcShuoshi * jiniand
    jc = tcQijifen + 10.5 * jc1
    If jc < 12 * (Me.tcZhongyf + Me.tcShuoxf) Then
        Tf_IfRunyuettl = True
    Else
        Tf_IfRunyuettl = False
    End If
End Function
```

过程 Getrqtndsttl 仅是在计算经朔入气上要加入气差、闰差、斗分差和朔差的影响,其余求入气朓朒定数的方法都与《纪元历》相同,过程 Getrqtndsttl 的代码如下。

```
'* * * * * * * * * * * * * * * * * * * * * * * * * * * *
'程序 00 - FF - 02.2:入气朓朒定数(统天历)
'* * * * * * * * * * * * * * * * * * * * * * * * * * * *
Private Function Getrqtndsttl(ByVal jinian As Double, ByVal months As Double) As Double
    Dim dfsrq As Double : tbname As String : tzry As Double
    Dim zzheng As Double : tzzheng As Double : zhongjian As Double
    Dim recnum As New ToRecEnum
    Dim syl As Double : tnj As Double : nextrq As Double
    Dim ruqi As New TbJieQi : Dim ifdx As Boolean
    Dim jc As Double : jc1 As Double : tcQijifen As Double      '定义气积分
    jc = jinian - 3831 : jc1 = jc
    jc = jc * jc * 127 / 10000
```

```
    tcQijifen = jinian * qs.tcJishi - 237811 - jc  '计算气积分
    tcQijifen - = 21704 ： tzzheng = Int(tcQijifen / qs.tcShuoshi)
    tzry = tcQijifen - qs.tcShuoshi * tzzheng
    tzry + = 10.5 * jc1 ： zzheng = qs.tcJishi / 24 - tzry
    If zzheng > 0 Or zzheng = 0 Then
        nextrq = zzheng ： ifdx = True
    Else
        nextrq = qs.tcJishi / 12 - tzry ： ifdx = False
    End If
    nextrq + = qs.tcShuoshi * months
    zzheng = Int(nextrq / (qs.tcJishi / 24)) ： dfsrq = nextrq - zzheng * qs.tcJishi / 24
    ruqi = (zzheng) Mod 24
    If ifdx = False Then ruqi - = 1
    If ruqi < 1 Then ruqi + = 24
    lrtxrec.tcJsrq = dfsrq ： lrtxrec.tcRuqi = ruqi
    tbname = recnum.Tf_RecJIEQI(ruqi) ： zhongjian = Int(dfsrq / qs.tcRifa)
    syl = Val(Mid(richanbiao((ruqi - 1) * 4 + 3), (zhongjian) * 18 + 1, 18))
    tnj = Val(Mid(richanbiao((ruqi - 1) * 4 + 1), (zhongjian) * 18 + 1, 18))
    Getrqtndsttl = rc.Tf_Getswxtnds(dfsrq, qs.tcRifa, syl, tnj)
    lrtxrec.tcRuqitnds = Getrqtndsttl
End Function
```

过程 Getrztndsttl 在计算经朔入转上要加入气差、闰差、斗分差和朔差的影响，同时要加入转差的影响，而在获取损益率、朒朓积以及求入转朒朓定数的方法都与《纪元历》相同，过程 Getrztndsttl 的代码如下。

```
'* * * * * * * * * * * * * * * * * * * * * * * * * * * *
'程序 00-FF-3.2：入转出入定数(统天历)
'* * * * * * * * * * * * * * * * * * * * * * * * * * * *
Private Function Getrztndsttl(ByVal jinian As Double, ByVal months As Double) As Double
    Dim dfsrz As Double ： syl As Double ： tnj As Double
    Dim chusun As Double ： mosun As Double
    Dim tzzheng As Double ： zhongjian As Double ： fenzi As Double
    Dim jc As Double ： jc1 As Double
    Dim jsjifen As Double ： tcQijifen As Double      '定义气积分
    jc = jinian - 3831 ： jc1 = jc
    jc = jc * jc * 127 / 10000
    tcQijifen = jinian * qs.tcJishi - 237811 - jc  '计算气积分
    jc = tcQijifen ： tcQijifen - = 21704
    tzzheng = Int(tcQijifen / qs.tcShuoshi) ： tcQijifen - = qs.tcShuoshi * tzzheng  '经
```

朔加时积分

```
    jc = jc - tcQijifen + qs.tcShuoshi * months

    jc - = 10.5 * jc1 ; jsjifen = jc - 188800

    tzzheng = Int(jsjifen / yl.tcZhuanzf) ; fenzi = jsjifen - tzzheng * yl.tcZhuanzf

    dfsrz = fenzi ; lrtxrec.tcJsrz = dfsrz

    zhongjian = Int(dfsrz / qs.tcRifa) + 1        '因转日从第一日开始,非第 0 日开始

    Dim ylfd As New ToFindany

    If zhongjian = 7 Then

        chusun = Val(Trim(ylfd.Tf_Findd(",", 6, yuelibiao(zhongjian))))

        mosun = Val(Trim(ylfd.Tf_Findd(",", 3, yuelibiao(29))))

    ElseIf zhongjian = 14 Then

        chusun = Val(Trim(ylfd.Tf_Findd(",", 6, yuelibiao(zhongjian))))

        mosun = Val(Trim(ylfd.Tf_Findd(",", 3, yuelibiao(30))))

    ElseIf zhongjian = 21 Then

        chusun = Val(Trim(ylfd.Tf_Findd(",", 6, yuelibiao(zhongjian))))

        mosun = Val(Trim(ylfd.Tf_Findd(",", 3, yuelibiao(31))))

    Else

        syl = Val(Trim(ylfd.Tf_Findd(",", 6, yuelibiao(zhongjian))))

    End If

    tnj = Val(Trim(ylfd.Tf_Findd(",", 7, yuelibiao(zhongjian))))

    Getrztndsttl = yl.Tf_GetSwxRztnds(dfsrz, syl, tnj, chusun, mosun, qs.tcRifa)

    lrtxrec.tcRuzhuantnds = Getrztndsttl

End Function
```

方法 GetJsrjttl 仅是在求气积分和经朔加时积分上,需要加入气差、闰差、斗分差和朔差的影响,与其他历法不同,其余则与其他宋代历法计算相同,方法 GetJsrjttl 的代码如下。

```
'* * * * * * * * * * * * * * * * * * * * * * * * * * * * * *
'程序 05 - FF - 01.2:统天历经朔入交
'* * * * * * * * * * * * * * * * * * * * * * * * * * * * * *
Private Function GetJsrjttl(ByVal jinian As Double, ByVal months As Double) As Double

    Dim jsjifen As Double ; Dim tcQijifen As Double        '定义气积分

    Dim fenzi As Double ; Dim tzzheng As Double

    Dim jc As Double ; Dim jc1 As Double

    jc = jinian - 3831 ; jc1 = jc

    jc = jc * jc * 127 / 10000

    tcQijifen = jinian * qs.tcJishi - 237811 - jc   '计算气积分

    jc = tcQijifen ; tcQijifen - = 21704

    tzzheng = Int(tcQijifen / qs.tcShuoshi) ; tcQijifen - = qs.tcShuoshi * tzzheng    '经
```

朔加时积分

```
        jc = jc - tcQijifen + qs.tcShuoshi * months
        jc - = 10.5 * jc1 : jsjifen = jc - 80298
        tzzheng = Int(jsjifen / js.tcJiaozhongf) : fenzi = jsjifen - tzzheng *
js.tcJiaozhongf
        GetJsrjttl = fenzi
    End Function
```

第三节　《乾道历》交食算法的模拟复原

一、日食推算过程及计算公式

南宋初的《统元历》等四历在日月食推算方面的术文如下。

> 推天正十一月加时入交泛日，求次朔及望入交泛日，定朔、望夜半交泛，次朔夜半入交泛日，朔、望加时入交常日，朔望加时入交定日，月行阴阳历，朔、望加时入阴阳历积度，朔、望加时月去黄道度，食甚定余，日月食甚入气，日月食甚中积、气差、刻差，日入食限，日入食分，日食泛用分，月入食限，月入食分，月食泛用分，日月食定用分，日月食亏初、复满小余，月食既内、外分，日月食所起，月食更、点定法，月食入更点，日月带食出入所见分数，日月食甚宿次。法同前历，此不载[1]2930-2931。

《统元》等四部历法只给出了交食推算部分的推算术文名称，即给出了推算交食的大致过程，但没有给出每一步推算的具体计算过程。四部历法推算交食的过程基本相同，推算过程可以概况为如下几个部分。第一，计算合朔月亮到交点距离，包括"推天正十一月加时入交泛日，求次朔及望入交泛日，定朔、望夜半交泛，次朔夜半入交泛日，朔、望加时入交常日，朔望加时入交定日，月行阴阳历，朔、望加时入阴阳历积度，朔、望加时月去黄道度"等这些术文；第二，计算日月食食甚时刻，即"食甚定余"的计算；第三，计算日食视差和日月食食限，包括"日月食甚入气，日月食甚中积、气差、刻差，日入食限"；第四，计算日月食食分和交食的起亏时刻，包括"日入食分，日食泛用分，月入食限，月入食分，月食泛用分，日月食定用分，日月食亏初、复满小余，月食既内、外分"；第五，其余的推算，包括"日月食所起，月食更、点定法，月食入更点，日月带食出入所见分数，日月食甚宿次"。由于这些推算术文与前面的某部历法的术文是相同的，《宋史》并没有将这几部历法的术文重复着录，仅在文末说明"法同前历，此不载"。当然，其中的"前历"指的是哪部历法，《宋史》中没有具体给出，根据术文的推算过程及术文推算项的名称，推断"前历"可能指北宋中期的《崇天历》。

《乾道历》是南宋继《纪元》、《统元》后实际行用的第三部官方历法，于乾道五年(1169

年)颁行,历法作者是刘孝荣[14]。然而,由于历法制造中没有进行实际观测,《乾道历》在颁行之前就受到其他历法家的质疑,颁行后又多次出现推算失误,在乾道和淳熙时期的改历活动中,《乾道历》成为讨论的核心。《宋史》记载:

> "太史局春官正、判太史局吴泽等言:'……兼今岁五月朔,太阳交食,本局官生瞻视到天道日食四分半:亏初西北,午时五刻半;食甚正北,未初二刻;复满东北,申初一刻。后令永叔等五人各言五月朔日食分数并亏初、食甚、复满时刻皆不同。并见行《乾道历》比之,五月朔天道日食多算二分少强,亏初少算四刻半,食甚少算三刻,复满少算二刻已上。又考《乾道历》比之《崇天》、《纪元》、《统元》三历,日食亏初时刻为近;较之《乾道》,日食亏初时刻为不及。继宗等参考来年十二月系大尽,及十一年正月朔当用甲申,而太史局丞、同判太史局荆大声言《乾道历》加时系不及进限四十二分,定今年五月朔日食亏初在午时一刻。今测验五月朔日食亏初在午时五刻半……'"[1]2882

也就是说,乾道九年(1173 年)五月朔发生日食,食分是四分半,初亏发生在午时五刻半,食甚在未初二刻,复满在申初一刻。而使用《乾道历》推算却是食分多算了二分多,初亏在午时一刻,食甚少算三刻,复满少算二刻。根据《乾道历》交食推算方法与《崇天历》相同这一结论,我们使用《乾道历》的常数,根据《崇天历》的术文,对这次日食进行计算,复原这次日食的史载记录。《乾道历》与日食计算的常数有的在其"步交会"部分给出,有些则已经在气朔、晷漏和月离部分给出。

关于《崇天历》的交食推算过程的讨论,已经在本书第三章中给出,这里不再重述。但为了更方便,我们还是将《崇天历》的日食计算方法整理成更为清晰、紧凑和实用性更强的几组公式。我们分别给出日食食甚时刻,食分大小和起讫时刻(初亏和复圆)的计算公式。

设历法日法(枢法)为 A,交点月 $j=J/A$,朔望月 $u=U/A$,回归年 $t=T/A$,近点月 $g=G/A$,J、U、T 和 G 分别表示交点月、朔望月、回归年和近点月的日分数(交终分、朔实、岁周和转周分),所求年(如 n 年)到上元的积年为 N_n,则所求年冬至后第 m 朔的日食食甚时刻 T_e(单位是日)的算法如式(5-9)所示。

$$
\begin{cases}
1. & N_n t \equiv r_{sm} \pmod u \\
2. & N_n t - r_{sm} + mu = T_p \pmod{60} \\
3. & r_s = mu - r_{sm} - t(k-1)/24 \\
4. & \Delta_s = y_s([r_s]) + \varphi_s([r_s]) \cdot \dfrac{\varepsilon_s}{A} \\
5. & N_n t - r_{sm} + mu \equiv (r_m - 1) \pmod g \\
6. & \Delta_m = -y_m([r_m]) - \varphi_m([r_m]) \cdot \dfrac{\varepsilon_m}{A}
\end{cases}
\quad
\begin{cases}
7. & T_r = T_p + (\Delta_s + \Delta_m)/A \\
8. & A T_r \equiv \varepsilon \pmod A \\
9. & \Delta_h = \begin{cases} \dfrac{1}{3A}\left(\dfrac{A}{2} - \varepsilon\right)\varepsilon, & \varepsilon \leqslant 0.5A \\[2mm] \dfrac{2}{3A}\left(\dfrac{A}{2} - \varepsilon\right)(\varepsilon - A), & \varepsilon > 0.5A \end{cases} \\
10. & T_e = T_r + \Delta_h/A
\end{cases}
\quad (5-9)
$$

以上式中,r_{sm} 表示所求年天正闰余;T_p 为经朔时刻;r_s 和 r_m 分别表示本次合朔的入气日和入转日;ε_s 和 ε_m 则是它们不足一日的部分,即入气小余和入转小余;k 则是所入气的序号，并规定，$k=-1$ 时，入大雪气，$k=-2$ 时，入小雪气。y_s、φ_s 和 Δ_s 分别是经朔所入气日的朒朓积、损益率和太阳改正数；y_m、φ_m 和 Δ_m 分别是经朔所入转日的朒朓积、损益率和月亮改正数；T_r 为定朔时刻；ε 是定朔小余；Δ_h 为时差修正。需要说明的是，所入转某日的朒朓积和损益率可以直接查月离表得到，而入气日的朒朓积和损益率则要查找每日的日躔数据表。

《崇天历》推算日食食分的算法如式（5-10）所示。

$$
\begin{cases}
1.\ N_n t - r_{sm} = r_j (\bmod j) \\
2.\ \omega = |\varepsilon + \Delta_h - 0.5A| \\
3.\ \begin{cases} mu - r_{sm} \equiv x_2 (\bmod 2a) \\ x_1 = \min(x_2, 2a - x_2) \end{cases} \\
4.\ \zeta = \frac{500 x_1^2}{2279} + (\frac{A}{20} - \frac{500 x_1^2}{2279}) \frac{500 x_1^2}{2279} \frac{1}{6657} \\
5.\ d = \begin{cases} 0.3A - \zeta & 春分后 \\ 0.2A + \zeta & 秋分后 \end{cases} \\
6.\ \Delta_q = \pm \frac{A}{3}(1 - \frac{x_1^2}{a^2})(1 - \frac{\omega}{d})
\end{cases}
\quad
\begin{cases}
7.\ \Delta_k = \pm \frac{4}{3} \frac{(2a - x_2) x_2}{a^2} \omega \\
8.\ r_e = r_j + (\Delta_s + \Delta_m \frac{m_0}{n_0} + \\ \qquad \Delta_q + \Delta_k + \Delta_h) \frac{1}{A} \\
9.\ \begin{cases} A r_r \equiv P' (\bmod J/2) \\ P = \min(P', J/2 - P') \end{cases} \\
10.\ M = \begin{cases} 10P/L_1, & P < L_1 \\ 10(L_1 + L_2 - P)/L_2, & P \geq L \end{cases}
\end{cases}
\tag{5-10}
$$

式中，r_j 表示经朔入交泛日；ω 为午前（后）分；$2a$ 表示二至限；ζ 为消息定数；d 为半昼分；Δ_q 和 Δ_k 分别表示气差和刻差；m_0 和 n_0 分别为交率和交数；r_e 是视月亮到黄白交点的距离；P 为交前后分；L_1 和 L_2 分别为日食阳历食限和阴历食限；M 为食分；其余的变量意义与（5-9）中的相同。

日食的初亏时刻 T_{ck} 和复圆时刻 T_{fy} 可用式（5-11）求得，

$$
\begin{cases}
F = \frac{9A}{10000}(20M - M^2) \frac{v_m}{v_{rm}} \\
T_{ck} = T_{re} - F/A, \ T_{fy} = T_{re} + F/A
\end{cases}
\tag{5-11}
$$

式中，F 为初亏到视食甚时间的日分数，即"定用分"，它可以表示为食分的函数；v_m 是月平行速度 1337；而 v_{rm} 为入转定分，是合朔时月亮的实际速度，该数值可根据日食所在日入转的情况直接查月离表得到。

式（5-9）、式（5-10）和式（5-11）中，A、j、u、t、g、N_n、L_1、L_2、a、v_m、m_0 和 n_0 是历法中给出的天文常数，v_{rm}、y_s、φ_s、Δ_s、y_m、φ_m 和 Δ_m 可以通过历法给出的表格查得，n 和 m 是历法使用者给出的年份和月份，其余所有变量都是中间的计算结果。这样，只需给出朔望月，回归年，交点月和阴阳历食限等基本天文常数，结合历法的日躔表和月离表，则任意给定年份日食的食甚时刻和食分大小均可以求出。

二、《乾道历》推乾道九年日食的计算过程

《乾道历》称"《乾道》上元甲子，距乾道三年丁亥，岁积九千一百六十四万五千八百二十三[1]2903。"上元甲子距离乾道三年（1167 年）丁亥，积年数是 91645823 年，那上元距离乾道九年（1173 年）的积年数就是 91645829 年。

1. 食甚时刻计算

在《乾道历》中，"枢法"称为"元法"，"岁周"称为"朞实"。根据式(5-9)第1和第2算式，将《乾道历》有关常数代入得，

$$\begin{cases}91645829\times10957308\equiv808483.625\pmod{885917.76}\\ \dfrac{91645829\times10957308-808483.625}{30000}\equiv\dfrac{59848.375}{30000}\pmod{\dfrac{1800000}{30000}}\end{cases}$$

乾道九年天正经朔是 59848.375 日分，天正闰余是 808483.625 日分。乾道九年五月是冬至后第 7 个月（当年第 8 个朔），那么 $59848.375+7\times885917.76\equiv861272.695\pmod{1800000}$，$861272.695=21272.695+28\times30000$，得乾道九年五月经朔是壬辰日余 21272.695 日分①。

接下来要求经朔到其前一个气的距离，即经朔入气。根据式(5-9)第3算式，一气的长度是岁周的二十四分之一，即 $10957308\div24=456554.5$。乾道九年天正朔闰余 808483.625 大于一气长度，则 $456554.5-(808483.625-456554.5)=104625.375$，即天正朔入小雪气 104625.375 日分。五月朔到小雪气距离为 $104625.375+7\times885917.76=6306049.695$，由于 $6306049.695=13\times456554.5+12\times30000+10841.195$，小雪后第 13 气为芒种气，则五月朔入芒种气第 12 日 10841.195 日分。查每日日躔表，芒种气第 12 日损益率是 -113.18，朒朓积是 368.56。

五月朔入气小余是 10841.195，根据式(5-9)第4算式，其朔入气朒朓定数为

$$368.56+\frac{-113.18}{30000}\times10841.195=327.66$$

乾道九年天正朔积分为 $91645829\times10957308-808483.625=1004191574459848.375$，代入式(5-9)第5算式，有

$$1004191574459848.375\equiv770302.375\pmod{826637.7395}，$$

又 $770302.375+7\times885917.76\equiv358624.7790\pmod{826637.7395}$，于是得到五月朔入转为 358624.7790 日分，即入转日是 12，入转余是 28624.7790②。查月离表得 12 日损益率是 2176，朒朓积是 -7382。据式(5-9)第6算式，有 $-7382+\dfrac{2176}{30000}\times28624.779=-5305.75$，于是得五月朔入转朒朓定朔是 -5305.75。

乾道九年五月经朔小余 21272.695，根据式(5-9)第7算式得

$$21272.695+327.66-5305.75=16294.605，$$

即五月定朔时刻是壬辰日 16294.605 日分。

食定余就是食甚时刻的日分数。乾道九年五月朔定朔小余 16294.605 大于《乾道历》元法 30000 的一半，根据式(5-9)第9算式，得其时差为

$$\frac{(16294.605-15000)\times2\times(30000-16294.605)}{3\times30000}=394.29。$$

---

① 上元是甲子年，算外，则计算结果的整数部分为 0，是甲子年，依次类推。

② 入转日自 1 日开始算，不足 1 日按 1 日算，即术文中的算外。

加在定朔小余上面，得 16294.605＋394.29＝16688.895，即本次合朔食甚时刻是 16688.895 日分，表示成现代时间则是 13 时 21 分。

2. 日食食分计算

《乾道历》天正朔积分为 1004191574459848.375，加入其后 7 个朔望月，得其朔积分为 1004191574459848.375＋7×885917.76＝1004191580661272.695，代入式(5－10)第 1 算式得

$$\begin{cases} 1004191580661272.695 \equiv 807906.9232 \,(\mathrm{mod}\,816366.6034) \\ 807906.9232 + 327.66 = 808234.5832 \\ 808234.5832 - 5305.75 \times 80/1019 = 807818.037 \end{cases}$$

本次合朔入交定日为 807818.037 日分。

接下来根据式(5－10)第 4 算式计算消息定数，这里面需要用到消息法，《崇天历》取 7873，《宋史》并未记载《乾道历》的消息法，史料中的 12031 是《统元历》的消息法。消息法的计算方法是

$$消息法 = 一象^2 \times 10000 \div 枢法,$$

据此，《乾道历》的消息法应该是 $91.3109^2 \times 10000 \div 30000 = 2779$。此外，《崇天历》消息定数计算式中的参数 2350 的意义目前还不是很明确，《崇天历》的取值应该与《乾道历》不同，但能够明确的是，这个参数与枢法存在一定线性关系，这样，其他历法的数值可以根据《崇天历》推得。《乾道历》的这个参数为 2350÷10590×30000＝6657。消息定数的符号是冬至后为负，夏至后为正。

《乾道历》计算乾道九年五月朔，其入芒种气，芒种气中积是 456554×11＝5022099.5，则定朔中积就是 5022099.5＋12×30000＋10841.195＋327.66－5305.75＝5387966.605，因中积的单位是日数而非日分数，除以元法 30000 得，5387966.605/30000＝179.5989 日。

《乾道历》的象限就是《崇天历》的一象，其值是 91.3109，朔中积大于象限，按式(5－10)第 4 算式，得消息常数为 $\dfrac{500 \times (182.6218 - 179.5989)^2}{2779} = 1.6441$，消息定数则为 $1.6441 + (\dfrac{30000}{20} - 1.6441) \times \dfrac{1.6441}{6657} = 2.0142$。本次朔在春分后夏至前，消息定数取负号。代入式(5－10)第 5 算式，得晨分为 0.175×30000－2.0142＝5247.9858，进而得昼分为 2×(15000－(5247.9858＋750))＝18004.0284。

昼分的一半就是半昼分，《乾道历》本朔的半昼分为 9002.0142 日分。《乾道历》计算乾道九年五月食甚定余为 16688.895，减去半法 15000 得距午定分为 1688.895。代入式(5－10)第 6 算式得气差为 $\dfrac{30000}{3} \cdot (1 - \dfrac{(182.6218 - 179.5989)^2}{91.3109^2}) = 9989.0402$，气差定数为 $9989.0402 - 9989.0402 \times \dfrac{1688.895}{9002.0142} = 8114.9663$。合朔在春分后，在降交点附近，为交初，则气差符号为负。据式(5－10)第 7 算式，得刻差定数为

$$\frac{4}{3} \times \frac{(182.6218 - 179.5989) \times 179.5989}{91.3109^2} \times 1688.895 = 146.6303.$$

由于合朔时属于冬至后食甚在午后,在交初,刻差取负值。

判断合朔时月亮是否入食限,当入食限时才计算食分。《乾道历》的计算是 807818.037 － 8114.9663 － 146.6303 ＋ 394.29 ＝ 799950.731,此值大于交中分 408183.3017,减去交中得 799950.731－408183.3017＝391767.4293,此值比前限日分 373407.7234 大,表明本朔月入食限,并得到交前分为

$$408183.3017－391767.4293＝16415.8724。$$

乾道九年五月朔的这次日食的交前分 16415.8724 大于阳历食限 14400,而小于阴阳 历食限之和 32400,那么,本次朔一定会发生日食。其阴历食定分是 32400－16415.8724＝ 15984.1276,进而求得本次日食食分是 10×15984.1276/18000＝8.88。可得本次日食食 分达八分半强,是一次大食分日食。

求食延时要求泛用分和定用分,入转定分则需要根据日食所在日入转的情况,查找 月离表得到。《乾道历》计算乾道九年五月朔日食泛用分为

$$\frac{(2×18000－15984.1276)×15984.1276}{100×1200}＝2666.1355$$

本月朔经朔小余 21272.695,食甚定余 16688.895,经朔入转 12 日余 28624.7790,可 得食甚入转为 12 日余 24040.979,查月离表 12 日转定分为 1240,于是得本朔定用分为 2666.1355×1240/1337＝2472.7061 分。

由此可以得到本次日食初亏是 16688.895－2472.7061＝14216.1889 日分,合午时 一刻 166 分,现代时间是 11 时 22.38 分。复满时刻是 16688.895＋2472.7061＝ 19161.6011 日分,合申时一刻 112 分,现代时间是 15 时 19.76 分。

三、1173 年 6 月 12 日发生日食的具体情况

乾道九年五月朔对应的是公元 1173 年 6 月 12 日,儒略日是 2149659,当日地球上确 实发生了日食,而且中国境内可见。

NASA 给出本次日食是第 07547 号日食,日食中心地点在 47°N、105°E;发生在 05:9:14(UT),June 22ed,1173 年(采用地球自转长周期变化参数 $\Delta T=810$ s);中心点最 大食分 0.9531,持续时间为 4 分 51 秒。本次日食交食类型是日环食,在 104 号沙罗序列 上。日食时太阳高度角 66.4°,方位角 186.0°,日食带宽度 187 km。本次日食的日食带 如图5－2所示[15]。

张培瑜《三千五百年历日天象》中也给出,当日杭州日食可见,食分是 0.61 分,食甚 时刻是 13 时 51 分[16]。而史料记载中,太史局称官生观测日食四分半,食甚未初二刻(合 13:28),亏初午时五刻半(合 12:19),复满在申初一刻(合 15:14),显然他们的观测与实 际还有一些差距。而提及使用《乾道历》推算,称《乾道历》推算日食亏初在午时一刻(合 11:14),食甚少算三刻,应该在午正三刻(12:44),复满少算二刻以上,应该在未正三刻 (14.44)以前;对于食分,则是少算二分少强,应该是六分半。这些与我们复原的《乾道 历》推算结果相比较,发现,两者的亏初时间相一致;但食甚时刻却是 13:21,相差远了,倒 是与官生的观测接近;复满就相差得更远了;食分 8.88 分比 6.75 分多出两分,这个差异

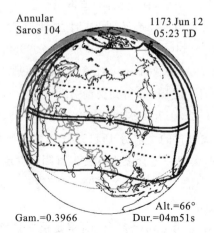

图 5 - 2　1173 年 6 月 12 日的日食带(来自 NASA)

更大些。

　　《乾道历》与其前面的《统元历》一样，都没有进行实际的测量而直接编制成历，制历者可能使用了《纪元历》制定时的测量数据也可能使用了更早的数据。历法在使用过程中也不尽如人意，经常出现推算失误，受到其他历家的质疑。

　　通过复原，发现复原结果与历官的质疑存在一定的差异。而历家所言的日食天象又与实际的天象也有一定差距。这次日食杭州可见达到六分，但历官言仅食四分半。中国古代对日食的观测是很细致的，而且也是很精确的，差距一般不可能超过 1 分[17]。而《宋史·天文志》记载"九年五月壬辰朔，日食在井，黔雲不見[18]1084。"那么，这次日食的失误观测可能是由于阴天而观测不准。但是，历官称食甚在未初二刻，初亏在午时五刻半，那么复满就不可能在申初一刻，食甚到复满的时间太长，即使超过六分的日食也不可能有这样的食延。由此，我们推测这次观测记录与真实天象的差距如果不是史载的记录出现错误，就只可能是观测失误或是历官故意歪曲事实。

　　历官仅指出《乾道历》计算本次日食的初亏的具体时刻是午时一刻，而其他的结果没有明确指出，只能通过与观测的结果比较推得，可是，这些结果都与复原的结果不一致，相反，只有明确给出的初亏时刻与复原结果一致。《宋史》孝宗本纪[18]655和《续资治通鉴》[19]都对此记载很简单，称"五月壬辰朔，日有食之"和"五月，壬辰朔，日有食之"。如果《乾道历》的日食计算方法与《崇天历》一样，且我们的复原过程没有问题，那么，对于本次日食结果的解释要么是史载记录出现了问题，要么就是历官为了夸大《乾道历》推算失误而故意歪曲了事实。当然，这些都是我们在理论上做出的推测，真实的情况如果没有更多的具有说服力的史料佐证的话，可能永远是个谜团[20]。

第四节　《开禧历》交食算法的模拟复原

一、《开禧历》日食推步过程

　　《开禧历》是南宋行用时间最长的历法，达 45 年[1]2895。这部历法使用《统天历》制定时的天文观测数据,使得其基本天文常数的精度有所提升。它放弃了《统天历》不是很成熟的"岁实消长术",使用传统的上元,继承了传统历法的优势。该历法制定时正值南宋中期,制定过程中也进行了多次讨论和修订。虽然历法开始行用时也遭到非议,但后面的《会天历》和《成天历》等历法是在南宋末期蒙古入侵国力衰弱的情形下制定的,相比之下,《开禧历》的制定更加稳定,推算精度也就更能得到保证,这也许是它能长时间行用的重要原因。可以说,《开禧历》是《授时历》以前最优秀的传统历法。《统天历》交食推算的术文如下:

> 　　求天正十一月经朔加时入交,定朔、望夜半入交,每日夜半入交,定朔、望加时入交,定朔、望加时月行入交积度,定朔、望加时月行入交定积度,定朔、望加时月行入阴阳历积度,定朔、望加时月去黄道度,日月食甚转定分,日月食甚入转朒朒数、入交数、常望定日,日月食甚泛大、小余,日食甚定大、小余,月食甚定大、小余,日月食甚入气,日月食甚日(月)[行]积度[1]3039,至差、分差、立差,朔入交定日,日月食甚月行入阴阳历交前、后分,日食分,月食分,日食泛用分,月食泛用分,日月食定用分,月食既内、外分,日月食亏初、复满小余,月食更点法,月食入更点,日月食带出入及亏后、满前所见分,日月食甚宿次,日食所起,月食所起,日月食甚九服加时差,日月九服食分差。法同前历,此不载[1]2897-2898。

　　《统天》等三部历法只给出了交食推算部分的推算术文名称,即给出了推算交食的大致过程,但没有给出每一步推算的具体术文。三部历法推算交食的过程基本相同,推算过程可以概况为如下几个部分。

　　第一,计算合朔月亮到交点距离,包括"推天正十一月经朔加时入交,定朔、望夜半入交,每日夜半入交,定朔、望加时入交,定朔、望加时月行入交积度,定朔、望加时月行入交定积度,定朔、望加时月行入阴阳历积度,定朔、望加时月去黄道度"等这些术文。

　　第二,计算日月食食甚时刻,包括"日月食甚转定分,日月食甚入转朒朒数、入交数、常望定日,日月食甚泛大、小余,日食甚定大、小余,月食甚定大、小余"这几段术文。

　　第三,计算日食视差和日月食食限,包括"日月食甚入气,日月食甚日行积度,至差、分差、立差,朔入交定日,日月食甚月行入阴阳历交前、后分"。

　　第四,计算日月食食分和交食的起亏时刻,包括"日食分,月食分,日食泛用分,月食泛用分,日月食定用分,月食既内、外分,日月食亏初、复满小余"。

　　第五,其余的推算,包括"月食更点法,月食入更点,日月带出入及亏后、满前所见分,日月食甚宿次,日食所起,月食所起,日月食甚九服加时差,日月九服食分差。"由于这些推算术文与前面的某部历法的术文是相同的,《宋史》并没有将这几部历法的术文重复记录,仅在文末说明"法同前历,此不载"。当然,其中的"前历"指的是哪部历法,《宋史》中没有具体给出,根据术文的推算过程及术文推算项的名称,推断"前历"可能指北宋末期的《纪元历》[10]。

　　关于《纪元历》的交食推算过程,已经在第四章中详细论述,这里不再重述。但为了更方便,我们还是将《纪元历》的日食计算方法整理成更为清晰紧凑和实用性更强的几组公式。我们分别给出日食食甚时刻，食分大小和起讫时刻（初亏和复圆）的计算公式。

设历法日法为 A，交点月 $j=J/A$，朔望月 $u=U/A$，回归年 $t=T/A$，J、U 和 T 分别表示交点月、朔望月和回归年的日分数，所求年（如 n 年）到上元的积年为 N_n，则所求年冬至后第 m 朔的日食食甚时刻 T_e（单位是日）如式（5-12）所示。

$$\begin{cases}
1. \begin{cases} N_n t \equiv r_{sm}(\bmod u) \\ N_n t - r_{sm} + mu = T_p(\bmod 60) \end{cases} \\
2. \Delta_x = (\Delta_s + \Delta_m)\dfrac{\varphi_m}{A} \\
3. T_r = T_p + (\Delta_s + \Delta_m + \Delta_x)/A \\
4. AT_r \equiv \varepsilon(\bmod A) \\
5. \Delta_h = \begin{cases} -\dfrac{2}{3}\dfrac{1}{A}\left(\dfrac{A}{2}-\varepsilon\right)\varepsilon, \varepsilon \leqslant 0.5A \\ \dfrac{1}{A}\left(\dfrac{A}{2}-\varepsilon\right)(\varepsilon-A), \varepsilon > 0.5A \end{cases} \\
6. T_e = T_r + \Delta_h/A
\end{cases} \quad (5-12)$$

式中，r_{sm} 表示所求年天正闰余；T_p 为经朔时刻；Δ_x 是由定朔到真食甚的修正值；Δ_s 和 Δ_m 分别是经朔时刻的太阳改正数和月亮改正数；φ_m 则表示本次朔所在日的入转损益率；T_r 为真食甚时刻；ε 是真食甚不足一日部分的日分数；Δ_h 是由真食甚到视食甚的修正，即时差修正[7]。

需要说明的是，式（5-12）中的第 1 个算式在历法的"步气朔"部分；第 2、第 3 个算式中的 Δ_s 和 Δ_m 要在"步日躔"中求得，式中的 φ_m 需要查月离表得到但需要计算该朔到近地点的距离，及"入转日及余"，计算方法在"步月离"部分给出，相关算法的计算公式参考本书第三章。

《纪元历》推算日食食分的计算公式如式（5-13）所示。

$$\begin{cases}
1. \begin{cases} N_n t \equiv r_{sm}(\bmod u) \\ N_n t - r_{sm} + mu \equiv r_j(\bmod j) \end{cases} \\
2. AT_e \equiv \varepsilon(\bmod A) \\
3. \omega = |\varepsilon - 0.5A| \\
4. c_b + c_s + \varepsilon f_s/A \equiv x(\bmod a) \\
5. \begin{cases} \delta = \dfrac{(2a-R)R}{a^2/23.9} \\ R = a - [(a-x)x/\nu + x] \end{cases} \\
6. d = \dfrac{A}{4} + \dfrac{A\delta}{20 \times 23.9}
\end{cases} \quad
\begin{cases}
7. \Delta_q = \pm\dfrac{4}{3}\left(1 - \dfrac{x^2}{a^2}\left(1 - \dfrac{\omega}{d}\right)\right) \\
8. \Delta_k = \pm\dfrac{4}{3}\dfrac{(2a-x)x}{a^2}\omega \\
9. k_0 = c_0 A/\nu_m \\
10. r_r = r_p + (\Delta_s + \Delta_q + \Delta_k + k_0)/A \\
11. \begin{cases} Ar_r \equiv p'(\bmod J/2) \\ p = |p' - J/2| \end{cases} \\
12. M = \dfrac{L-p}{L/10} = 10\left(1 - \dfrac{p}{L}\right)
\end{cases} \quad (5-13)$$

式中，r_j 表示经朔入交泛日；ε 是视食甚不足一日部分的日分数，称为"食甚定余"，ω 则为午前（后）分；食甚时刻太阳盈缩分为 f_s，中心差（先后数）为 c_s，太阳距二至点的距离即"食甚中积"为 c_b，则 x 表示"食甚日行积度"（相对于二分二至点）；δ 表示食甚日太阳视赤纬即"赤道内外度"，$2a$ 表示二至限，为一中间变量，ν 是一常数，根据 x 的不同取 517 或

400；d 为半昼分，δ 与 d 的具体计算方法在"步晷漏"章中给出；Δ_q 和 Δ_k 分别表示气差和刻差，k_0 和 c_0 为常数，c_0 在月运升交点和降交点时分别取 5.685 度和 5.50 度，v_m 为月平行；r_r 是视月亮到视黄白交点的距离，即"入交定日"；p 为交前后分为，L 为阴阳历食限，M 为食分[7]。

需要指出，式(5-13)中第 5 算式中的 x 含义是食甚时刻到冬至点的距离，而第 8 算式中的 x 则为食甚所在日午中到冬至点的距离，两者略有差异，但都是根据第 4 算式计算得来。

日食的初亏时刻 T_{ck} 和复圆时刻 T_{fy} 可用式(5-14)求得，式中 F 为初亏到视食甚时间的日分数，即"定用分"。

$$
\begin{cases}
F = 583\left(1 - \dfrac{p^2}{L^2}\right)\left(1 - \dfrac{\varphi_m}{A}\right) \\
T_{ck} = T_e - F/A \\
T_{fy} = T_e + F/A \\
M' = \dfrac{M}{F}\left[F - (\varepsilon - d)\right]
\end{cases}
\tag{5-14}
$$

式(5-14)中的第 4 算式是带食日出入算法，M' 是带食日出入所见分数。这样，根据式(5-12)、式(5-13)和式(5-14)，利用日法、朔望月、回归年和交点月等天文常数，结合每日日躔和月离数据，任意合朔时的日食情况均可以推算出来。

二、淳祐五年七月朔日食推算的复原

为了更清楚地展现《开禧历》推算日食的全过程，我们给出一个算例。宋史载，宋理宗淳祐五年(1245 年)七月朔"五年，降算造成永祥一官，以元算日食未初三刻，今未正四刻，元算亏八分，今止六分故也[1]2896。"当时行用《开禧历》，这是用其计算 1245 年 7 月 25 日的那次日食，使用历法推算日食亏初在未初三刻，大约 13∶43，食分是 8 分。我们接下来详细展示这次日食的计算过程。

1. 求淳祐五年七月朔日食食甚

《开禧历》的日法 $A = 16900$，回归年 $t = \dfrac{6172608}{16900}$，朔望月 $u = \dfrac{499067}{16900}$，交点月 $j = \dfrac{459886.4825}{16900}$，近点月 $g = \dfrac{465672.5396}{16900}$。上元距开禧三年(1207 年)积年为 7848183 年，那么，1245 年的上元积年为 $7848183 + (1245 - 1207) = 7848221$ 年，即 $N_{1245} = 7848221$。1245 年七月朔是冬至后第 8 个朔，则 $m = 8$。

据式(5-12)第 1 算式，淳祐五年七月经朔为

$$
\begin{cases}
7848221 \times \dfrac{6172608}{16900} \equiv \dfrac{213730}{16900} \left(\bmod \ \dfrac{499067}{16900}\right) \\
7848221 \times \dfrac{6172608}{16900} + \dfrac{8 \times 499067}{16900} - \dfrac{213730}{16900} \equiv 30 + \dfrac{174}{16900} \ (\bmod 60)
\end{cases}
,
$$

即 $T_p = 30 + \dfrac{174}{16900}$ 日，同时 1245 年天正闰余为 $r_{sm} = \dfrac{213730}{16900}$ 日。由于上元时刻所在日是

甲子日，日序号是 30 则为甲午日，小余是 174 日分。

一个气的长度为 257192 日分，则根据第三章式(3-1)和式(3-2)，可得天正经朔入大雪气为 257192－213730＝43462 日分；

七月朔入气是 43462＋8×499067＝15×257192＋10×16900＋9118 日分。

冬至后第十五气为大暑气，于是可得朔入大暑气 10 日余 9118 分。查每日日躔表求得该日损益率为－35，朒朓积为－2083，进而根据式(3-3)求得入气朒朓定数为

$$\Delta_s = -2083 - \frac{35 \times 9118}{7290} = -2101.8834 \text{（日分）}。$$

根据式(3-4)，绍兴五年正月入转日计算过程为

$$\frac{7848221 \times 6172608}{16900} - \frac{213730}{16900} + 8 \times \frac{499067}{16900} \equiv 11 + \frac{1664.1045}{16900} (\bmod \frac{465672.5396}{16900})$$

月离表中距离近地点不足一日时为入转 1 日，这样本次合朔就是入 12 日余 1664.1045 日分，查月离表得到其日损益率为 1353，朒朓积为－4235，由此得入转朒朓定数为

$$\Delta_m = -4235 + \frac{1353 \times 1664.1045}{7290} = -4101.7732 \text{（日分）}。$$

定朔入转是在经朔入转的基础上加入太阳和月亮的改正数，于是有

$$11 + \frac{1664.1045}{16900} + \frac{-2101.8834 - 4101.773}{16900} = 10 + \frac{12360.4481}{16900} \text{（日）}，$$

可得定朔入大暑气 10 日余 15682.1045 日分，查月离表得其日损益率为 $\varphi_m = 1112$。

根据式(5-12)第 2、第 3 算式，淳祐五年七月朔日食真食甚时刻

$$\Delta_x = (-2101.8834 - 4101.773) \times \frac{1112}{16900} = -408.1932$$

$$T_r = 30 + \frac{174}{16900} + \frac{-2101.8834 - 4101.773 - 408.1932}{16900} = 29 + \frac{10462.1504}{16900}$$

并以此得到食甚泛余 $\varepsilon = 10462.1504$。因为 $\varepsilon = 10462.1504 > 0.5A = 8450$，真食甚在午后，用式(5-12)的第 5 算式，得时差

$$\Delta_h = \frac{(0.5 \times 16900 - 10462.1504) \times (10462.1504 - 16900)}{16900} = 766.5042$$

根据式(5-12)第 6 算式得到最终食甚时刻是

$$T_e = 29 + \frac{10462.1504}{16900} + \frac{766.5042}{16900} = 29 + \frac{11228.6546}{16900}$$

即食甚是癸巳日，小余 11228.6546 日分，约合 15 时 56.76 分。

2. 求淳祐五年七月朔日食食分

根据式(5-13)第 1 算式，得淳祐五年七月朔入交泛日为

$$\begin{cases} \frac{7848221 \times 6172608}{16900} \equiv \frac{213730}{16900} (\bmod \frac{499067}{16900}) \\ \frac{7848221 \times 6172608}{16900} - \frac{213730}{16900} \equiv \frac{452284.99}{16900} (\bmod \frac{459886.4825}{16900}) \end{cases}$$

即 $r_j = \frac{452284.99}{16900} = 26 + \frac{12884.99}{16900}$ 日，月亮在降交点附件，是为交初。

根据式(5-13)第 2 算式得食甚定余为 $\varepsilon=11228.6546$ 日分。视食甚在午后,根据第 3 算式有午后分 $\omega=11228.6546-8450=2778.6546$ 日分。

由经朔入气可以导出食甚入气为

$$10\times16900+9118+(11228.6546-16900-174)=172272.6546,$$

知其食甚入大暑气 10 日余 3272.6546,其日盈缩分为 -280,先后数为 -16518,即 $f=\dfrac{-280}{10000}$,$c_s=\dfrac{16518}{10000}$;又食甚时太阳到冬至点距离为 $c_b=\dfrac{257192\times14+172272.6546}{16900}=223.2521$ 度,将其代入式(5-13)第 4 算式得到食甚日行积度为

$$x=c_b+\dfrac{-16518-280\times3272.6546/16900}{10000}-182.6215=38.9734 \text{ 度}$$

接下来是求得发生日食当日的半昼分。先求食甚午中入气为 3272.6546 $-$ 2778.6546 = 494 日分,即食甚当日午中入大暑气 10 日余 494 日分,其日盈缩分为 -280,先后数为 -16518。此时可再次利用式(5-13)第 4 算式求得食甚午中日行积度。其计算过程为

$$\dfrac{257192\times14+16900\times10+494}{16900}+\dfrac{-16518-280\times494/16900}{10000}-182.6215=38.8136 \text{ 度}。$$

为夏至后初度,根据式(5-13)第 5 算式有

$$\begin{cases} R=91.31075-(\dfrac{91.31075-38.8136}{400}\times38.8136+38.8136)=47.4031 \\ \delta=\dfrac{(182.6215-R)\times R}{91.31075^2/23.9}=\dfrac{(182.6215-47.4031)\times47.4031}{348.8558}=18.3737 \end{cases}$$

即赤道内外度 $\delta=18.3737$ 度。根据第 6 算式得当日半昼分为

$$d=0.25\times16900+\dfrac{16900\times18.3737}{20\times23.9}=4874.6141 \text{ 日分}。$$

将 x、ω 和 d 代入式(5-13)第 7、第 8 算式得到气差和刻差

$$\Delta_q=-\dfrac{16900}{3}(1-\dfrac{38.9734^2}{91.31075^2})(1-\dfrac{2778.6546}{4874.6141})=-1980.9230;$$

$$\Delta_k=\dfrac{4}{3}\times\dfrac{(182.6215-38.9734)\times38.9734}{91.31075^2}\times2778.6546=2487.6980。$$

因食甚在夏至后初限,交初,则气差取负值;食甚在夏至后午后,交初,则刻差取正值。食甚时月亮在交初 $c_0=5.685$,《开禧历》月平行取 $v_m=13.3687$,则根据式(5-13)第 9 算式得 $k_0=\dfrac{5.685\times16900}{13.3687}=7186.6748$。根据第 10 算式得入交定日

$$r_r=26+\dfrac{12884.99}{16900}+\dfrac{-2101.8834-1980.9230+2487.6980+7186.6748}{16900}=27+\dfrac{1576.5564}{16900}$$

此时月亮运行至黄道北,为月入阴历。根据第 11 算式得入食限交前后分为

$$p=459886.4825-16900\times27+1576.5564=2009.9261 \text{ 日分}。$$

由于在交点前,为交前分,并且在阴历食限以下,则入阴历食限,发生日食。

《开禧历》阴历食限 $L=9740$,根据第 12 算式计算得食分为

$$M=(9740-2009.9261)/974=7.9364。$$

3. 求淳祐五年七月朔日食初亏时刻

将 p、L 和 φ_m 代入式(5-14)，可得日食定用分

$$F=1352(1-\frac{2009.9261\times2009.9261}{9740\times9740})(1+\frac{1112}{16900})=1379.5988。$$

由食甚时刻减去定用分得到日食初亏时刻为 $11228.6546-1379.5988=9849.0556$ 日分，合 13.9868 小时，即 13 时 59 分，转化为时刻为未初四刻。

　　比较史载的历法推算，我们发现食分大小与我们复原的一致，食甚时刻差了一刻。而 13:59 分也仅仅是四刻多一点，总体上还是相吻合的。而现代天文学推算结果是食分 7.9 分，亏初在 15:13，食甚时刻也相当于申时初刻，食分倒是与历法推算的相接近，可见，历官对本次日食的观测也存在较大失误[21]。

参考文献

[1]　（元）脱脱，贺惟一，阿鲁图，等．宋史：律历志[M]//历代天文律历等志汇编：第 8 册．北京：中华书局，1976.

[2]　唐泉．日食与视差[M]．北京：科学出版社，2011:253.

[3]　唐泉．中国古代的日食食分算法[J]．自然科学史研究，2005,24(1):29-44.

[4]　曲安京，唐泉．中国古代的月食时差算法[J]．自然科学史研究，2008,27(3):301-308.

[5]　曲安京．中国数理天文学[M]．北京：科学出版社，2008.

[6]　曲安京，王辉，袁敏．"消息定数"探析[J]．自然科学史研究，2001,20(4):302-311.

[7]　滕艳辉，唐泉．《纪元历》日食算法及精度分析[J]．自然科学史研究，2013,32(2):140-155.

[8]　滕艳辉．《崇天历》的日食推步术[J]．中国科技史杂志，2020,41(4):534-548.

[9]　（元）脱脱，贺惟一，阿鲁图，等．宋史：天文志[M]//历代天文律历等志汇编：第 3 册．北京：中华书局，1976:931.

[10]　滕艳辉，王鹏云，刘娅娅．南宋历法中的交食算法及其计算精度[J]．西北大学学报（自然科学版），2018,48(2):311-316.

[11]　中山茂．消长法の研究（Ⅰ、Ⅱ、Ⅲ）[J]．科学史研究，1963(66):68-84;1963(67):128-130;1964(69):8-17.

[12]　（明）宋濂，王祎．元史：历志[M]//历代天文律历等志汇编：第 8 册．北京：中华书局，1976:3317.

[13]　滕艳辉．宋代朔闰与交食研究[D/OL]．西安：西北大学，2012:68-72.

[14]　滕艳辉，袁学义．宋代历法沿革[J]．咸阳师范学院学报，2012,27(4):78-86.

[15]　NASA. Five Millennium Catalog of Solar Eclipses (1101 CE to 1200 CE) [EB/OL]. [2010-7-21]. https://eclipse.gsfc.nasa.gov/SEcat5/SE1101-1200.

html.

[16]　张培瑜．三千五百年历日天象[M]．郑州：河南教育出版社，1990：1030．

[17]　薄树人．古代日食观测模拟实验报告[J]//薄树人文集[M]．合肥：中国科学技术大学出版社，2003：320 - 325．

[18]　(元)脱脱，贺惟一，阿鲁图，等．宋史[M]．北京：中华书局，1976．

[19]　(清)毕沅．续资治通鉴[M]．北京：中华书局，1957：3830．

[20]　滕艳辉，田卫军．南宋乾道九年五月朔日食记录分析[J]．咸阳师范学院学报，2019，34(4)：61 - 71．

[21]　滕艳辉等．《开禧历》日食算法及计算精度[J]．内蒙古师范大学学报(自然科学汉文版)，2018，47(3)：259 - 264．

第六章　宋代历法中的置闰算法及模拟

　　历法的一个重要目的就是安排历谱,那就要定出某个月份是多少天,哪一天是初一日。中国传统历法采用阴阳合历的形式,即既要考虑太阳的周期性运动,又要兼顾月亮的周期性。这样,中国古代的历谱编制中就要协调回归年和朔望月长度以及年、月的分布,于是就有了置闰制度。这就要确定哪一年是闰年,哪一个月该闰。人们提出了"无中置闰"原则,如果一个月内没有中气,那么此月定为闰月[1]。但实际上我们能计算的是每个月的合朔与各气的时刻,两合朔间没有中气并不等于此月内无中气,这样就使闰月的分布和确定复杂得多。古代历法家对是否用定朔注历一直存在争论。但到了宋代,所有历法都已经使用定朔注历。历谱中闰月、大小月的确定就更复杂了。本章首先讨论平气定朔注历时,历谱中闰月的安排情况,然后详细分析宋代《崇天历》和《纪元历》历谱编排规则,并给出大小月及置闰的推算方法。

第一节　宋代历法中的置闰算法原理

一、关于闰年的算法

　　如果两个冬至之间含有 13 个朔日,那么此年就是有闰之年,因为这一年中要有 13个月。怎样判断哪一年是闰年,有两种方法可以考虑。

图 6-1　闰年与天正闰余

　　如图 6-1 所示,当年的天正闰余就是 u_1 与 t_1 之间的距离,记为 r_{mb},下一年的天正闰余是 u_2 与 t_2 之间的距离,记为 r_{mb2}。这样,对于当年的冬至,若为闰年,则有

$$r_{mb}+t>13u \qquad\qquad (6-1)$$

解之得,

$$r_{mb}>u-12(2\varepsilon_b+\varepsilon_u), \qquad\qquad (6-2)$$

式中,ε_b、ε_u 分别为一气气余和朔虚分;[1]t 为回归年常数;u 为朔望月常数。

　　若根据下一年冬至 t_2 判断,则当下式成立时,本年一定是闰年。

---

　　① 中国传统历法中的"朔虚分"是指一个朔望月不满 30 日的那部分数值。

$$r_{\text{mb2}} + 12u < t \qquad\qquad (6-3)$$

解之得

$$r_{\text{mb2}} < 12(2\varepsilon_b + \varepsilon_u) \qquad\qquad (6-4)$$

以上公式仅是对于平气和平朔注历的情况下适用,并且仅能给出闰年的大致情况。自唐代《麟德历》开始,中国传统历法采用定朔平气注历,使得月份的大小在历谱中的安排不再按照大小月相间的方式排列,有时会出现连续四个大月或三个小月的情况。[1] 为了避免出现这种极端情况,并使得历谱中的晦日(每月的最后一天)不能见到月亮,历法中又做了一系列的规定,这些规定称为进朔制度。宋代历法中,已经建立了完整的进朔制度,如在《纪元历》中就有

　　　　凡注历,观定朔小余,秋分后在日法四分之三已上者,进一日;春分后定朔
　　　日出分差如春秋之日者,三约之,用减四分之三;定朔小余及此数已上者,亦进
　　　一日;或当交[,]亏初在日入已前者,其朔不进[2]2817。

可以看到,如果是以定朔平气注历,且采用完整的进朔制度,由式(6-2)和式(6-4)所确定的闰年有可能提前一年,原来的闰十一月改为十一月,原来的十一月改为上一年的闰十月。[2] 当然,闰年也有可能后推一年。

在确定的闰年中,闰月的具体位置也不好确定,要根据历谱的具体安排而定。根据"无中置闰"原则,两个经朔之间没有中气,那么此月就是闰月,我们暂且称由两朔之间无中气而得到此月为闰的方法为一般置闰法。此时我们是以经朔时刻为月份的起算点的,然而当以其日夜半为起算点,才能得到真实的置闰情况。

以平朔注历,由于中气和平朔在历谱中都是均匀分布的,每个月是闰月的可能性相等。但闰月的位置有可能相较以一般置闰法提前一个月到两个月,但提前一个月的概率更大一些。用定朔和平气注历,由于两中气的间距是相等的,各中气在历谱中的分布就是均匀的,这样,两定朔间不存在中气的可能性就是相等的。虽然进朔制度与日食有关,但日食的发生是有一定周期的。因此,实际历谱的安排中,每个月份是闰月的可能性是相等的。而用定朔定气注历的中国现行农历中,每个月是闰月的可能性就完全不同了[3-4]。

二、日月改正数与朔望月长度

我们先不考虑进朔情况的闰月的安排。首先要弄清楚一个月的长度(即两个定朔之间的距离)的最大和最小值是多少。定朔时刻是平朔时刻加上太阳和月亮的不均性修正,即日月改正数(在历法中称为入气和入转朒朒定数)而得到,而两平朔间的差值就是

---

　　① 中国传统历法中大小月的安排是,大月30日,小月29日。
　　② 如果某年的第二个月是闰月,即闰十一月,此月中一定只有小寒一平气,而冬至与本月定朔同日,而且不进朔,那么冬至所在日只能为闰十一月的第一日。它就由原来的闰十一月变为十一月。而原来的十一月份中就没有中气了,小雪气是出现在十月份,原来的十一月仅有大雪一平气,就是闰十月。

平均朔望月长度，那么，两定朔间的差值 u_r 实际上就是朔望月长度 u 加上两经朔的日月改正数差值之和

$$u_r = u + \Delta_{ds} + \Delta_{dm} \tag{6-5}$$

因为日月改正数是相互独立的，则 u_r 的最值就是平朔望月与太阳改正数差 Δ_{ds}、月亮改正数差 Δ_{dm} 的最值之和。现在我们分别求之。

宋代历法日躔表中的"朏朒积" y_s 一栏是以二次内插法构造而得的，它就可以近似写作式（6-6）

$$y_s(x) = \begin{cases} \alpha x - \beta x^2, & x \in [0, t/2] \\ -\alpha x(x-t/2) + \beta(x-t/2)^2, & x \in (t/2, t] \end{cases} \tag{6-6}$$

式中，x 表示太阳平黄经，其单位为度或日，α、β 为待定系数，不同的历法由于日躔表的构造不同，两个待定系数会有所差异[5]。又有太阳改正数 $\Delta_s = y_s + \varepsilon \varphi_s / A$，$\varepsilon$ 为经朔小余，A 为日法[6]。实际上太阳改正数就是任意时刻的"朏朒积"，据此，令 $A\alpha_0 = \alpha$，$A\beta_0 = \beta$，Δ_s 可近似写作

$$\Delta_s(x) = y_s(x) = \begin{cases} A(\alpha_0 x - \beta_0 x^2), & x \in [0, t/2] \\ -A[\alpha_0 x(x-t/2) - \beta_0(x-t/2)^2], & x \in (t/2, t] \end{cases} \tag{6-7}$$

这样，对于不同的历法，α_0 与 β_0 的取值差异不会太大。宋代有日躔表的历法共 10 部[①]，经计算，其 α 与 β 的值列于表 6-1 中[2]2448-2994。

表 6-1 太阳改正数系数及最值

历法	太阳改正数系数				日法	$(t-u)/2$	Δ_{ds}最值
	α	α_0^1	β	β_0			
乾元历	11.713	39.8401	0.064	0.2177	2940	167.8571	317.2431
仪天历	40.21	39.8127	0.22	0.2180	10100	167.8570	1091.4426
崇天历	41.95	39.6081	0.2298	0.2170	10590	167.8570	1139.0995
明天历	141.09	36.1778	0.7055	0.1809	39000	167.8565	3496.9322
观天历	47.31	39.3295	0.26	0.2154	12030	167.8565	1284.2265
纪元历	28.45	39.0261	0.1560	0.2140	7290	167.8565	773.2767
统元历	27.37	39.4892	0.1501	0.2166	6930	167.8565	744.0309
乾道历	117.76	39.2533	0.6450	0.2150	30000	167.8565	3197.2017
淳熙历	22.02	39.0355	0.1207	0.2140	5640	167.8565	598.2982
会元历	146.15	37.7649	0.8000	0.2067	38700	167.8566	3965.5233
统天历	46.122	38.4350	0.2528	0.2107	12000	167.8559	1253.1036
开禧历	65.65	38.8444	0.3590	0.2124	16900	167.8562	1779.5250
成天历	28.65	38.6105	0.1569	0.2115	7420	167.8561	777.7359

附注1：为方便观察，此列中 α_0 为 α 除以日法后乘以 10000 的结果，β_0 与此同，结果保留 4 位有效数字。

---

① 因为《应天历》直接用定气注历，虽然也设计了日躔表，我们先暂不予考虑。

那么,对于下一个朔的太阳改正数(入气朏朒定数)就是 $\Delta_s(x+u)$,仍然以分段函数表示,其基本形式如下

$$\Delta_s(x+u)=\begin{cases}\alpha(x+u)-\beta(x+u)^2, & x\in[0,t/2-u]\\-\alpha(x+u-t/2)+\beta(x+u-t/2)^2, & x\in[t/2-u,t-u]\\\alpha(x+u-t)-\beta(x+u-t)^2, & x\in[t-u,t]\end{cases} \qquad (6-8)$$

上边两公式相减,得到一个分段函数,就是太阳改正数差值函数,在一个周期内的形式如下

$$\Delta_{ds}(x)=\begin{cases}2\beta ux+\beta u-\alpha u, & x\in[0,t/2-u]\\-2\beta x^2+(2\alpha-2\beta u+t)x+C_1, & x\in[t/2-u,t/2]\\-2\beta ux-\beta u+\alpha u+t, & x\in[t/2,t-u]\\2\beta x^2+(2\alpha+2\beta u-3\beta t)x+C_2, & x\in[t-u,t]\end{cases} \qquad (6-9)$$

式中,$C_1=\alpha(u-t/2)-\beta(u-t/2)^2$,$C_2=3t/2\cdot\alpha+(t/2)^2\beta+(u-t)^2\beta$。

要求得函数 Δ_{ds} 的最大值,只需考虑分段函数各段的最大值,又此函数是连续的,其最大值就是分段函数中二次函数部分的最大值。两端二次函数的对称轴分别是,$x_1=\dfrac{\alpha}{2\beta}+\dfrac{1}{2}\left(\dfrac{t}{2}-u\right)$ 和 $x_2=\dfrac{\alpha}{2\beta}+\dfrac{1}{2}\left(\dfrac{t}{2}-u\right)+\dfrac{t}{2}$,而根据前面式(6-6)的性质,则有 $\dfrac{\alpha}{2\beta}=\dfrac{t}{4}$,得到,$x_1=\dfrac{1}{2}(t-u)$,$x_2=t-\dfrac{u}{2}$,也就是当太阳平黄经取 x_1 和 x_2 时,Δ_{ds} 取得最值。据此,代入求得 Δ_{ds} 的最大值

$$\Delta_{ds}\left(\frac{t-u}{2}\right)=\frac{1}{2}(t-u)\beta u \qquad (6-10)$$

因此函数具有周期性和对称性,不难得出其最小值为最大值的相反数。我们得到各部历法 Δ_{ds} 的最值,列于表6-1中。

宋代还有《仪天历》《明天历》和《观天历》在计算太阳运动时没有使用日躔表。它们使用"相减相乘法"来求任意时刻的太阳改正数[7]。这实际上也是一种二次内插法,其基本形式与式(6-7)是一致的,因此仍然可以求得它的 α 与 β 值。由于《仪天历》和《明天历》两部历法的太阳改正数并不关于二至点对称,就应该分别求得每一部分的改正数表达式,然后依照式(6-8)和式(6-9)的构造方法,求得其两部分的最值。为了方便,我们将这两部历法的太阳改正数依照二至点对称的形式构造,这样做会使得取得最值的 x 发生变化,但对最值的影响不大。此三历在冬至后就得到统一的表达式

$$\Delta_s(x)=\frac{A}{v_m}\frac{(t/2-x)x}{t^2/16c_{smax}} \qquad (6-11)$$

式中,c_{smax} 表示太阳中心差的最大值,这样就有 $\alpha=\dfrac{16Ac_{smax}}{v_m t^2}$,$\beta=\alpha t/2$。我们将计算结果同列于表6-1中。

月亮改正数差的最值与太阳的类似,只是月离表中数据并不是严格按照近地点和远

地点对称的,利用对称的分段二次函数去逼近,所造成的误差会较太阳改正数的大一些,但相对于月亮改正数的最值仍然是很小的,这将不会影响我们的讨论。又根据定朔算法,以近地点为其近点月起算点的历法,月亮改正数在近点的附近为负值,这样,任意时刻月亮改正数(月离表中"朏朒积")表示为

$$\Delta_{\mathrm{m}}(x) = \begin{cases} -\alpha x + \beta x^2, & x \in [0, g/2] \\ \alpha x(x - g/2) - \beta(x - g/2)^2, & x \in (g/2, g] \end{cases} \quad (6-12)$$

式中,如果历法选择以近地点为近点月的起算点,α, β 的取值均为正,若以远地点为起算点,则为负值。本次朔的月亮改正数为 $\Delta_{\mathrm{m}}(x)$,下一朔的月亮改正数就是 $\Delta_{\mathrm{m}}(x+u)$,但由于近点月常数小于朔望月常数,则有 $\Delta_{\mathrm{m}}(x+u) = \Delta_{\mathrm{m}}(x+u-g)$。这样,只需将式(6-9)中回归年常数 t 改为近点月常数 g,并将所有的 u 替换为 $u-g$,就得到月亮改正数差值函数 Δ_{dm} 的计算公式。并进而得到月亮改正数差值函数的最值为

$$\Delta_{\mathrm{dm}}\left(\frac{2g-u}{2}\right) = \frac{1}{2}(2g-u)\beta(u-g) \quad (6-13)$$

依此得到,当月亮距离近地点为 $x_1 = g - u/2$ 时,Δ_{dm} 取得最大值或最小值;当 $x_2 = (3g-u)/2$ 时,取得最小值或最大值,并为上面所求结果的相反数。我们得到各部历法 Δ_{dm} 的最值,列于表6-2中。

表6-2　月亮改正数系数及最值

历法	月亮改正数系数				日法	$g-u/2$	Δ_{dm}最值
	α	α_0^1	β	β_0			
乾元历	-23.456	-79.78	-325.94	-1108.64	2940	12.7893	-592.7686
仪天历	82.715	81.90	1157.5	1146.04	10100	12.7893	2090.3786
崇天历	-88.71	-83.77	-1215.70	-1147.97	10590	12.7893	-2241.8826
明天历[2]	263.857	67.66	4144.74	1062.75	39000	12.7893	6668.0099
观天历	102.95	85.58	1415.2	1176.39	12030	12.7893	2601.6866
纪元历	62.85	86.21	859.98	1179.67	7290	12.7893	1588.1837
统元历	57.85	83.48	793.00	1144.30	6930	12.7894	1462.0277
乾道历	244.41	81.47	3371.80	1123.93	30000	12.7893	6176.6455
淳熙历	48.14	85.35	661.27	1172.46	5640	12.7893	1216.4463
会元历	328.05	84.77	4504.70	1164.01	38700	12.7893	8290.4632
统天历	103.61	86.34	1423.7	1186.42	12000	12.7893	2618.4965
开禧历	142.82	84.51	1964.60	1162.49	16900	12.7893	3609.3024
成天历	61.78	83.27	849.63	1145.05	7420	12.7893	1561.3760

附注1:此列中 α_0 为 α 除以日法后乘以10000的结果,β_0 与此同,结果保留2位有效数字。

附注2:《明天历》不使用月离表,仍然用"相减相乘法"求月亮改正数,我们按其太阳改正数的方法求得其各项数值。在历法中,它以月亮实行速度为单位入算,我们这里将其修改为以入转日入算。

根据各部历法的朔望月常数,可以得到每部历法真实朔望月的长度值,我们将得到的各部历法朔望月长度的最大和最小值列于表 6-3 中。

表 6-3　朔望月长度的最大值与最小值　　　　　　　单位:日

历法	朔望月常数	$\Delta_{dm}+\Delta_{ds}$ 最值	u_r 最大值	u_r 最小值	两中气间距离
乾元历	29.530612	0.309528	29.84014	29.22108	30.43707483
仪天历	29.53059	0.315032	29.84562586	29.21556226	30.43704614
崇天历	29.5305949	0.319261763	29.84985666	29.21133314	30.43704753
明天历	29.53058974	0.260639542	29.79122928	29.2699502	30.43696581
观天历	29.53059019	0.323018541	29.85360873	29.20757165	30.43696315
纪元历	29.53058985	0.323931466	29.85452132	29.20665838	30.43696845
统元历	29.53059163	0.318334579	29.84892621	29.21225705	30.43698413
乾道历	29.530592	0.312461575	29.84305358	29.21813043	30.43696667
淳熙历	29.53059574	0.321763201	29.85235894	29.20883254	30.43696809
会元历	29.53059432	0.316692155	29.84728648	29.21390217	30.43697674
统天历	29.53066667	0.32263345	29.85330001	29.20803332	30.436875
开禧历	29.53059172	0.318865525	29.84945725	29.2117262	30.43692308
成天历	29.53059299	0.315244198	29.84583719	29.21534879	30.43689353

经计算,真朔望月长度最大值比平均朔望月长出 7.5 小时左右,最小值短出 7.5 小时左右,比两中气长度要小。这样,不考虑进朔,在用平朔法推出的没有闰月的年份中,历谱不会再出现没有中气的月份。由于真实朔望月的最大值要小于两中气间距,那么,如果本月定朔与中气同日,下一次朔时,中气或是与定朔同日或是推后一日,这样,如果不用进朔,肯定不会出现一个月含有两个中气的可能;如果次朔可进,次中气又一定与次朔不同日。因此,无论怎样,历谱中一个月不会含有两个中气。

三、进朔与历谱编排

如果考虑了进朔[①],对于具体的月份,问题要复杂得多,主要是因为定朔与中气如果同日,那么,中气到底归属哪个月是需要进一步讨论的。这样就需要对过去由一般置闰法推出的朔闰进行修正。朔气同日如果不会对后一个(或前一个)月的朔闰安排造成影响,同样就不会对更后面(或更前面)的月份造成影响,也就是说,如果朔气同日对本月不会造成影响,那对其他月份也是没影响的,这个推论是很明显的。这样,需要讨论朔气同日对本月、次月和前月所造成的影响。在历谱的实际编排过程中,是先推算出本月的置闰情况,再调整前面的月份,不需要同时调整后面的月份,我们就可以舍去朔气同日对后

---

① 此时所讨论的"进朔"是没有考虑日食情况的进朔制度,如果考虑了日食,情况会更加复杂。但日食的次数很有限,而且发生有一定的周期性,我们先将历谱按照没有日食的情况下安排好,再考虑有日食的情况,重新对历谱进行调整也是可行的。

朔影响的讨论。

为了更清楚地看到本月及前一个月朔与气的位置情况,引进一参数 k,表示气或朔距离其最近的一个中气所在日的夜半时刻的时间长度,单位是日;并规定定朔或中气在中气所在日夜半之后为正,之前为负。由表 6-3 得知,朔望月的最大值为 29.85 日左右,最小值为 29.21 日左右,两中气间距为 30.43 左右,为讨论方便,我们将朔望月最大、最小值和中气间距分别取作 29.85 日、29.21 日和 30.43 日。历法根据定朔的时间安排是否进朔,一般选择当定朔小余大于四分之三日时进朔。如宋史载:

> 侍御史张致远言:"今岁正月朔日食,太史所定不验,得一尝为臣言,皆有依据。盖患算造者不能通消息、盈虚之奥,进退、迟疾之分,致立朔有讹。凡定朔小余七千五百以上者,进一日。绍兴四年十二月小余七千六百八十,太史不进,故十一月小尽;今年五月小余七千一百八十,少三百二十,乃为进朔,四月大尽……[2]2869"

可以看到,当时的实行历法确是以四分之三日作为进朔的分界,但有时算造者也会出现失误,于是出现立朔有讹。这样,我们以四分之三日为界,就定朔与中气同日的情形分成四种,分别讨论由于朔气同日而引起的月份置闰的变化。

1. 定朔小余小于四分之三日,并且定朔先于中气

此种情况下,本月朔,k 的取值为 $k \in (0, 0.75)$,本月中气,k 的取值为 $k \in (0, 1)$。此时,这个中气应该属于本月,又没有进朔的可能,本月一定不会闰,朔气同日不会影响本月的置闰。由前面推论得知,对前朔和后朔也都没有影响。

2. 定朔小余大于四分之三日,并且定朔在中气之后

定朔在中气之后,此中气原本属于前一月份,本朔考虑一定要进朔,则朔与气都不属于本月份,这样,朔气同日不会影响本月、前月和后月的置闰。

3. 定朔小余小于四分之三日,并且定朔在中气之后

中气本应该属于前一月,但朔气同日,又不能进朔,此中气就属于本月了。下一个朔日一定在下中气前,或是朔气不同日,或是不能进朔。这样,本月原本是一个闰月,但此时就不再闰了,而下一个月就不再受到影响。前一朔一定出现在前一中气之后,再分成以下两种情况。

因两中气长度 30.43 日,则以 0.43 日为界将中气的取值分为两部分。中气在 0.43 日之前,本月份中气的 k 值为 $k \in (0, 0.43)$,朔的取值为 $k \in (0, 0.75)$;前一月份中,中气的取值为 $k \in (0.57, 1)$,朔的取值为 $k \in (1.15, 1.9)$①。那么,前面月份,朔与气就不同日,并且月内不会含有中气。前面月份本来不是闰月,现在就要置闰了,而再前面的月份不会再受此影响。关于不同月份气与朔 k 的取值情况及朔闰改变的情况详见表 6-4。后一月份中,中气的取值为 $k \in (0.43, 0.86)$,朔的取值为 $k \in (-0.15, 0.6)$,后朔肯定不

---

① 此值是按朔望月的最大值推算得来,如果按朔望月的真实值推算,则前面和后面的朔距离中气都会更远,对朔闰造成的影响会更小。如无特别说明,下面的讨论均是以最大值推算。

进,故不会对后面的朔闰产生影响。

表 6-4 朔气同日时朔与气的 k 值及其对置闰的影响[1]

	定朔位置	小余小于 0.75 日			小余大于 0.75 日	
	中气位置	在定朔之后	在定朔之前		在定朔之后	在定朔之前
前月	中气 k 值	—	(0.57,1)	(1,1.32)	(1,1.32)	(0.32,0.57)	—
	定朔 k 值	—	(1.15,1.9)	(1.75,1.9)	(1.15,1.75)	(0.9,1.15)	—
	影响	—	不闰而闰	不闰而闰	不闰,前月闰	闰而不闰	—
本月	中气 k 值	(0,1)	(0,0.43)	(0.43,0.75)	(0.43,0.75)	(0.75,1)	(0,1)
	定朔 k 值	(0,0.75)	(0,0.75)	(0.6,0.75)	(0,0.6)	(0.75,1)	(0.75,1)
	影响	无	闰而不闰	闰而不闰	闰而不闰	不闰而闰	无
后月	中气 k 值	—	(0.43,0.86)	(0.86,1.18)	(0.86,1.18)	(0.18,0.43)	—
	定朔 k 值	—	(−0.15,0.6)	(0.45,0.6)	(−0.15,0.45)	(−0.4,−0.15)	—
	影响	—	无	无	无	无	—

附注:表中,"不闰而闰"表示这个月份由一般置闰法推得不为闰月,但由于朔气同日的影响而变为闰月;"闰而不闰"表示原来是闰月,现在变成不是闰月;"—"表示在此不做讨论。

当中气在 0.43 日之后时,本月份中气的 k 值为 $k \in (0.43, 0.75)$;前一月份中,中气的 k 值为 $k \in (1, 1.32)$,朔的 k 值为 $k \in (1.15, 1.9)$。那么,只有当本月朔 k 的取值为 $k \in (0.6, 0.75)$ 时,上月的取值才会在 0.75 日以上,能够进朔,从而使得上一月份成为闰月,而不会影响更前面的月份。如果不是这样,则前一月朔与气同日,且不进朔,前一月份中同样含有中气,不用置闰,但是将会影响前面第二个月的置闰。前二月中气 k 的取值为 $k \in (0.57, 0.89)$,朔的取值为 $k \in (1.3, 2.05)$,朔与气肯定不同日。这样,前面第二个月内没有中气,将会置闰,但就此而止,更前面的月份朔与中气肯定不同日,不会再受到影响。后面定朔一定在中气之前,根据前面 1 和 2 的讨论,可知后面的朔闰不会有影响。

4. 定朔小余大于四分之三日,并且定朔在中气之前

本月一定进朔,则所含的中气连同定朔属于上个月所有。下一朔中,中气的 k 值取值范围为 $k \in (0.18, 0.43)$,而朔的取值为 $k \in (-0.4, -0.15)$,朔与气不同日,本月不含中气,必为闰月。前一朔中,中气的 k 值取值范围为 $k \in (0.32, 0.57)$,而朔的取值为 $k \in (0.9, 1.15)$。前朔与前中气如果同日,则前朔一定进朔,如果气朔不同日,那么前朔在中气之后,前一月由原来的闰月变为不闰,而不再影响前两月的情况。

可以看到,定朔与平气注历,会使历谱中闰月的安排不好确定。以上的分析,我们得到几个结论:

(1)由于气朔同日,任何一个由一般置闰法得到的闰月大多数情况下仅会提前或推后一个月,但仅取提前或推后一种情况。只有当本朔中气小余大于 0.43 日,定朔小余小于 0.6 日时,才有可能使闰月提前到前两月。但这种情况出现的几率非常小。如果不用进朔制度,那么,前一中气与前朔同日时,就会随着前朔属于前月,那么前月也不置闰,闰月会再向前推一个月,这就会使闰月提前两月的机会变大一些,但都不会提前或推后两个月以上。具体的安排主要是根据朔气同日时,中气与定朔的具体位置而定。

(2)朔气同日对朔闰的影响仅会影响到本月及前月,而对后月没有影响,而且如果对本月产生影响,那一定会影响到前一月或前两月的安排。从表6-4中可以看到,具体的影响仅限于四种情形:

①定朔小余大于0.75日,且发生在中气之前,本月由不闰改为闰月,前月由闰月改为不闰;

②定朔小余小于0.75日,发生在中气之后,并且中气小余小于0.43日,本月由闰月改为不闰,前月由不闰改为闰月;

③定朔小余在0.6~0.75日,发生在中气之后,并且中气小余大于0.43日,本月由闰月改为不闰,前月由不闰改为闰月;

④定朔小余小于0.6日,发生在中气之后,并且中气小余大于0.43日,本月由闰月改为不闰,前一月置闰不变,前二月由不闰改为闰月。

由此可见,采用进朔,不但可以避免出现定朔注历中四连大月或三连小月的反常现象,而且对闰月的安插又方便了一些。对于有闰的年份,我们按照上面的朔气同日判断法则,逐个月份比较,进行闰月的安插;没有闰年的年份,除去第一个月和最后两个月(即第11和12个月)有可能变成闰月以外,其他月份没有可能再闰,我们只需按照上述法则判断第一个月和最后两个月的情形就可以了[8]。

第二节 《崇天历》和《纪元历》朔闰推步程序设计

上一节讨论了宋代历法置闰的原理和理论上进退朔的方案。然而,这些方案仅是理论上适用,具体推算时还要看具体历法的规定,并按照实际情况编排历谱。本节则根据《崇天历》和《纪元历》编排历谱的具体推算术文,给出计算机模拟其历谱编排的程序代码。

一、《崇天历》《纪元历》的历谱安排方案

《崇天历》在步月离部分求朔弦望定日算法的后面直接给出历谱的安排方法,其术文称

> 若定朔干名与后朔同名者大,不同者小,其月无中气者为闰月。凡注历,观朔小余,如日入分已上者,进一日,朔或当定,有食应见者,其朔不进。弦、望定小余不满日出分,退一日,其望定小余虽满此数,若有交食亏初起在日出已前者,亦如之。有月行九道迟疾,历有三大二小;若行盈缩累增损之,则有四大三小,理数然也,若俯循常仪,当察加时早晚,随其所近而进退之,不过三大二小。若正朔有加交,时亏在晦、二正见者,消息前后一两月,以定大小[2]2589。

根据术文总结出《崇天历》历谱安排的方案为

（1）不进朔时，即定朔所在日即为初一日，那么本次定朔日与下次定朔日的天干名字相同，本月为大月，否则为小月。事实上，干名相同，两定朔日间隔 30 日，不同则为 29 日而不可能为 31 日。

（2）无论本月是大月还是小月，只要本月内无中气（指自然月内，即本月初一日夜半到次月初一日夜半内），则本月为闰月。《崇天历》没有明确闰月的月名，根据古代历法编排历谱的习惯，闰月的月名与前月的月名相同，即月名都是由中气所定。如上月为六月，本月若是闰月即为闰六月。

（3）给出进朔的条件，就是本次定朔的定朔小余如果大于日入分，并且当日并无可见日食出现（这种情况包括没有日食出现或是发生日食，但日食的初亏时刻大于日入分，即带食日入分数小于 0），则需要进朔。那么，如果有进朔出现，定朔所在日就不能是本月的初一日，而是上个月的 30 日，上个月也就由小月变为大月，而本月初一日则是定朔所在日的下一日，本月的大小月和是否为闰月的结果也将与原来不进朔时可能不同，需要重新按照（1）和（2）定出。

（4）如果按照前三条方案定出的历谱出现四连大月或是三连小月的情况，则要根据实际的"正朔加交"和"时亏在晦"的情况，适当在前后一两个月内做出调整，避免出现四大三小的结果。而这条方案没有具体的调整要求，更多的是在极端情况下人为地进行主观判断来安排历谱。

由此可见，《崇天历》编排历法的主要依据：定朔时刻，定朔日名，日入分，日食，中气。

《纪元历》的历谱安排方案相比《崇天历》要复杂一些，其术文称

> 定朔干名与后朔干名同者月大，不同者月小，其月内无中气者为闰月。凡注历，观定朔小余，秋分后在日法四分之三已上者，进一日；春分后定朔日出分差如春秋之日者，三约之，用减四分之三；定朔小余与此数已上者，亦退一日；或当交初在日入巳前者，其朔不进。弦、望定小余不满日出分者，退一日；望若有食亏初在日出巳前者，定望小余进满日出分，亦退一日。又月行九道迟疾，有三大二小；日行盈缩累增损之，则有四大三小，理数然也。若俯循常仪，当察加时早晚，随其所近而进退之，使不过三大二小[2]2817。

根据术文可知《纪元历》历谱安排方案与《崇天历》整体上是相似的。它们在大小月的判断和闰月的安排上都是相同的，两者的区别表现在对进朔条件的选择上。《纪元历》进朔的条件如下。

秋分到春分，定朔小余大于四分之三日法，即定朔时刻超过四分之三日，要进朔；春分到秋分，则用定朔日的日出分减去春分日的日出分，然后除以三，用四分之三日减去这个结果，所得如果小于定朔小余，则要进朔。当然，这些都是在当日不发生日食，或是即使发生日食，其初亏也要在日落以后，否则，定朔日可见日食食分时不能进朔。

《纪元历》更加明确指出如果历谱出现四连大月或是三连小月的情况，则"当察加时早晚，随其所近而进退之，使不过三大二小"。由此可见，《纪元历》编排历法的主要依据：定朔时刻，定朔日名，定朔日的日出分和日入分，春分日日出分，日食和中气。

二、《崇天历》《纪元历》的历谱安排程序代码

1. 主程序设计及代码

与历法给出的历谱编排策略一致，对于三小四大连月的情况，不再给出程序代码，而是在程序计算得到历谱之后，人工手动调整。这些不在本书的讨论范围内。由于编排每个月的历谱实际上至少用到两个月份的定朔，因此首次执行程序，需要计算两次定朔，即本次和下次的。而如果编排若干月份的历谱，那么上次计算的下个月份即为本次计算的本月份，这样上次计算的结果可以直接使用而不必要重新计算。

程序中定义逻辑变量 iffirst，其值表示是否首次计算朔闰，值为 ture，则直接调用过程 GetDingshuo 和 RemQishuo 计算朔闰，两个方法都将计算结果赋值给对象 lrtxrec，并将 iffirst 值赋为 fasle。无论是否是第一次计算，对象 lrtxrec 的属性都已经赋值，将其赋给对象 lslrtxrec，并将对象 lrtxrec 赋值为空，即新对象。再次调用 GetDingshuo 和 RemQishuo 计算下一个月份的朔闰，结果赋值给 lrtxrec。这样就得到两个天文记录对象 lslrtxrec 和 lrtxrec，分别保存本月和下月的定朔数据，那么，通过比较这两个记录中的相关信息给出本月的大小和置闰情况。

根据第一节分析的结果，如果下月定朔所在日夜半距离前一个气是平气，即其入气数值为偶数，则本月内包含平气，而如果本月定朔所在日夜半距离前一个气是中气，即其入气数为奇数，由于两气距离大于一个朔望月，说明本月内仅有一个平气，只有这种情况下，本月应当为闰月。除此之外，其余任何情况本月内都有将包含中气。当然，需要说明，包含中气指中气时刻位于两个月初一日夜半之间。

无论是否本月为闰月，其月名都是由本月所含的中气所定，无中气则月名与前月名同。当本月为闰月时，本月朔所入气表示上月月名，那么入气数减去 3 再除以 2 为其月名；本月为非闰月时，下月所入气或所入气减去 1（下月入平气）表示本月月名，同样入气数减去 3 再除以 2 为其月名。因为，如果下月入平气，减去 3 为奇数，入中气减去 3 则为偶，除以 2 取整所得结果都相同。设本月入气数值为 n，次月入气数值为 m，则本月的月名数值 y 为

$$\begin{cases} y \equiv (n-3)/2 (\mathrm{mod}12), \text{本月闰} \\ y \equiv (m-3)/2 (\mathrm{mod}12), \text{本月非闰} \end{cases} \qquad (6-14)$$

最后根据本月定朔所在日日名枚举值 n_1 与下月定朔所在日日名枚举值 n_2 除以 10 之后的余数判断本月的大小情况。具体判断方法为

$$\begin{cases} y_1 \equiv n_1 (\mathrm{mod}10) \\ y_2 \equiv n_2 (\mathrm{mod}10) \end{cases}$$

$$\begin{cases} y_1 - y_2 = 0, \text{本月大} \\ y_1 - y_2 \neq 0, \text{本月小} \end{cases} \qquad (6-15)$$

以上的分析表明，某月是否置闰和月名及其大小的计算关键是本月和下月定朔日夜半的入气数值，即夜半之前的一个气的枚举数值。根据上述讨论和计算公式，在主窗体下添加过程 ShuoRunYueName，具体代码如下所示。

```
'* * * * * * * * * * * * * * * * * * * * *
'程序 00-FF-06：判断大小闰月
'* * * * * * * * * * * * * * * * * * * * *
Private Sub ShuoRunYueName(ByVal jinian As Double, ByVal months As Integer)
    Dim yuename As TbJieQi ; Dim recenum As New ToRecEnum
    Me. tc_YueName = ""
    '* * * * * * * * * * * * * * * * * * * * * * * * * * * * * * *
    '如果第一次计算，则按照所求月份计算，所得结果输入临时记录中
    '如果不是第一次计算，那么上一次计算的结果在记录中，直接将其输入临时记录
    '计算大小月是比较临时记录（本月朔）和记录（下月记录），这样可以避免重复计算
    '* * * * * * * * * * * * * * * * * * * * * * * * * * * * * * *
    If iffirst = True Then
        Call GetDingshuo(jinian, nians, months)
        Call RemQishuo(lrtxrec)
        iffirst = False
    End If
        lslrtxrec = lrtxrec
        lrtxrec = New ToBaseRec
        Call GetDingshuo(jinian, nians, months + 1)
        Call RemQishuo(lrtxrec)
    '* * * * * * * * * * * * * * * * * * * * * * * * * * * * * * *
    '下月朔距离前一个气的数值为偶数（mod2 = 0），本月内包含平气
    '但如果本月朔距离前一个气的数为奇数，由于两气距离大于一个朔望月，
    '说明本月内仅有一个平气，当闰。而其余任何情况本月内都有中气。
    '无论是否本月闰，月名都是本月所含中气所定，无中则与前月名同。
    '当闰月时，本月朔所入气表示上月月名，气数-3除以2得，非闰时，下月所入气或减去1（所
入气为平气）表示本月月名。
    '* * * * * * * * * * * * * * * * * * * * * * * * * * * * * * *
    If lrtxrec. tcDsrqs Mod 2 = 0 And lslrtxrec. tcDsrqs Mod 2 <> 0 Then
        Me. tc_YueName &= "闰"
        yuename = (lslrtxrec. tcDsrqs - 3) / 2 Mod 12
    Else
        '如果入平，减去3为奇数，入中则为偶，除以二取整所得相同
        yuename = Int((lrtxrec. tcDsrqs - 3) / 2) Mod 12
    End If
    If yuename < 1 Then yuename += 12
    Me. tc_YueName = Me. tc_YueName & yuename & "月"
    '* * * * * * * * * * * * * * * * * * * * * * * * * * * * * * *
    '下月朔日日名与本月相同，为大月，否则为小月
    '* * * * * * * * * * * * * * * * * * * * * * * * * * * * * * *
```

```
    If lrtxrec. tcDss Mod 10 = lslrtxrec. tcDss Mod 10 Then
        Me. tc_YueName & = "大"
    Else
        Me. tc_YueName & = "小"
    End If
    lslrtxrec. tcYueName = Me. tc_YueName
End Sub
```

2. 过程 GetDingshuo 的代码

过程 ShuoRunYueName 涉及两个子过程 GetDingshuo 和 RemQishuo，GetDingshuo 用来计算定朔时刻、定朔入气以及是否进朔等，RemQishuo 则专门计算定朔日夜半的入气数值。由于过程 GetDingshuo 代码行数偏多，本书将其拆解为几部分代码，分别对每部分加以说明，而过程的主体代码部分如下所示。

```
' * * * * * * * * * * * * * * * * * * * * * * * * * * * * * *
' 程序 00 - FF - 07:计算定朔
' * * * * * * * * * * * * * * * * * * * * * * * * * * * * * *
Private Sub GetDingshuo(ByVal jinian As Double, ByVal nian As Double, ByVal nextshuo As Double)
    Dim rcenum As New ToRecEnum : Dim dbs As Double
    拆分程序 00 - FF - 07 - 01:计算经朔时刻、入气和入转朒朒定数
    lrtxrec. tcRuzhuantnds = rztnds : lrtxrec. tcRuqitnds = rqtnds
    拆分程序 00 - FF - 07 - 02:计算定朔时刻和定朔入气
    Dim banzf As Double : Dim banzf1 As Double
    Dim cdnwd As Double : Dim wzrxjd As Double
    Dim recenum As New ToRecEnum
    Dim qysf As Double : Dim qxhs As Double
    Dim qizhongji As Double
    Dim jzq As New TbJieQi : Dim ii As Integer
    拆分程序 00 - FF - 07 - 03:计算定朔所在日的日出分
    拆分程序 00 - FF - 07 - 04:计算所求年春分日的日出分
    qizhongji = lrtxrec. tcDingshuo - Int(lrtxrec. tcDingshuo / qs. tcRifa) * qs. tcRifa
    拆分程序 00 - FF - 07 - 05:判断是否要进朔
End Sub
```

拆分程序 00 - FF - 07 - 01 用于计算经朔时刻、入气和入转朒朒定数。因涉及《统天历》，而经朔与入气入转朒朒定数又与其岁实消长术相关，这段程序的分支选择比较多。定朔计算拆分程序 00 - FF - 07 - 01 的代码如下所示。

```
If tc_Lifa = "统天历" Then    '计算经朔
```

```
        dbs = qs.Gettzjsttl(jinian, nextshuo)
Else
        dbs = qs.Gettzjs(jinian, nextshuo)
End If
Dim ganzhi As TbGanZhi
ganzhi = Int(dbs / qs.tcRifa) + qs.tcShangyName
If ganzhi > 60 Then : ganzhi - = 60
lrtxrec.tcJss = ganzhi
lrtxrec.tcJingshuo = dbs - Int(dbs / qs.tcRifa) * qs.tcRifa
'计算入转定数
If Me.tc_Lifa = "统天历" Then
        rztnds = Getrztndsttl(jinian, nextshuo, 201.09, 1976)
Else
        rztnds = Getrztnds(jinian, nextshuo)
End If
If Me.tc_Lifa = "统天历" Then
        rqtnds = Getrqtndsttl(jinian, nextshuo)
Else
        rqtnds = Getrqtnds(jinian, nextshuo)
End If
```

拆分程序 00-FF-07-02 用于计算定朔时刻和定朔入气,得到定朔的入气气数枚举值和入气长度数值。调用日躔对象中的 Tf_GetDingSrq 方法计算定朔入气,将结果赋值给天象记录对象 lrtxrec。定朔计算拆分程序 00-FF-07-02 的代码如下所示。

```
dbs = yl.Tf_GetSwxDr(dbs, rqtnds, rztnds, qs.tcRifa, qs.tcJifa)
ganzhi = Int(dbs / qs.tcRifa) + qs.tcShangyName
If ganzhi > 60 Then ganzhi - = 60
lrtxrec.tcDss = ganzhi
lrtxrec.tcDingshuo = dbs - Int(dbs / qs.tcRifa) * qs.tcRifa
'定朔入气
Dim ruq As TbJieQi
dbs = rc.Tf_GetDingSrq(lrtxrec.tcJsrq, qs.tcRifa, qs.tcJishi / 24, lrtxrec.tcRuqitnds,
lrtxrec.tcRuzhuantnds, ruq, lrtxrec.tcRuqi)
lrtxrec.tcDsrq = dbs : lrtxrec.tcDsrqs = ruq
```

拆分程序 00-FF-07-03 用于计算定朔所在日的日出分。调用日躔对象中的 Tf_GetDingSrq 方法计算定朔入气,将结果赋值给天象记录对象 lrtxrec。由于《崇天历》与《纪元历》每日日出分算法不同,从而根据历法名称分支选择不同的算法计算每日日出分。定朔计算拆分程序 00-FF-07-03 的代码如下所示。

```
'午中入气
If nextshuo = 0 Then
    dbs = qs.GetNextQi(jinian - 1, lrtxrec.tcDsrqs)
Else
    dbs = qs.GetNextQi(jinian, lrtxrec.tcDsrqs)
End If
    dbs += qs.tcShangyName * qs.tcRifa
If dbs > 60 * qs.tcRifa Then dbs -= 60 * qs.tcRifa
'定朔入气转为定朔午中入气
dbs = gl.Tf_GetWzrq(lrtxrec.tcDss * qs.tcRifa + lrtxrec.tcDingshuo, dbs, qs.tcRifa,
qs.tcJishi / 24, ii)
If lrtxrec.tcDsrqs + ii > 24 Then '定朔入气转为定朔午中入气
    banzf1 = lrtxrec.tcDsrqs + ii - 24
ElseIf lrtxrec.tcDsrqs + ii < 1 Then
    banzf1 = lrtxrec.tcDsrqs + ii + 24
Else
    banzf1 = lrtxrec.tcDsrqs + ii
End If
qysf = Val(Mid(richanbiao((banzf1 - 1) * 4 + 2), Int(lrtxrec.tcDsrq / qs.tcRifa) * 18
+ 1, 18))
qxhs = Val(Mid(richanbiao((banzf1 - 1) * 4), Int(lrtxrec.tcDsrq / qs.tcRifa) * 18 + 1, 18))
qizhongji = qs.Tf_GetQizj(lrtxrec.tcDsrqs - 1)
Select Case tc_Lifa
    Case "纪元历" Or "统天历" Or "开禧历" Or "成天历"
        wzrxjd = gl.Tf_GetWzzj(dbs, qizhongji, qs.tcRifa)
        wzrxjd = gl.Tf_GetMrrxjd(wzrxjd, dbs, qxhs, qysf, qs.tcRifa)
        cdnwd = gl.Tf_GetMrcdnwd(wzrxjd, rc.tcHcdj, 517, 400)
        banzf = gl.Tf_GetMrrcF(cdnwd, rc.tcHcdj, qs.tcRifa)
    Case "崇天历" Or "乾道历" Or "统元历" Or "淳熙历" Or "会元历"
        cdnwd = gl.Tf_GetXiaoxdsctl(dbs, lrtxrec.tcDingshuo, qs.tcRifa, 7873)
        banzf = gl.Tf_GetMrrcf2(cdnwd, qs.tcRifa * 0.175, qs.tcRifa * 0.275, qs.tcRifa
* 0.025, lrtxrec.tcDsrqs)
End Select
```

拆分程序 00-FF-07-04 用于计算所求年春分日的日出分。因只有《纪元历》涉及这个变量，不用根据历法名称进行分支判断了。然而，《纪元历》计算日出分是根据当日正午的入气而定的，春分日正午并不一定是春分时刻。于是，春分日正午的入气也不一定是春分气。当春分时刻在正午前，春分日正午一定入春分气，并且时间小于 0.5 日，即入春分气初日；当春分时刻在中午后，那么春分日午中就要入惊蛰气了。入惊蛰气时，可能入气日为 14 日，也可能为 15 日，这要看春分时刻距离正午的时间差。设春分时刻到

其日夜半的时间为 t_q，一个平气的长度为 $t/24$，则春分日正午的入气情况由下式决定。

$$\begin{cases} t_q \leqslant 0.5A, \text{入春分气 1 日} \\ t_q > 0.5A \begin{cases} t_q - 0.5A > t/24 - 15, \text{入惊蛰气 14 日} \\ t_q - 0.5A \leqslant t/24 - 15, \text{入惊蛰气 15 日} \end{cases} \end{cases} \quad (6-16)$$

根据上述公式，结合每日日出分计算方法，得到春分日日出分计算程序，定朔计算拆分程序 00-FF-07-04 代码如下所示。

```
dbs = qs.GetNextQi(jinian, 7) : qizhongji = qs.Tf_GetQizj(6)
cdnwd = dbs - Int(dbs / qs.tcRifa) * qs.tcRifa
If cdnwd < 0.5 * qs.tcRifa Or cdnwd = 0.5 * qs.tcRifa Then
    '春分日午中入春分气, 1 日
    wzrxjd = (qizhongji + (0.5 * qs.tcRifa - cdnwd)) / qs.tcRifa
    qysf = Val(Mid(richanbiao(26), 1, 18))
    qxhs = Val(Mid(richanbiao(24), 1, 18))
    wzrxjd += (qxhs + (0.5 * qs.tcRifa - cdnwd) * qysf / qs.tcRifa) / 10000
Else
    '春分日午中入惊蛰气
    wzrxjd = (qizhongji - (cdnwd - 0.5 * qs.tcRifa)) / qs.tcRifa
    cdnwd -= 0.5 * qs.tcRifa
    qizhongji = qs.tcJishi / 24 - 15
    If cdnwd > qizhongji Then
    '春分日午中入惊蛰气, 14 日
        qysf = Val(Mid(richanbiao(22), 235, 18))
        qxhs = Val(Mid(richanbiao(20), 235, 18))
        wzrxjd += (qxhs + (qs.tcRifa + qizhongji - cdnwd) * qysf / qs.tcRifa) / 10000
    Else
        '春分日午中入惊蛰气, 15 日
        qysf = Val(Mid(richanbiao(22), 253, 18))
        qxhs = Val(Mid(richanbiao(20), 253, 18))
        wzrxjd += (qxhs + (qizhongji - cdnwd) * qysf / qs.tcRifa) / 10000
    End If
End If
cdnwd = gl.Tf_GetMrcdnwd(wzrxjd, rc.tcHcdj, 517, 400)
banzf1 = gl.Tf_GetMrrcF(cdnwd, rc.tcHcdj, qs.tcRifa)
```

拆分程序 00-FF-07-05，是先计算所求朔日有无交食，然后根据已经计算出的日出分、春分日日出分，所入气和有无交食情况判断是否要进朔，调用过程 IfJinShuo 实现此功能。但为使本月初一日的干支序号在 0 和 60 之间，做加减 60 的处理，最后将干支序号赋值 lrtxrec.tcDss。定朔计算拆分程序 00-FF-07-05 的代码如下所示。

```
Select Case tc_Lifa
    Case "纪元历" Or "统天历" Or "开禧历" Or "成天历"
        Call Tf_GetRishi(jinian, nextshuo)
    Case "崇天历" Or "乾道历" Or "统元历" Or "淳熙历" Or "会元历"
        Call Tf_GetRishictl(jinian, nextshuo)
End Select
IfJinShuo(qizhongji, banzf, banzf1, lrtxrec.tcRuqi, tcJiaoshi)
If lrtxrec.ifJts = True Then
    If ganzhi < 0 Or ganzhi = 0 Then ganzhi + = 60
    If ganzhi > 60 Then ganzhi - = 60
End If
lrtxrec.tcDss = ganzhi
```

　　过程 GetDingshuo 调用了 IfJinShuo，分别给出《纪元历》系列历法和《崇天历》系列历法不同的进朔方法，需要进朔，lrtxrec.ifJts 返回 ture，反之则返回 false，过程 IfJinShuo的具体代码如下所示。

```
'* * * * * * * * * * * * * * * * * * * * * * * * * * * * *
'程序 00 - FF - 08:是否进朔
'* * * * * * * * * * * * * * * * * * * * * * * * * * * * *
Private Sub IfJinShuo(ByVal rifen As Double, ByVal richufen As Double, ByVal cfrrcf As Double, ByVal ruqi As TbJieQi, ByVal ifshi As Boolean)
    Dim cha As Double
    Select Case tc_Lifa
        Case "纪元历","开禧历" Or "统天历" Or "成天历"
            If ruqi > 19 Or ruqi < 7 Or ruqi = 19 Then
                If rifen > 0.75 * qs.tcRifa And ifshi = False Then
                    lrtxrec.ifJts = True
                Else
                    lrtxrec.ifJts = False
                End If
            Else
                cha = richufen - cfrrcf : cha / = 3
                cha = 0.75 * qs.tcRifa - cha
                If rifen > cha And ifshi = False Then
                    lrtxrec.ifJts = True
                Else
                    lrtxrec.ifJts = False
                End If
            End If
```

```
    Case "崇天历" Or "乾道历" Or "统元历" Or "淳熙历" Or "会元历"
        cha = qs.tcRifa - richufen
        If rifen > cha And ifshi = False Then
            lrtxrec.ifJts = True
        Else
            lrtxrec.ifJts = False
        End If
    End Select
End Sub
```

过程 GetDingshuo 还调用日躔对象中的 Tf_GetDingSrq 方法计算定朔入气。定朔入气就是在经朔入气上加入入气和入转朒朓定数,如果所得结果大于平气长度或小于 0,则要减去或加上一气长度,同时所入气的枚举值也要相应加 1 或减去 1。Tf_GetDingSrq 方法的具体代码如下所示。

```
'* * * * * * * * * * * * * * * * * * * * * * * * * * * * *
'程序 00 - FF - 09:求定朔入气
'* * * * * * * * * * * * * * * * * * * * * * * * * *
Public Function Tf_GetDingSrq(ByVal jingsrq As Double, ByVal rifa As Double, ByVal qice As Double, ByVal rztnds As Double, ByVal rqtnds As Double, ByRef ruqi As TbJieQi, ByVal ruqi2 As TbJieQi) As Double
    Dim dfs1 As Double : dfs1 = jingsrq
    Dim ruq As TbJieQi : ruq = ruqi2
    dfs1 = rqtnds + rztnds + dfs1
    If dfs1 > qice Or dfs1 = qice Then
        dfs1 -= qice : ruq += 1
    ElseIf dfs1 < 0 Then
        dfs1 += qice : ruq -= 1
    End If
    ruqi = ruq
    If ruq < 1 Then ruqi = ruq + 24
    If ruq > 24 Then ruqi = ruq - 24
    Tf_GetDingSrq = dfs1
End Function
```

3. 过程 RemQishuo 的代码

过程 RemQishuo 是根据已经求得的定朔入气的入气数值、入气气数的枚举值、定朔小余和是否进朔等条件计算本月初一日夜半之前的那个平气的气数枚举值,为判断月名和置闰提供数据。具体做法如下。

不需要进朔时,定朔所在日就是本月初一日。当定朔小余大于入气数值,那么本次定朔所入气就会在定朔所在日夜半之后，气之前的平气将是本次定朔入气枚举值减去 1；当定朔小余小于入气数值，则本月初一日不含平气，定朔时刻所入气与定朔日夜半所入气相同。

需要进朔时，定朔所在日就是上月的晦日。当定朔时刻与下一个夜半之间存在一个平气，那么本月的初一日夜半所入气与定朔入气就相差一气，即一气长度减去定朔入气数值的结果小于一日的长度减去定朔小余的结果时，初一日夜半入气数枚举值要加 1，反之，定朔时刻所入气与初一日夜半所入气相同，入气枚举值不变。

设定朔小余为 ε，一平气长度为 $B = A \cdot t / 24$，定朔入气枚举值为 n，入气数值为 R，则初一日夜半入气枚举值 n^* 的取法如下式所示。

$$n^* = \begin{cases} n, \varepsilon \leqslant R \\ n-1, \varepsilon > R \end{cases} \text{不进朔} \\ \begin{cases} n, B-A \geqslant A-\varepsilon \\ n+1, B-A < A-\varepsilon \end{cases} \text{进朔} \qquad (6-17)$$

根据上述公式，RemQishuo 过程的代码如下所示。

```
'* * * * * * * * * * * * * * * * * * * * * * * * * * * * *
'程序 00 - FF - 10:晦朔
'* * * * * * * * * * * * * * * * * * * * * * * * * * * * *
Private Sub RemQishuo(ByRef lrtxreco As ToBaseRec)
    Dim jsxy As Double : jsxy = lrtxreco.tcDingshuo
    If lrtxreco.ifJts = False Then
        If lrtxreco.tcDsrq < jsxy Or lrtxreco.tcDsrq = jsxy Then
            lrtxreco.tcDsrqs - = 1 : lrtxreco.tcShuori = "朔"
            lrtxreco.tcDsrq = qs.tcJishi / 24 + lrtxreco.tcDsrq
        Else
            lrtxreco.tcShuori = "朔"
        End If
    Else
        If qs.tcJishi / 24 - lrtxreco.tcDsrq < qs.tcRifa - jsxy Then
            lrtxreco.tcDsrqs + = 1 : lrtxreco.tcShuori = "晦"
            lrtxreco.tcDsrq - = qs.tcJishi / 24
        Else
            lrtxreco.tcShuori = "朔"
        End If
    End If
    If lrtxreco.tcDsrqs > 24 Then lrtxreco.tcDsrqs - = 24
    If lrtxreco.tcDsrqs < 1 Then lrtxreco.tcDsrqs - = 24
End Sub
```

参考文献

[1] （刘宋）范晔. 后汉书：律历志[M]//历代天文律历等志汇编：第 5 册. 北京：中华书局，1976，1512.

[2] （元）脱脱，贺惟一，阿鲁图，等. 宋史：律历志[M]//历代天文律历等志汇编：第 8 册. 北京：中华书局，1976.

[3] 曲安京. 中国数理天文学[M]. 北京：科学出版社，2008，93-105.

[4] 陈展云. 旧历在改用定气后在置闰上出现的问题[J]. 自然科学史研究，1986，5（1）：22-28.

[5] 滕艳辉，唐泉.《开禧历》定朔计算精度及分析[J]. 自然科学史研究，2011，30（1）：19-27.

[6] 滕艳辉，王鹏云.《纪元历》定朔算法模型及分析[J]. 西北大学学报，2008，38（5）：855-858.

[7] 王荣彬. 中国古代历法的中心差算式之造术原理[J]. 西北大学学报，1995，25（4）：283-288.

[8] 滕艳辉，唐泉. 宋代历法中的置闰算法[J]. 时间频率学报，2012，35（2）：120-128.